中国碳市场成熟度评价

易　兰　李朝鹏　杨　历　著

Maturity Evaluation of China's Carbon Markets

科 学 出 版 社

北　京

内 容 简 介

本书对欧盟、美国、韩国等国际典型碳市场发展历程进行了案例分析，在对中国七大试点碳市场调研的基础上就中国试点碳市场的发展历程进行了深度剖析，并构建了由 43 个细化子指标构成的碳市场发育成熟度综合评价指标体系，对七大试点的发育成熟度与环境监管政策进行了客观评价。这是该领域内第一部经过调研对中国七大试点进行系统论述的专著。

本书可供相关衍生产业从业人员、高校师生、相关研究人员等参考阅读。

图书在版编目（CIP）数据

中国碳市场成熟度评价 / 易兰，李朝鹏，杨历著. —北京：科学出版社，2021.12

ISBN 978-7-03-067056-4

Ⅰ. ①中… Ⅱ. ①易… ②李… ③杨… Ⅲ. ①二氧化碳－排污交易－研究－中国 Ⅳ. ①X511

中国版本图书馆 CIP 数据核字（2020）第 243948 号

责任编辑：郝 悦 / 责任校对：贾娜娜
责任印制：张 伟 / 封面设计：无极书装

科 学 出 版 社 出版
北京东黄城根北街 16 号
邮政编码：100717
http://www.sciencep.com
北京虎彩文化传播有限公司 印刷
科学出版社发行 各地新华书店经销
*
2021 年 12 月第 一 版 开本：720 × 1000 1/16
2022 年 9 月第二次印刷 印张：15 3/4
字数：318 000

定价：158.00 元

（如有印装质量问题，我社负责调换）

国家社科基金重点项目“我国碳市场成熟度及环境监管政策研究”（14AZD051）
国家自然科学基金项目“基于智能技术的国际碳市场价格驱动因素研究”（71101133）
教育部“新世纪优秀人才支持计划”“碳金融创新——国际二氧化碳排放权市场价格形成机制研究”（NCET-11-0725）
教育部人文社会科学研究规划基金项目“碳市场机制设计对碳减排与雾霾防控的协同效应研究”（20YJA790082）
陕西师范大学优秀著作出版基金资助出版
陕西师范大学一流学科建设经费资助出版

作者简介

易兰，西安交通大学教授、博士生导师、青年拔尖人才；陕西师范大学教授、博士生导师；教育部“新世纪优秀人才支持计划”、湖北省“楚天学者计划”学者，国家社科基金重点项目、国家自然科学基金、教育部人文社科项目、联合国全球环境基金、欧盟专项计划等项目主持人。2001年武汉大学本科毕业，赴世界百强高校之一的英国华威大学攻读硕士学位，博士就读于英国卡迪夫大学，师从英国皇家学会院士、皇家工程学院院士、中国科学院外籍院士 Hywel Rhys Thomas，英国留学工作9年。鉴于全球碳市场的发展潜力及理论和实践的巨大需求，于2010年回国并对我国的七大试点碳市场进行了系统调研，运用先进的理论方法对试点的运行效果进行了科学的评估，其成果得到了上市公司及地方政府部门等的高度重视，并获陕西高等学校人文社会科学研究优秀成果一等奖。2019年，挂职任西安市生态环境局副局长参与地方生态环境建设工作；目前已被聘为西安市人民代表大会常务委员会立法专家库成员、中国软科学研究会常务理事、管理科学与工程学会理事等。

前　言

全球气候变暖已成为人类面临的重要环境问题之一，降低温室气体排放、实现低碳经济发展已成为当前世界各国的共同议题。碳排放权交易机制作为全球应用最为广泛的温室气体减排政策工具之一，已经被包括欧盟、美国、澳大利亚、韩国、日本及加拿大在内的诸多发达国家和地区付诸实践，并建立了包括区域型、国家型、行业型及地区型在内的诸多类型碳市场。据世界银行统计和预测，2018 年，全球碳排放权交易的总价值达到 820 亿美元，比 2017 年增长了 56%。如果现有的碳定价计划采取符合《巴黎协定》温控目标的价格水平，收入可能突破每年 1000 亿美元，涵盖碳排放 80 亿吨，占全球碳排放的 15%，未来全球碳市场规模有望达到 3.5 万亿美元，并将超越石油市场成为全球第一大能源交易市场。作为全球温室气体排放量最大的国家之一，中国在应对全球气候变暖、积极促进温室气体减排问题上具有不可推卸的重要责任。2015 年中国在提交的国家自主贡献预案（Intended Nationally Determined Contributions，INDC）中向全世界承诺将于 2030 年左右碳排放达峰并争取尽早达峰，单位国内生产总值碳排放强度相较于 2005 年下降 60%～65%。为此，早在 2011 年中国就批准了北京、天津、上海、重庆、深圳、广东及湖北等两省五市进行为期三年的碳排放权交易试点探索，并承诺于 2017 年底正式启动全国性碳排放权交易市场。

自 2013 年以来，中国七大试点碳市场陆续成立，根据《全球碳市场进展 2018》统计，截至 2018 年底，共纳入了 20 余个行业的 2600 多家重点排放单位，累计配额成交量约 8 亿吨，成交总额超过 110 亿元，中国核证自愿减排量（Chinese certification emission reduction，CCER）成交量 1.61 亿吨，已成为继欧盟碳排放权交易体系（European Union emissions trading system，EU ETS）之后的全球第二大碳市场。七大试点发育参差不齐且特色各异，无论是市场表现还是环境效果都呈现出较大差异，分析与总结七大试点的发育成熟度对把握中国碳市场建设具有重要现实价值与理论意义。

为此，本书课题组对欧盟、美国、韩国等国际典型碳市场的发展历程进行了案例剖析，并先后多次前往七大试点的交易平台、核查机构、碳管理咨询公司及科研院所与高校等十多家机构进行了深入调研，与包括管理层、技术层等多位一线工作者及相关科研人员在内的 30 多位专家就七大试点的发展、成熟度综合评价及市场运行相关一手数据进行了多次沟通和研讨。最终，构建了一个包含环境属性、市场及金融属性、配套政策与设施完善程度、交易平台服务能力等 4 个目标层指标，市场及金融属性包含的市场规模、市场化程度、市场灵敏度、市场活跃度、国际与区域化程度等 5 个准则层指标及 43 个细化底层指标的碳市场发育成熟度综合评价指标体系，通过客观的因子分析法保留数据本身所蕴含的潜在信息和特性，结合主观赋权的层次分析法纳入来自交易所、核查机构和碳管理咨询公司等诸多专家的意见，对七大试点的发育成熟度进行了客观评价。

本书是在国家社科基金重点项目“我国碳市场成熟度及环境监管政策研究”（14AZD051）、国家自然科学基金项目“基于智能技术的国际碳市场价格驱动因素研究”（71101133）、教育部“新世纪优秀人才支持计划”“碳金融创新——国际二氧化碳排放权市场价格形成机制研究”（NCET-11-0725）等课题成果的基础上编写而成，并结合国际和我国碳市场发展的最新情况进行了更新。本书共分为 8 章。第 1 章对碳市场建立的背景、碳市场的发展历史与现状、中国碳市场的建立与发展进行了回顾。第 2 章对碳市场建立的理论基础与核心制度设计进行了介绍。第 3～4 章对包括 EU ETS、RGGI、加利福尼亚州碳市场、韩国碳市场、澳大利亚碳市场在内的 7 个国际典型碳市场与深圳、上海、北京、广东、天津、湖北、重庆等七大试点碳市场进行了专题案例分析与对比。第 5～7 章分别介绍了碳市场发育成熟度评价指标体系的构建、中国七大试点碳市场发育成熟度的进程与现状。第 8 章对未来全国碳市场的建设提出了相关政策建议。

国务院在《“十三五”控制温室气体排放工作方案》中进一步明确了 2020 年中国将要建成制度完善、交易活跃、监管严格、公开透明的全国碳排放权交易市场。对我国而言，碳市场建设就是在一条曲折道路上的摸索，市场机制的完善需要结合国内外碳市场建设与运行的经验，从而达到他山之石可以攻玉的目的。我们期望本书的出版能够帮助读者了解我国碳市场建设与运行的基本状况，同时也能对其他同行起到一定的借鉴作用。

由于作者知识水平和能力有限，书中难免存在不足之处，敬请广大读者批评指正！

作　者

2019 年 9 月 1 日

目　录

第1章 绪　论

1.1 碳市场建立背景

1.1.1 全球气候变暖

联合国2015年《气候灾害造成的人类损失》报告显示，2005～2015年全球平均每年发生的气候相关灾害为335次，较1995～2004年上升14%，是1985～1994年的两倍，并且未来十年气候相关灾害发生频率仍将保持上升势头。气候灾害发生较多的国家分别是美国（472次）、中国（441次）、印度（288次）、菲律宾（274次）、印度尼西亚（163次），共造成60.6万人死亡，受灾人数高达41亿人，经济损失在2500亿～3000亿美元。同时，政府间气候变化专门委员会（Intergovernmental Panel on Climate Change，IPCC）预测，若不对温室气体排放加以控制，到2100年全球平均气温还将上升2℃～6℃。若全球平均气温上升1℃～1.5℃，可能导致亚马孙热带雨林消失及地球上20%～30%物种灭绝；若上升6℃，地球将面临毁灭性灾难。

1979年，日内瓦召开的第一次世界气候变化大会向全世界发出警告：人类活动可能造成全球气候变暖，大气中二氧化碳浓度加倍将导致全球平均温度上升1.5℃～4.5℃。第一次世界气候变化大会推动了气候科学的研究，后续的系列研究成果也表明，人类活动造成的温室效应使气候持续变暖，而全球气候变暖将导致冰川消融、海平面上升、极端天气频发、生物多样性受到威胁，全球气候格局将发生改变，对人类的生产生活造成极大的负面影响。为了使气候科学研究成果更有效地推动人类应对气候变化行动，世界气象组织和联合国环境规划署联合成立了IPCC，并从1990年开始发布评估报告。1995年IPCC第2次评估报告指出，全球应将温度控制在较工业革命前增加不超过2℃的范围，否则气候变化将对人类产生严重的影响。这一结论经过多年争论，最终在2009年12月召开的哥本哈根气候大会上被广泛认可；第3次评估报告指出全球变暖有66%的可能是人类活动造成的且这一可能性在第4次报告中被提高至90%；2007年发布的第4次评估报告指出，二氧化碳是引起全球气候变暖的主要原因，化石燃料燃烧是其最主要排放来源；2013年公布的第5次评估报告结果显示，1880～2012年全球气温升高了0.85℃，人类活动造成全球气候变暖的可能性被进一步提高到95%以上，并指出二氧化碳及其他温室气体浓度的增加是引起全球气候变暖的主要原因已经是公认的事实，并且未来全球气候仍将继续变暖。

1.1.2 国际应对全球气候变化举措

为使世界各国达成具有约束力的温室气体减排协议，联合国组织召开了一系列全球气候变化会议。在漫长的国际气候谈判历程中，人类为应对全球气候变化共达成了具有国际约束力的四大公约，即《联合国气候变化框架公约》（以下简称《公约》）、《京都议定书》、“巴厘路线图”和《巴黎协定》。

《公约》于 1992 年 5 月 9 日在纽约召开的联合国大会上通过，同年 6 月在里约热内卢召开的世界各国政府首脑参加的联合国环境与发展会议期间开放签署，并于 1994 年 3 月 21 日正式生效。《公约》是世界上第一个全面控制二氧化碳等温室气体排放以应对全球气候变暖给人类经济和社会带来不利影响的国际公约，也是国际社会在应对全球气候变化问题上进行国际合作的一个基本框架。截至 2019 年，《公约》已拥有近 200 个缔约方，从 1995 年起，《公约》缔约方每年召开缔约方会议以评估应对气候变化的进展，至 2018 年 12 月已召开 24 次缔约方会议。

1997 年 12 月 11 日，在于日本京都召开的《公约》第 3 次缔约方会议上通过了《京都议定书》以对《公约》具体内容做进一步补充，其于 2005 年 2 月 16 日正式生效。《京都议定书》规定各缔约方应遵循“共同但有区别的责任”原则，完成“量化的减排目标”。《京都议定书》首次为发达国家规定了一期（2008～2012 年）减排目标，即温室气体的全部排放量较 1990 年水平平均减少 5.2%。同时，为了促使发达国家实现减排目标，《京都议定书》制定了三种灵活履约机制来降低减排成本，即国际排放贸易机制（international emissions trading，IET）、联合履行机制（joint implementation，JI）和清洁发展机制（clean development mechanism，CDM）。这些机制允许发达国家通过碳市场灵活完成减排任务，为国际碳交易的诞生奠定了制度基础。

在发展中国家与发达国家就《京都议定书》二期减排积极开展谈判的同时，发达国家也在积极推动发展中国家参与 2012 年以后的减排。2007 年底，在印度尼西亚巴厘岛召开的《公约》第 13 次缔约方会议上通过了“巴厘路线图”，确定了今后加强落实《公约》的领域，对减排温室气体的种类、主要发达国家的减排时间表和额度等做出了具体规定，为进一步落实《公约》指明了方向，成为人类应对气候变化历史上的一座新的里程碑。

2015 年 12 月 12 日，在巴黎召开的《公约》第 21 次缔约方会议上，在以中美为主的国际主流力量的推动下，195 个缔约方一致通过 2020 年后的全球气候变化新协议——《巴黎协定》，重申了《公约》所确定的“公平、共同但有区别的责任、各自能力原则”，并定下了“把全球平均气温上升幅度控制在工业化前水平以上低于2℃以内，并努力将气温升幅限制在工业化前水平以上1.5℃，2030年全球温室气体排放下降到400亿吨，尽快实现全球温室气体排放达到峰值”的目标。同时，发达国家应为发展中国家提供资金、技术等方面的支持，特别是发达国家承诺到2020年实现每年向发展中国家提供1000亿美元应对气候变化。这是自1992年达成《公约》和1997年达成《京都议定书》以来，历史上人类社会应对气候变化的第三个里程碑式的具有法律约束力的协议，因而被誉为“人类最后的救命稻草”，它为2020年后全球应对气候变化合作指明了方向。《巴黎协定》的生效弥补了《京都议定书》第二承诺期2020年到期后存在的空白，使得国际上产生了一个具有法律约束力的新的气候协议。作为全球温室气体排放量最高的国家之一，美国在全球气候治理方面有着不可推卸的责任。2016年4月美国时任总统奥巴马正式签署《巴黎协定》并承诺：到2025年美国碳排放量在2005年基础上减少26%～28%（相当于减排16亿吨），并提供1000亿美元的气候变化援助资金。但自特朗普2017年1月20日上任以后，美国先后颁布了各种行政命令与计划拟退出气候行动，并于2017年6月1日正式宣布退出《巴黎协定》（2021年已重返《巴黎协定》），这对全球应对气候变暖行动造成了巨大的冲击。

1.2 国际灵活履约机制

1.2.1 三种灵活履约机制

三种灵活履约机制的发展最早可追溯至《公约》谈判阶段。但《公约》仅规定了发达国家减排任务而未量化其具体减排指标，作为补充，在1995年通过了《柏林授权书》，决定谈判制定一项议定书为发达国家规定2000年后的减排义务，即后来的《京都议定书》的雏形。在《公约》的谈判过程中，发达国家同意率先采取行动承担温室气体减排义务，但同时也提出了允许其采取灵活政策行动的要求。经多方博弈，最终在《公约》的第四条第2款a段指出，允许发达国家联合采取行动以履行其义务，即后来的JI，这可认为是《京都议定书》三种灵活履约机制的最初来源。

1995年4月，《公约》第1次缔约方会议于德国柏林举行，会上针对减排义务的履行，发达国家与发展中国家产生了巨大分歧。经过谈判，最终确立了《公约》第1次缔约方会议第5号决定，即“试验阶段共同执行活动”的决定。

1997年12月，在日本京都召开了《公约》第3次缔约方会议，通过了旨在限制温室气体排放量以抑制全球变暖的《京都议定书》，自此正式提出了三种有效的灵活履约机制，即 IET、JI 和 CDM。《京都议定书》为发达国家规定了有法律约束力的定量化限排、减排任务，同时没有规定发展中国家强制性的减排任务。会议同时指出，《京都议定书》的生效需要 55 个缔约方的批准且所有批准国中附件一国家 1990 年二氧化碳排放量总和须占当年二氧化碳排放总量的至少 55%。在之后的缔约方会议上又相继通过了几项重要的文件，分别是：1998 年《公约》第 4 次缔约方会议达成的“布宜诺斯艾利斯行动计划”、2001 年《公约》第 6 次缔约方会议续会达成的“波恩政治协议”及 2001 年《公约》第 7 次缔约方会议达成的《马拉喀什协定》，至此《京都议定书》基本成形，之后经过多次会议谈判，《京都议定书》于 2005 年 2 月 16 日正式生效。

IET 是《京都议定书》中引入的附件一所列缔约方之间以成本有效的方式通过贸易方式获得温室气体排放权的合作机制。该机制能够在不影响全球环境完整性的同时，降低温室气体减排活动对经济的负面影响，实现全球减排成本效益最优。从环境经济学角度评判，排放贸易的基本思想是先确定排放削减目标，然后经分配或拍卖由削减目标决定的排放量限额（或排放权），并允许各排放源对排放限额进行交易。

JI 是《京都议定书》第六条所确立的附件一所列缔约方之间的基于减排项目的合作机制。在该机制下，发达国家通过资金投入及技术投入的方式与另外一个发达国家合作实施具有温室气体减排功能的项目，其所实现的温室气体减排量可以转让给投入资金及技术的发达国家缔约方，用于履行其在议定书下的减排义务，同时也能从转让的温室气体减排量中扣减相应的数量。根据该机制，通过在成本较低的国家实施温室气体减排项目或者碳汇项目，投资国可以获得项目活动产生的减排量单位，并可用于履约目的，而东道国可以通过项目获得一定的资金或先进的环境友好技术，促进国家的经济发展。为了保证 JI 的可行性，《京都议定书》对参与资格、项目资质要求、参与机构等要素问题进行了明确的界定。

CDM 与 JI 不同，该机制的主要内容是指发达国家通过提供资金和技术的方式，与发展中国家开展项目级的合作，项目所实现的温室气体核证减排量（certified emission reduction，CER）可以由发达国家缔约方用于完成在《京都议定书》第三条下的承诺。根据《京都议定书》第十二条的定义，CDM 主要解决两个目标：①帮助非附件一所列缔约方持续发展，为实现最终目标做出应有贡献；②帮助附件一所列缔约方进行项目级的减排量抵消额的转让与获取。CDM 被普遍认为是一种双赢机制：从理论上看，发展中国家通过这种项目级的合作，可以获得更好的技术，获得实现减排所需的资金，甚至更多的投资，从而促进国家的经济发展和环境保护发展；而发达国家则通过这种合作，可以远低于其国内所需的成本和方式实现减排义务。

1.2.2 CDM的兴衰

从CDM运行状况来看，其较之于JI有更大的发展。特别是在这一机制运行初期，CDM项目签发数量增长迅猛，中国作为世界上最大的发展中国家，通过CDM与国际排放权交易实现了接轨，2007～2012年中国长期是全球最大的CDM市场。

联合国气候变化中心统计数据①显示，截至2018年12月31日，共有7990项CDM项目注册，而2014年底的注册项目数量为7538项，其中7806项注册成功、174项待公布、10项待调整。但已发放CER的项目则只有3169项，预计共发放CER 24亿吨左右，其中，2012年12月31日第一个承诺期结束共计签发14.8亿吨左右，2018年12月31日共计签发19.6亿多吨，CER的签发量增长速度较慢。

2008年前后，CDM项目的注册数量和CER的签发数量双双下降，一方面是受到了全球经济不景气的影响，另一方面是受到了欧债危机和CDM审批机制愈发严格的影响。其中，美国、日本、加拿大等发达国家相继宣布退出《京都议定书》第二期承诺且不愿向发展中国家提供减排资金和技术的支持，因而投资者开始暂缓或停止购买发展中国家的CDM项目。同时自2013年起，EU ETS将只接受来自最不发达国家CDM项目所产生的减排量。

受此影响，CER价格与交易量也遭遇了断崖式下跌。2011年6月以后CER的交易价格从10～23欧元/吨断崖式下跌至0.30欧元/吨，并且CER交易长期处于有市场无交易状态。

1.2.3 国际碳市场的兴起

自《京都议定书》生效以来，三大减排机制中基于项目的JI和CDM由于多方面原因发展动力逐渐减弱，而IET则取得了长足的发展。世界银行2018年报告显示，在2016年全球有8个碳排放权交易项目或倡议实施，2017年底中国启动了全球最大的碳市场，该全国性碳排放权交易体系将全球20%～25%的温室气体纳入其中。2018年全球已经实施碳交易的项目达到了47个，这些项目覆盖了67个国家或地区，涵盖全球1/2的经济和约1/4的温室气体排放量。而国际碳行动伙伴组织（International Organization for Carbon Action Partners，ICAP）发表的2017年报告表明，截至2017年底，实施碳排放权交易体系（emissions trading system，ETS）

① CDM Insights，http://cdm.unfccc.int/Statistics/Public/CDMinsights/index.html[2021-05-12]。

的国家或地区达 19 个，调节超过 70 亿吨的温室气体排放量，实施 ETS 的经济体将覆盖全世界近一半的 GDP（gross domestic product，国内生产总值）和超过 15%的全球温室气体排放量。

1. EU ETS

EU ETS 于 2005 年启动，作为世界上第一个碳市场，欧盟采取了阶段渐进式的发展，将碳市场的发展分为三个阶段：第一阶段（2005～2007 年）为试运行阶段，主要目的是“在行动中学习”，为关键的下一阶段积累经验；第二阶段（2008～2012 年）与《京都议定书》的履约期相对应，主要目的是实现欧盟各成员国在《京都议定书》中的减排承诺；第三阶段（2013～2020 年）为 EU ETS 的发展阶段同时也是改革的关键期。EU ETS 是目前国际上唯一运行的国家间、多行业的区域型碳市场，自实施以来，一直在全球碳市场中占据主导地位，成为将排污权交易制度转化成跨国性应用实践的成功典范。

在制度设计方面，EU ETS 第一阶段与第二阶段基本相同，第二阶段在第一阶段运行的基础上扩大了覆盖范围比例及行业范围等。但进入第三阶段，欧盟为实现 2020 年温室气体排放量比 1990 年水平下降 20%的目标，其市场覆盖主体范围涵盖了整个欧盟地区，因此相应的制度设计发生了较大的变化。具体来说，第一、第二阶段主要采取的是免费分配的方式发放配额，其第一阶段配额拍卖的比例上限为 5%，第二阶段的比例上限为 10%。但实际拍卖过程中，为避免碳市场对产业竞争力的冲击，实际拍卖比例更低。然而免费分配方式存在很大的缺陷：若它是基于历史排放原则进行分配，在其分配过程中可能出现“鞭打快牛”的现象，从而打击企业进一步减排的决心。而基于拍卖的分配方式是一种更加透明的方式，能有效地反映碳减排的真实成本并提高配额分配效率且配额拍卖的收入还能再次循环用以节能减排。因此，自第三阶段开始，欧盟主要采取基于拍卖的方式分配配额，并提出：①2013 年配额拍卖比例在 40%左右，之后将不断提高至 50%。②分部门区别对待，对于具有较强成本转嫁能力的部门，如电力部门等，采取完全拍卖的方式进行分配；其他大部分制造业部门则逐年提高比例；而容易受碳交易机制影响并导致碳泄漏的部门，允许其以较大的比例进行免费分配。③欧盟在经历了第一、第二阶段配额过剩问题后，在第三阶段采取了延迟拍卖措施并设置了市场稳定储备机制以实现稳定价格的目的。

在市场运行方面，截至 2018 年 7 月 26 日，EU ETS 已运行了长达 13 年的时间，二级市场期货配额交易总量累计为 557.7 亿吨[①]。其中，第一阶段期货配额累计成交量为 15.1 亿吨，累计成交额超过 6949 亿欧元。第二阶段期货配额累计成

① 作者根据 Wind 数据库提供的相关数据计算而得，下同。

交量为86.5亿吨，累计成交额超过1470.9亿欧元，比起上一阶段市场交易量大幅跌落，这主要是因为第一阶段配额分配过量，紧接着第二阶段初始时期遭遇全球金融危机，配额需求端与供应端失衡进一步导致结构性总量过剩问题，该阶段配额均价下降至17欧元/吨。同时，自2008年3月14日CER开始有交易，在第二阶段内，交易量累计达到49.9亿吨，均价为10.6欧元/吨。第三阶段期货配额累计成交量为172.8亿吨，累计成交额超过982.3亿元，交易量比上一阶段上升99.7%，碳均价跌至5.68欧元/吨。第三阶段伊始，欧盟针对前两阶段配额过剩问题做了反应，采取了延迟拍卖措施同时设置了市场稳定储备机制以稳定碳价；该阶段交易量累计达到7.59亿吨，均价为0.299欧元/吨，由于交易规则的改变CER价格暴跌。

2. 新西兰碳排放权交易体系

新西兰碳排放权交易体系（New Zealand emission trading system，NZ ETS）于2008年正式启动，覆盖的行业包括农业、林业、电力热力生产和供应业、采矿业（石油和天然气开采、有色金属矿采选）、石油加工业、有色金属冶炼和压延加工业、非金属矿物制品业、废弃物处理、航空运输业（自愿参与）等九大行业，为多行业国家型碳排放权交易体系。将农业纳入碳排放权交易体系，是新西兰最大的特色。新西兰《2002年应对气候变化法》于2002年生效，并经过2008年、2011年和2012年等多次修订。2008年9月，新西兰于《2002年应对气候变化法》修正法案中正式将农业纳入NZ ETS。碳排放交易参与方通常是交通、能源类高排放行业的重点企业。而作为新西兰支柱产业的农业，占其GDP的10%、出口额的50%以上，为12%的就业人口提供工作机会。同时，2010年，新西兰农业所产生的温室气体占总排放量的47.1%。因此，要实现减排目标，将农业纳入NZ ETS就成为必然之举。同时，碳排放权价格可能提高农产品的成本，使得新西兰农业国际竞争力下降，因此农业是最后一个纳入NZ ETS的行业，并设立过渡期（2015～2018年），在此期间享有2005年排放基准90%的免费排放配额，从2019年开始逐年核减免费排放额度，到2030年核减完毕，从2031年开始农场主承担完全排放责任。值得一提的是，在将农业纳入NZ ETS之前，新西兰农业实施了五年的“无碳计划”，凡经认证获得无碳合格证书的天然低碳农业，均取得经济效益和减排效果的双丰收。随着人民生活水平的提高和观念的更新，无化肥、无农药的天然农产品受到越来越多消费者的青睐，新西兰通过NZ ETS推动农业节能减排、发展有机农业，为其他国家和地区绿色农业的发展提供了模板。同时，新西兰选择碳排放权交易体系作为主要减排工具，强调其碳排放权交易体系随时间推移将通过覆盖所有行业和温室气体，确保对各方的公平性，使得与国际市场的链接成为可能，并以此支持新西兰以最低成本履行其国际减排承诺。

3. 澳大利亚碳排放权交易体系

澳大利亚作为继欧盟和新西兰之后第三个引入碳排放权交易的发达国家，其碳排放权交易体系涵盖了国内大多数行业、部门和所有种类的温室气体，是一个全面的国家型碳排放权交易体系。

尽管澳大利亚碳排放量仅占全球的1.5%，但在发达国家中却是人均碳排放量最多的国家之一。作为岛屿国家，澳大利亚极易受到气候变化的影响。全球变暖使得澳大利亚农牧业产量严重下降，干旱问题持续加重，每年因气候变暖带来的经济损失高达40亿澳元。同时澳大利亚科学家研究表明，如果再不采取行动，任由温室气体排放量继续增加，到2100年，温室气体排放将导致澳大利亚的墨累—达令流域的农业生产下降92%。这些使澳大利亚政府意识到实施节能减排刻不容缓。

因此，在2011年，澳大利亚政府力排众议，通过了《清洁能源法案》，决定从2012年7月1日起实施固定碳价计划，征收碳排放税；从2015年7月1日起，正式建立碳排放权交易体系，此后碳价采取“两步走”原则：第一步为有上下限约束的弹性价格制度（2015年7月1日至2018年6月30日）；第二步为完全市场浮动制度（2018年7月1日起）。自2018年起，由有上下限约束的弹性价格过渡到完全市场浮动制度，实现与国际上其他碳市场的链接，碳价格也与国际碳市场一致。这种从固定价格到完全放开的渐进式碳价格机制，在碳排放权交易机制建立初期，使澳大利亚的碳价格具有一定的稳定性，避免像EU ETS那样供过于求而导致碳价跌至谷底，同时更易发现碳减排的边际成本以及时让各企业做好参加碳市场的相关硬件和软件的建设，为进入碳市场做好准备。而之后碳价的变动完全由市场决定也是为了顺应碳交易体系国家化的需求，使澳大利亚碳交易体系更便捷，顺利地与其他市场接轨，被其他交易体系接受。

澳大利亚从1994年开始编制国家排放清单，拥有从1990～2012年完整的国家排放清单数据。2007年澳大利亚发布《国家温室气体和能源上报法令》，要求符合条件的企业向温室气体和能源数据办公室汇报年度能源生产、消费和温室气体排放量。随后澳大利亚还颁布了一系列实施细则，为企业提供详细的方法论和缺省排放因子。经过不断地积累，澳大利亚温室气体排放清单编制基本做到了系统化和常态化，澳大利亚碳配额的发放也更为准确和科学。2008年，澳大利亚政府颁布了《国家温室气体和能源报告法案》，其含有具体的能源审计指南，可以作为国家报告温室气体排放和能源使用情况的框架文件。所有碳价机制涵盖的减排实体在法案下已经需要承担报告义务，相当于已经初步建立了体系，为建立碳市场奠定了基础。

2011年澳大利亚的能源结构为煤炭占70%，天然气和石油占到23%，可再生能源只占到7%。澳大利亚政府提出到2050年，可再生能源要达到50%。因此，澳大利亚鼓励在清洁能源和能源有效利用上的投资。2012～2015年，在澳大利亚排放权交易体系建立之前，澳大利亚政府在清洁能源项目上的投资超过132亿澳元，作为澳大利亚历史上对清洁能源最大的一次投资，其旨在拓宽可再生能源领域，为发展中国家提供技术支持，提高能源效率。

为保障碳排放权交易体系的顺利实施，澳大利亚的固定碳价计划中不仅给予企业一定的免费排放许可配额，还引入了一系列补偿计划，如政府将实施碳税所得的全部收入用于支持就业和保护竞争力、进行清洁能源和气候变化项目的投资、资助家庭等。

4. 美国的碳市场

碳排放权分配作为一种解决环境问题的政策性手段，属于强制性行为，需要由具有约束力的制度来保障，采用法律约束手段来强制执行。国家或者跨国区域层面的碳市场一定有针对控排主体参与碳交易体系的国家或区域立法，而区域型碳交易体系的形成很大一部分是因为国内存在反对的声音，未能形成全国性的法律。例如，EU ETS始于2003年的欧盟《指令2003/87/EC》，以法律形式规定了碳排放权，即欧盟排放许可（European Union allowance，EUA）。通过国家分配方案为各成员及固定排放源设施设定排放权上限（即EUA数量）。EUA可以在各国内部及欧盟范围内，由政府、企业、公司和个人等进行自由交易，以达到履约目的；而相较于欧盟对于碳排放权交易体系由最初的怀疑和反对到现在的坚决拥护，美国国家层面走了和欧盟完全相反的道路。美国作为较早意识到气候变化问题重要性的国家，在1992年促成了《公约》并于同年签订了该公约，1997年也积极加入《京都议定书》，直至2001年退出，美国出台了一系列法案来控制气候变暖，并完成了一项关于大气问题的制度创新，即1990年实践的二氧化硫排放权交易体系，但作为气候问题先驱者的美国在退出《京都议定书》之后国家层面就转为消极态度，至今也没有建立起关于碳排放权交易体系的全国性法律，尽管美国联邦政府消极应对，美国地方政府却仍然在采取各种方案来限制温室气体排放，美国已有28个州制订了气候行动计划，加利福尼亚州、新墨西哥州、纽约州、缅因州等9个州承诺了温室气体减排目标。另外还成立了三个旨在减排温室气体的区域性联盟，分别为加利福尼亚州总量控制与交易体系、西部气候倡议（western climate initiative，WCI）和美国东北部的区域温室气体减排行动（regional greenhouse gas initiative，RGGI）。

1）加利福尼亚州总量控制与交易体系

加利福尼亚州总量控制与交易体系是美国第一个涵盖部门广泛且采用上游和

下游交易模式相结合的地区型碳排放权交易体系。2006 年通过的《2006 加利福尼亚州应对全球变暖法案》（California Global Warming Solutions Act of 2006，以下简称《AB32 法案》）将碳排放权交易体系作为其减排策略的关键内容，成为加利福尼亚州碳市场的立法基础。

美国国内各州选择采取气候行动同时包括经济和环境动因。在经济方面，美国每年因气候变化带来的经济损失达 50 多亿美元，能源进口率在 25%左右。各州政府考虑到长期的经济发展，希望减少对碳能源使用密集性的依赖，减少气候变化带来的生产损失和直接经济损失，鼓励节能技术及可替代能源的开发。在环境方面，各州努力防止自然资源受到气候的影响，提高空气质量，减少交通拥挤，保证能源安全。

然而美国能源行业在政界拥有强大的政治影响力，其在一定程度上左右着各州的政治决策。在美国地区型碳排放权交易体系中，能源大州基本上没有参加，只有加利福尼亚州例外，原因在于加利福尼亚州的环保团体势力较强，经济较为发达，在美国甚至世界上都存在相当强的影响力，其环保政策和行动一直走在美国和世界的前列，其州内民众对环保事业也有着较大影响。加利福尼亚州的公众调查表明，54%的加利福尼亚州人认为全球变暖会对加利福尼亚州的经济和公民的生活质量产生严重的威胁，有 3/4 的人支持《AB32 法案》。

加利福尼亚州的积极性也源于加利福尼亚州不仅是美国人口最多的州，同时是世界上第十二大温室气体排放地。此外，全球变暖趋势下，加利福尼亚州也面临着生存危机，据加利福尼亚州政府报告，如果全球气温上升 2℃～3℃，加利福尼亚州东部内达华山脉上的雪堆就会提前融化，使加利福尼亚州中部谷地遭受洪灾，威胁州内城市和农场的水供应。民意检测结果也显示加利福尼亚州居民认为气候变化问题已经成为该州面临的最大问题。

美国各州建立地区型碳市场可能也与其国内特殊的政治体制有关。政府允许美国各州拥有国会赋予的自主制定空气质量标准的特权，各州制定限制碳排放的动机也主要从自身的利益出发。因此美国加利福尼亚州经历了六年的准备，终于在 2012 年正式启动加利福尼亚州的碳排放权交易市场。为了碳排放交易体系的基础数据收集，《AB32 法案》规定空气资源委员会有责任协助应对全球变暖的威胁。温室气体排放清单制度和强制排放报告制度是这些责任的重要约束来源，这些制度有助于评估和监测加利福尼亚州温室气体排放核算和减排进程。排放清单对整个州范围内的所有排放源进行了汇总，同时要求生产企业必须通过温室气体强制报告制度报告其温室气体排放情况，这些数据也被用来汇总制作排放清单。新的排放清单完善了评估方法，覆盖了更多的年份。

2）WCI

WCI 为自愿性的多行业区域型碳排放权交易体系。最初覆盖范围包括美国的加利福尼亚州、新墨西哥州、亚利桑那州、俄勒冈州、华盛顿州等五个州，此后成员扩大至蒙大拿州和犹他州。此外，该组织还吸纳了加拿大安大略省、曼尼托巴省、不列颠哥伦比亚省和魁北克省，以及墨西哥的部分州。WCI 于 2008 年 9 月明确提出了建立独立的区域型碳排放权交易体系，第一阶段于 2012 年 1 月 1 日运行，如今囊括几乎所有经济部门。WCI 的出现与美国的政治体系特点密切相关。美国是松散的联邦制，允许各州与联邦政府有不同的立场。WCI 是一种以行政区域为基础的碳市场构建模式，其出现原因在于这些州存在相同的利益诉求。对于有些州来说，设定减排目标对地区经济发展更有利，因而希望制定更加苛刻的减排政策，以行政区域为基础构建碳市场是一种比较容易操作的模式，一些经济相关性很强的地区适合推行，而 WCI 之所以对加拿大和墨西哥的部分地区开放，也是因为其与这些地区在经济上有着密切的联系。WCI 筹备工作由专业委员会进行，同时要求覆盖企业从 2010 年 1 月起开始测量和监测相应六种温室气体排放量。各州、省建立自己的排放交易体系，但均可连接在一起形成更为广阔的碳排放权交易市场。

3）RGGI

RGGI 是一项仅针对电力行业的区域型碳排放权交易体系，由美国东北部九个州各自单独的二氧化碳预算交易体系组成。在 2003 年 4 月由美国纽约州创立，经过能源行业代表、非政府组织和其他人员（技术专家等）五年多的计划、建模和咨询，建成了 RGGI 框架，并于 2009 年 1 月 1 日正式实施。RGGI 于 2006 年颁布了排放交易系统的标准模型，并详细定义了各个元素，对配额分配、交易、履约核查、监测、报告、项目减排量购买等子系统提出参考设计，同时规定管制对象完成监测系统验证性时间。RGGI 能够成为美国第一个区域型碳排放权交易体系的重要原因之一在于美国能源行业如石油行业、电力行业等能源行业在美国政界拥有强大的政治影响力，在这种情况下，美国区域型碳排放权交易体系最易出现在美国东北部经济发达且传统能源影响力相对较弱、环保团体力量较强的地区。RGGI 以强有力的市场监管为整个北方地区的减排创造了途径，刺激了清洁能源经济的发展，提供了更可靠的电力系统，也提供了更多的就业机会。同时，在该行动中通过的谅解协议和示范规则为美国国会清洁能源立法提供了模型，有助于行政机构执行相关法规。RGGI 和 WCI 一样都是以州（省）为单位建立的区域型碳排放权交易系统。但不同之处在于，作为美国首个强制性的基于市场手段的减少温室气体排放的区域性行动，RGGI 制定了相对保守的政策。例如，RGGI 仅将电力作为控排主体，属于以行业为基础的区域联合减排。RGGI 市场地处美国东北部，矿产资源丰富，是“夕阳工业”地区，能源电力行业比较重要。这从一定层面说明了为什么 RGGI 是单一行业碳市场。RGGI 相比 WCI 更温和，只覆盖了 RGGI 区域范围内所有州、省碳排放总量的 28%，而 WCI 覆盖了约 90%，

EU ETS 覆盖了约 40%，RGGI 更适合那些在应对气候变化方面行动迟缓、需要一定调整时间的地区。

1.3　中国碳市场

1.3.1　中国应对全球气候变暖的政策衍变

自 2000 年之后，中国温室气体排放总量始终占据世界前三的位置，并于 2007 年超过美国。至 2012 年中国温室气体排放量已经达到 85 亿吨二氧化碳当量，占全球总量的 26%，自此成为世界上最大的温室气体排放国家，当前中国的温室气体排放总量几乎等于欧盟与美国的温室气体排放量之和。美国退出《京都议定书》与《巴黎协定》的重要原因之一便是中国、印度和巴西等众多新兴经济体未被要求参与强制减排。因此，中国在经济发展方面不但需要承受全球气候变暖所带来的环境影响及内部产业结构升级的迫切需求，还需要承受国际方面的强制减排压力。

中国自身经济发展当前也面临着三大突出问题：第一，能源结构较为传统，煤炭的使用占比接近能源消费总量的 70%，仍是能源供给与需求的主力，存在巨大的能源消耗结构转型难题。第二，产业发展阶段较为特殊且存在产能过剩现象。目前，中国正处在重工业化发展的后期，能源消耗仍处于上升期且表现出较大的需求增长态势，产业结构升级转型要求迫切但难以在较短的时间内实现淘汰落后产能与产业结构升级并行。第三，在全球经济一体化浪潮下，中国处于世界产业链的最底端，“世界工厂”的身份导致发达国家将高排放、高污染的产业转移至中国，中国成了全球最为理想的碳泄漏国家之一。因此，中国的 GDP 总量虽然能够保持较高的增速，但这种增长是依靠过度消耗自然资源、大量破坏生态环境实现的。这种高消耗、高污染经济发展模式的延续将使中国在能源、环境问题上难以为继。从应对全球气候变暖与经济发展方式转型两方面考虑，中国必须转变经济增长模式，发展以低能耗、低排放为特征的经济模式。作为一个负责任的发展中国家，中国高度重视气候变化问题，并充分认识到其重要性和紧迫性，积极参与国际社会应对气候变化进程，制订并实施应对气候变化方案，采取了一系列政策和措施。

1990 年中国政府开始设立国家气候变化相关机构，并派出代表团参加《公约》谈判，于 1992 年签署《公约》，1992 年全国人民代表大会常务委员会批准了该公约。

1998 年，在中央国家机关机构改革过程中，中国设立了国家气候变化对策协调小组，由国家发展计划委员会（现国家发展和改革委员会，简称国家发改委）牵头，日常工作由国家气候变化对策协调小组办公室负责，并在2002年批准并签署了《京都议定书》。

2003年10月，经国务院批准，新一届国家气候变化对策协调小组正式成立，负责协调各部门关于气候变化的政策和活动、组织对外谈判、对涉及气候变化的一般性跨部门问题进行决策。

2005年10月，国家发展和改革委员会、科学技术部、外交部、财政部为促进CDM项目在中国有序开展，对2004年6月30日生效的《清洁发展机制项目运行管理暂行办法》进行了修订，制定了《清洁发展机制项目运行管理办法》。

2007年6月，国家发改委和17个政府部门集中多领域几十位专家，历时两年研究发布了《中国应对气候变化国家方案》，这是发展中国家在该领域的第一部国家方案，全面阐述了中国在2010年前应对气候变化的对策，其中包含郑重提出的中期减排目标：即在2010年前，减少9.5亿吨温室气体排放，力争到2010年使中国可再生能源比重提高到10%，并通过这些措施减少二氧化碳排放。

2008年10月，中国发布《中国应对气候变化的政策与行动》白皮书，全面介绍了气候变化对中国的影响、中国减缓和适应气候变化的政策与行动及中国对此进行的体制机制建设。在机构改革中，进一步加强了应对气候变化工作的领导，国家应对气候变化领导小组的成员单位由原来的18个扩大到20个，具体工作由国家发改委承担，领导小组办公室设在国家发改委，并在国家发改委成立专门机构负责全国应对气候变化工作的组织协调。

2009年5月，中国政府公布了有关“哥本哈根气候变化会议”的文件，说明了落实“巴厘路线图”的具体措施，阐述了中国政府关于哥本哈根气候变化会议的立场和主张，表明了中国建设性推动哥本哈根气候变化会议取得积极成果的意愿和决心。

2010年8月，国家发改委发布了《关于开展低碳省区和低碳城市试点工作的通知》，确定首先在广东、辽宁、湖北、陕西、云南五省和天津、重庆、深圳、厦门、杭州、南昌、贵阳、保定八市开展低碳试点工作；2012年11月发布《关于开展第二批低碳省区和低碳城市试点工作的通知》，确立了第二批29个低碳试点地区；2017年1月再次公布了《关于开展第三批国家低碳城市试点工作的通知》，确定了第三批45个低碳试点城市。

2011年10月，国家发改委发布《关于开展碳排放权交易试点工作的通知》，批准北京、天津、上海、重庆、湖北、广东及深圳等7个省市开展碳排放权交易试点工作，为建立全国性碳排放权交易市场进行试点探索。这是为落实“十二五”规划关于逐步建立国内碳排放交易市场的要求，推动运用市场机制以较低成本实现2020年中国控制温室气体排放行动目标，加快经济发展方式转变和产业结构升级等目标进行的市场创新机制探索。

2011 年 12 月，国务院发布《“十二五”控制温室气体排放工作方案》要求大幅度降低单位国内生产总值二氧化碳排放，到 2015 年全国单位国内生产总值二氧化碳排放比 2010 年下降 17%。此方案催生出了大量开展低碳产品认证、低碳社区、低碳交通及低碳园区的试点。

2012 年 6 月，国家发改委出台《温室气体自愿减排交易管理暂行办法》进一步规范自愿减排交易机制的基本管理框架、交易流程和监管办法，并建立了交易登记注册系统和信息发布制度，鼓励基于项目的温室气体自愿减排交易，保障有关交易活动有序开展。

2013 年底，深圳、上海、北京、广东和天津等 5 个试点先后启动。2014 年 4～6 月，湖北和重庆也相继启动了碳排放权交易试点。地方碳市场的正式运行标志着中国利用市场机制来推进低碳发展正式迈出了具有开创性的一步，是中国应对气候变化领域一项重大的体制创新。试点省市高度重视碳市场建设工作，开展了各项基础工作，包括制定地方法律法规、确定总量控制目标和覆盖范围、建立温室气体监测、报告和核查制度（monitoring、reporting、verification，MRV）、分配排放配额、建立交易系统和规则、开发注册登记系统、设立专门管理机构、建立市场监管体系、进行人员培训和能力建设等，初步形成了全面完整的碳交易试点制度框架。截至 2017 年 6 月底，七大试点碳市场二级市场累计成交配额约 1.23 亿吨，累计成交额超过 26.44 亿元，已成为全球第二大碳排放权交易市场。在七大试点碳市场启动后，国家发改委于 2014 年 12 月出台了《碳排放权交易管理暂行办法》，再次对全国统一碳排放权交易市场的发展方向、组织架构设计等提出规范性要求。

2015 年 12 月，在巴黎召开的《公约》第 21 次缔约方会议上通过了被誉为“人类最后一根救命稻草”的《巴黎协定》。2016 年 9 月，全国人民代表大会常务委员会批准中国加入《巴黎协定》。《巴黎协定》重申了《公约》所确定的“公平、共同但有区别的责任、各自能力”原则，为 2020 年后全球合作应对气候变化指明了方向和目标。《巴黎协定》具有里程碑意义，它规定各缔约方将共同加强应对气候变化威胁，使全球温室气体排放总量尽快达到峰值，以实现将全球气温控制在比工业革命前高 2℃以内并努力控制在 1.5℃以内的目标。

2016 年 1 月，国家发改委发布《关于切实做好全国碳排放权交易市场启动重点工作的通知》，提出结合经济体制改革和生态文明体制改革总体要求，以控制温室气体排放、实现低碳发展为导向，充分发挥市场机制在温室气体排放资源配置中的决定性作用，国家、地方、企业上下联动、协同推进全国碳排放权交易市场建设，确保 2017 年启动全国碳排放权交易，实施碳排放权交易制度，明确参与全国碳市场的八个行业并提出企业碳排放补充数据核算报告等。

2016 年 11 月，国务院发布《“十三五”控制温室气体排放工作方案》要求到 2020 年单位国内生产总值二氧化碳排放比 2015 年下降 18%，碳排放总量得到有效控制。支持优化开发区域碳排放率先达到峰值，力争部分重化工业2020年左右率先达峰，能源体系、产业体系和消费领域低碳转型取得积极成效，建立全国碳排放权交易制度，启动运行全国碳排放权交易市场，强化全国碳排放权交易基础支撑能力。

2017年12月，国家发改委正式印发了《全国碳排放权交易市场建设方案（发电行业）》，并于2017年12月19日正式宣布启动全国碳排放交易体系，受到了全球各国的广泛关注。这进一步明确了全国碳市场建设的指导思想和主要原则，对中国建设全国碳市场具有重要指导意义。

表1-1为中国2007～2017年应对气候变化与碳减排方面的主要政策与目标。

表1-1　中国2007～2017年应对全球气候变化与碳减排方面的主要政策与目标

时间	文件/会议	目标
2007年6月	《中国应对气候变化国家方案》	将应对全球气候变化提升至国家层面
2008年10月	《中国应对气候变化的政策与行动》	控制温室气体排放，增强气候适应能力，增强公众意识与管理水平
2009年12月	哥本哈根气候变化大会	建立全国统一的统计监测考核体系
2010年8月	《关于开展低碳省区和低碳城市试点工作的通知》	建设以低碳排放为特征的产业体系和消费模式
2011年10月	《关于开展碳排放权交易试点工作的通知》	批准京津沪渝粤鄂深开展碳排放权交易试点
2011年12月	《"十二五"控制温室气体排放工作方案》	提出到2015年控排的主要目标
2012年6月	《温室气体自愿减排交易管理暂行办法》	对CCER项目开发、交易进行系统规范
2012年11月	中共十八大	积极开展碳交易试点，推行碳交易制度
2014年11月	《中美气候变化联合声明》	2030年左右碳排放达到峰值且将努力早日达峰
2014年12月	《碳排放权交易管理暂行办法》	对全国碳市场发展方向、组织架构提出规范性要求
2015年9月	《中美元首气候变化联合声明》	2030年单位国内生产总值二氧化碳排放比2005年下降60%～65%，2017年启动全国碳排放交易体系
2015年9月	《生态文明体制改革总体方案》	深化试点建设，逐步建立全国碳市场
2015年12月	巴黎气候变化大会	2030年单位国内生产总值二氧化碳排放比2005年下降60%～65%
2016年1月	《关于切实做好全国碳排放权交易市场启动重点工作的通知》	明确参与全国碳市场的八个行业并提出企业碳排放补充数据核算报告等
2016年11月	《"十三五"控制温室气体排放工作方案》	对"十三五"时期应对气候变化、推进低碳发展工作做出全面部署
2016年12月	《绿色发展指标体系》《生态文明建设考核目标体系》	碳减排作为生态文明建设评价考核的依据
2017年12月	《全国碳排放权交易市场建设方案（发电行业）》	全国碳排放交易体系正式启动

资料来源：根据相关资料整理

由此可见，近年来中国越发重视碳减排与绿色发展，积极探索利用市场机制来减少温室气体排放并达到产业结构转型升级的目的，促进低碳技术创新。

然而，就全国碳市场启动而言，虽然全国范围内的温室气体排放核查工作从2016年已经开始且国家发改委曾多次发声将纳入全国范围内包括电力、建材、钢铁、化工、航空、石化、有色、造纸等行业在内的八大行业年排放量2万吨以上的8000多家企业，但随着核查工作的推进，地方政府重视程度不足、企业碳管理意识与能力欠缺，多个省区市的多个行业核查工作严重滞后且报送数据质量存在严重的问题，因而2017年5月国家发改委调整纳入行业范围，前期计划只纳入电力、水泥、钢铁等三个数据基础较好的行业。但由于排放数据准确性是市场建立的基础，将直接影响配额分发的公平与效率，因而国家发改委决定碳市场建立初期将只纳入数据基础较好的电力行业，待市场运转成熟之际再逐步纳入其他行业。

因此，如何启动一个适应中国国情、具有中国特色的碳排放权交易市场是当前全国碳市场面临的重要问题。同时，中国七大试点碳市场已运行了几年有余，七大试点的建设现状如何；可以向全国碳市场建设提供哪些经验教训；国外碳市场的多次改革对中国碳市场的建设有什么启示；如何建立一个科学、客观、可衡量的指标体系来衡量碳市场建设及运行的状况，都是本书将要回答的问题。

1.3.2 试点碳市场的建立与运行

从2013年开始，各试点省市陆续开市，交易规模不断攀升，探索积累的经验为推动建立全国碳市场提供了重要参考。各大试点碳市场在运用市场机制实现低碳发展方面担负起了探路者的角色。表1-2为截至2017年中国七大试点碳市场的履约情况。

表1-2 中国七大试点碳市场截至2017年履约状况

试点	规定履约时间	控排企业数量/个	履约企业数量/个	履约率
北京	2014-07-04	415	403	97.10%
	2015-06-30	543	543	100%
	2016-07-06	947	938	99.00%
	2017-06-15	947	925	97.80%
广东	2014-06-30	242	242	100%
	2015-07-03	242	239	98.90%
	2016-06-30	244	244	100%
	2017-06-20	244	244	100%

续表

试点	规定履约时间	控排企业数量/个	履约企业数量/个	履约率
天津	2014-06-30	114	110	96.50%
	2015-06-30	112	111	99.10%
	2016-06-30	109	109	100%
	2017-06-30	109	109	100%
深圳	2014-06-30	635	631	99.40%
	2015-06-30	634	632	99.70%
	2016-06-30	578	577	99.80%
	2017-06-30	824	803	99.00%
上海	2014-06-30	191	191	100%
	2015-06-30	190	190	100%
	2016-06-30	368	309	99.70%
	2017-06-30	310	310	100%
湖北	2015-06-30	183	149	81.20%
	2016-06-30	167	136	81.20%
	2017-05-30	236	236	100%
重庆	2015-06-23	242	225	93.00%
	2016-06-30	237	166	70.00%
	2017-06-30	230	161	70.00%

资料来源：根据各试点交易所网站资料整理

1. 深圳碳市场

深圳碳市场于2013年6月正式启动，覆盖工业行业和公共建筑行业，提供现货交易、电子竞价和大宗交易等交易方式。深圳碳市场总体体量较小，所纳入行业没有重化工、钢铁、火力发电等二氧化碳的大型直接排放源。深圳碳市场在借鉴其他地区经验的基础上，广泛参考了国际经验，特别是美国加利福尼亚州的《AB32 法案》。深圳碳市场直接排放和间接排放一起纳入市场，采取了碳排放总量和碳排放强度双重目标控制。最终依据企业工业增加值、规模大小、能耗水平，深圳首批确定了635家企业名单，每年排放配额定为3000万吨。随着深圳妈湾电力有限公司回购了此前出售给英国石油公司的碳配额，深圳碳市场也因此完成了中国首单跨境碳资产回购交易。

2. 上海碳市场

上海碳市场于2013年11月启动，覆盖电力、钢铁、石化、化工、有色、建材、纺织、造纸、橡胶和化纤等 10 个工业行业，以及航空、机场、港口、商场、宾馆、商务办公建筑及铁路站点等非工业行业，配额采用了三年一次的发放形式。价格形成上，不设固定价，遵循“价格优先、时间优先”的原则由系统匹配成交，形成公开的市场价格。在市场运行和市场管理上，秉承政策稳定清晰、尊重市场规律、谨慎干预市场的原则以促进健康、平稳、有序的交易市场的形成。参与主体上，积极推动市场主体多元化，纳入了控排企业及投资机构共同参与市场，实现了外部资本的引入以促进碳交易市场的活跃度。产品创新上，循序渐进推动碳市场创新和碳金融的发展及实践，探索形成了借碳交易、碳配额卖出回购、CCER 质押贷款、碳排放信托等服务。同时，有机结合上海环境能源交易所与银行间市场清算所在碳领域和金融领域的优势，上线了上海碳配额远期产品。

3. 北京碳市场

北京碳市场于 2013 年 11 月正式启动，覆盖热力生产和供应、火力发电、水泥制造、石化生产、服务业和其他工业等六大类行业。北京碳市场制定了《北京市企业（单位）二氧化碳排放核算和报告指南》，系统考虑了碳排放权市场制度设计的各要素：重点排放单位排放报告制度、二氧化碳排放量第三方核查制度、碳排放配额分配办法、碳排放配额交易办法、碳排放权市场监管办法等。北京碳市场具有较强的对外开放性：其一是对辖区外的参与者开放，辖区外投资者可在交易平台注册登记，参与碳排放配额的买卖；其二是对于履约单位履约方式的开放性，履约单位可通过购买核证自愿减排量以完成其履约责任，并研究探索试点省市之间排放配额互认机制；其三是交易平台的开放性，积极研究探索试点省市之间碳排放权交易平台的对等开放。

4. 广东碳市场

广东碳市场于 2013 年 12 月启动，覆盖电力、水泥、钢铁、石化、造纸和民航 6 个行业，前三个履约期配额规模排名七大试点之首、全球第三（仅次于 EU ETS、韩国碳市场）。广东碳市场完成了中国首次一级市场配额拍卖，完成了国内首单 CCER 线上交易，建成了整合环境权益交易、绿色金融和新能源资产投融资与交易三大业务板块的综合性绿色要素交易市场。当前，广东碳市场形成了包含有偿配额竞价机制、MRV 机制、信息披露机制在内的特色机制，其一有偿配额竞价机制，电力有偿分配 95%，其他行业有偿分配 97%；其二 MRV 机制上，对核查机构及核查报告采取双评议与复核；其三信息披露机制方面，广东的碳排放分配方案每年都会向全社会公开已纳入控排行业的碳排放配额分配实施方案，各类交易数据、交易规则、风控措施完全公开。广东碳市场深化创新，建立生态补偿核证自愿减排量。此外，陆续推出碳配额抵押融资、碳配额回购、碳配额托管、碳排放远期交易等创新型碳金融业务，为企业碳资产管理提供灵活丰富的方案。

5. 天津碳市场

天津碳市场于2013年12月启动，覆盖了电力、热力、钢铁、化工、石化、油气开采、民用建筑等行业，交易品种为碳排放权配额和CCER。天津碳市场交易平台为天津排放权交易所，其是一个利用市场化手段和金融创新方式促进节能减排的国际化交易平台，也是全国第一家综合性环境能源交易机构，国家首批温室气体自愿减排交易备案交易机构之一。天津碳市场纳入的企业数量在七个试点省市中是最少的，并且钢铁类型企业占了近一半，体现出天津温室气体排放相对集中的特点，控排范围包括年碳排放量2万吨以上的企业。配额方法以免费发放为主，同时结合各行业历史排放水平。相较于其他试点省市而言，天津碳市场对未履行强制减排义务的纳入企业法律责任的追究较为宽容，仅规定由主管部门限期改正，且在三年之内不能享受融资优惠和申报财政支持项目等。

6. 湖北碳市场

湖北碳市场于2014年4月启动，覆盖了电力、热力、有色金属和其他金属制品、钢铁、化工、水泥、石化、汽车及其他设备制造、玻璃及其他建材、化纤、造纸、医药和食品饮料等13个行业。经过三个履约年度的试运行，湖北碳市场已经成为七大试点市场中交易规模最大、交易活跃度最高、市场价格最为平稳、碳金融创新最为突出的试点碳市场。不同于北京、上海、深圳等发达地区试点的积极性模式，湖北碳市场采用了稳中求进的稳健型模式，市场规制起点较高、规制企业较少、规制范围适中，淘汰落后重工业产能的意图明显。湖北碳市场设置的纳入企业能耗和碳排放门槛远远高于其他试点，《湖北省碳排放交易试点工作实施方案》中所涵盖的150家排放源碳排放总量约占全省碳排放总量的35%，意图通过配额淘汰落后产能，通过增加工业企业生产成本，推动技术创新来实现节能减排。在配额分配上，湖北碳市场总量刚性，结构柔性，对配额总量和既有排放设施严格控制，对新增产能和新增产量则设定企业预留配额，如果不足，也可以动用政府预留配额，确定了年度初始配额、新增预留配额、政府预留配额三大部分的总量结构，为配额结构的不同部分设置不同的比例和功能，并进行动态化管理，充分发挥配额结构管理的灵活性。

7. 重庆碳市场

重庆碳市场于2014年6月启动，纳入了电力、化工、建材、钢铁、有色、造纸等行业，是唯一试行总量减排的地区。与其他试点地区只控制二氧化碳不同，重庆碳市场将《京都议定书》中规定的六种温室气体都纳入了碳交易机制内，通过协同控制实现更大的管理效率，降低社会减排成本。从碳排放总量约束机制看，重庆市碳交易试点机制创造性地提出以控排企业历史碳排放峰值为配额审定依据的配额总量设定方法与企业自主申报配额博弈与配额总量约束相结合的分配方案，是试点机制中唯一实行绝对量减排和纳入六种温室气体的碳交易机制。

8. 四川碳市场

作为补充，2016 年底国家发改委在原有七大试点碳市场基础上又建立了四川、福建两大碳市场。四川碳市场于 2016 年 12 月 16 日正式开启，是全国第一家自建碳交易市场非试点省份，满足了市场参与主体就地、就近开展碳排放权交易的需求，有效推动了西部地区生态文明建设和绿色发展。四川碳市场面向主管部门、重点排放单位、三方机构、行业协会等碳市场参与者开展常态化能力建设培训活动，对西部地区和全国碳市场的培育起到重要作用，保障了碳市场建设和各项工作的顺利进行。四川碳市场交易的产品主要为配额（碳交易主管部门分配给重点排放单位制定时期内的碳排放额度）和 CCER。CCER 项目主要涉及风电、光伏等新能源项目，生产中无碳或低碳可用专业算法换算成减排量 CCER，可用于抵消配额。表 1-3 为四川碳市场推出的规章制度。

表 1-3　四川碳市场规章制度

制度类型	政策名称	出台时间
市场政策	《四川省碳排放权交易工作实施方案》	2015-11
	《关于同意依托四川联合环境交易所设立全国碳市场能力建设（成都）中心》	2016-06
	《四川省碳排放权交易管理暂行办法》	2016-08
交易所规则	《四川联合环境交易所关于碳排放权交易收费标准》	2016-06
	《四川联合环境交易所碳排放权交易规则（试行）》	2016-10
	《四川联合环境交易所碳排放权交易结算细则（暂行）》	2016-10
	《四川联合环境交易所碳排放权交易会员管理办法（暂行）》	2016-10
	《四川联合环境交易所碳排放权交易风险控制管理细则（暂行）》	2016-10
	《四川联合环境交易所碳排放权交易监察稽核管理办法（暂行）》	2016-10
	《四川联合环境交易所碳排放权交易违规违约处理及纠纷调解实施细则（暂行）》	2016-12
	《四川联合环境交易所碳排放权交易信息披露细则（暂行）》	2016-12

资料来源：http://www.sceex.com.cn/.

9. 福建碳市场

福建碳市场于 2016 年 12 月 22 日启动，覆盖了电力、石化、化工、建材、钢铁、有色金属、造纸、航空和陶瓷九个行业，运用风险分担、贴息等手段，鼓励相关金融机构创新开发碳金融产品，支持清洁能源、节能环保、碳减排技术的发展，并撬动更多社会资金促进碳减排。其市场建设起点高，全面对接全国碳市场总体思路，首个采用国家颁布的碳核查标准与指南，数据直报系统与国家在建系统标准完全一致。福建碳市场交易品种全，统筹对接全国市场，结合福建省情，创新开发林业碳汇，共有福建碳配额、CCER 和福建林业碳汇三种产品，交易方式多样，共有挂牌点选、协议转让、单向竞价三种方式。此外，市场交易配套制度相对完善，以省政府令出台实施《福建省碳排放权交易管理暂行办法》，以省政府文件出台实施《福建省碳排放权交易市场建设实施方案》，福建省发展和改革委员会同省直有关部门出台《福建省碳排放配额管理实施细则（试行）》等七个配套文件，形成较为系统完善的碳市场政策制度体系。表 1-4 为福建碳市场规章制度文件。

表 1-4　福建碳市场规章制度文件

政策类型	政策名称	出台时间
碳交易政策	《福建省人民政府关于印发福建省碳排放权交易市场建设实施方案的通知》	2016-09-26
	《福建省物价局关于核定碳排放权交易服务收费标准的通知》	2016-11-21
	《福建省碳排放权抵消管理办法（试行）》	2016-11-28
	《福建省碳排放权交易市场信用信息管理实施细则（试行）》	2016-11-30
	《福建省碳排放权交易市场调节实施细则（试行）》	2016-11-30
	《福建省 2016 年度碳排放配额分配实施方案》	2016-12-02
	《福建省碳排放配额管理实施细则（试行）》	2016-12-02
	《福建省重点企（事）业单位温室气体排放报告管理办法（试行）》	2016-12-05
碳排放信息报告与核准	《福建省碳排放权交易第三方核查机构管理办法（试行）》	2016-11-28

资料来源：http://fujian.tanjiaoyi.com/.

1.3.3 全国碳市场的建立

2015 年国家发改委透露，未来全国碳市场初期将纳入电力、化工等六大行业中年碳排放量 2.60 万吨以上的工业企业；2016 年初，全国碳市场建设的战略规划有所调整，国家发改委发布了《关于切实做好全国碳排放权交易市场启动重点工作的通知》，明确全国碳市场第一阶段将覆盖包括石化、化工、建材、钢铁、有色、造纸、电力、航空在内的八大重点排放行业，市场参与主体为上述行业年排放量 1 万吨以上的重点排放企业。根据国家发改委要求，地方主管部门要在 2016 年 6 月 30 日前汇总、上报企业温室气体排放数据。根据上述标准，国家发改委预计全国碳市场建设初期将纳入 1 万家控排企业。然而在全国碳市场各项工作推进过程中，非试点省区市在进行温室气体排放数据核查工作中出现了多种困难，全国碳市场开启之路坎坷漫长。2017 年度和 2018 年度，中国碳市场建设也在曲折坎坷中不断前进。

2017 年 1 月 12 日，上海碳配额远期交易中央对手清算业务正式上线。

2017 年 1 月 18 日，国家发改委、财政部、国家能源局三部委联合发布《关于试行可再生能源绿色电力证书核发及自愿认购交易制度的通知》，明确提出拟在全国范围内试行可再生能源绿色电力证书核发和自愿认购。未来可再生能源绿色电力证书核发及自愿认购交易制度与全国碳市场可能存在协同发展的态势。

2017 年 1 月 20 日，香港特别行政区政府公布《香港气候行动蓝图 2030+》，根据这份行动蓝图可知，香港特别行政区政府计划在 2030 年实现碳强度比 2005 年的水平降低 65%～70%，相当于绝对碳排放量减少 26%～36%，人均碳排放量减少至 3.30～3.80 吨。解振华表示，欢迎香港加入全国碳市场建设。

2017 年 3 月 9 日，广东向各机构公布了《广东省碳排放信息核查工作管理考评方案（试行）》，对核查机构和技术评议机构建立起系统化的考评体系，这是中国试点碳市场建设首次引入第四方监管机构。

2017 年 3 月 14 日，国家发改委发出 2017 年第 2 号公告，暂停了温室气体自愿减排项目备案申请的受理。同时，国家发改委也将对原有的《温室气体自愿减排交易管理暂行办法》相关条款进行修订。

2017 年 3 月 20 日，国家发改委在北京召开 2017 年全国发展改革系统应对气候变化工作电视电话会议，国家发改委副主任张勇要求 2017 年必须按时启动运行全国碳市场，推动出台相关法律法规及配套政策，建立健全碳排放交易市场管理体制，做好数据核查、能力建设、舆论宣传等工作，确保全国碳市场顺利启动。

2017 年 3 月底，根据国家发改委要求，碳交易试点省市各自提交了全国碳排放交易系统和注册登记系统的建设方案，意味着全国碳市场启动初期可能会同时运行多个交易平台。早在 2016 年，国家发改委曾释放交易所市场化的积极信号，希望各交易所通过竞争兼并完成统一。同时，国家发改委碳市场推进小组在四川、江苏两省召开了碳配额分配试算工作会议，公开了《全国碳市场配额分配方案（讨论稿)》。由于部分省区市排放核查与复查工作进度严重拖后且数据报送质量较低，未来全国碳市场决定首批只纳入电力、电解铝、水泥三个数据基础较好、碳排放占比较大的行业，其他五个行业等后续条件成熟时逐步纳入。会议公开了电力、水泥和电解铝行业的配额分配方案的讨论稿，配额分配的总体思路为基准线法加预分配。其中，电力根据压力、机组容量和燃料类型划分了11个基准线，分为供电和供热配额，同时考虑了冷却方式、供热方式和整体煤气化联合循环发电系统（integrated gasification combined cycle，IGCC）机组燃料热值的不同，配额分配是以2015年的产量为基准，初始分配70%的配额，实际配额待核算出实际产量以后多退少补，水泥和电解铝行业的初始配额为50%。

2017年3月28日，七大碳交易试点省市和四川、福建都已提交方案争夺承接全国碳排放交易系统和注册登记系统的权限。

2017年3月29日，应对气候变化战略研究和碳市场能力建设青岛中心揭牌仪式在青岛科技大学举行，意味着继北京、上海、广东、深圳、重庆、湖北、四川之后又一家碳市场能力建设中心诞生。

2017年4月4日，重庆碳排放权交易中心促成了重庆民丰化工有限责任公司近日以其持有的碳排放权配额作为部分质押物，向兴业银行股份有限公司重庆分行融资人民币5000万元，标志着重庆市首笔碳配额质押融资业务成功落地。

2017年4月26日，福建省三钢（集团）有限责任公司与广州微碳投资有限公司签订的碳排放配额托管协议在海峡股权交易中心成功备案，福建碳市场首笔碳排放配额托管业务正式落地。此次托管协议涉及福建省碳排放配额360万吨，是目前国内碳市场单笔最大的碳排放配额托管。

2017年5月上旬，国家发改委组织专家评审和各方博弈后，全国碳市场交易平台的建设方案修改为由各省市联合组建。这个国家级平台方案已经上报，但最终结果还未公布。但全国碳市场启动初期还是会和多个试点市场并行一段时间而后再逐步进行对接。同时，由于数据质量原因，未来全国碳市场先期将只纳入电力行业。

2017年5月17日，《福建省林业碳汇交易试点方案》出台，这是国内首个试点碳市场内的碳汇交易方案。同时，广东省人民政府发布《广东省“十三五”控制温室气体排放工作实施方案》，广东将打造国家级碳交易平台，筹建碳期货交易所。

2017年5月23日，深圳能源集团旗下深圳妈湾电力有限公司持有的深圳市碳排放配额与深圳中碳事业新能源环境科技有限公司持有的CCER以现金加现货的方式，在深圳排放权交易所完成置换，所置换的CCER规模为68万吨，一举创下国内单笔碳排放配额置换交易量纪录。

2017年5月31日，福建省发展和改革委员会下发《关于征选第二批碳排放权交易第三方核查机构的通知》。根据通知，福建省将在2016年碳交易试点的工作基础上纳入年能源消耗总量达5000吨标准煤以上（含）的工业企业，新纳入的企业数量约300家，在现有的企业基础上增加1倍，纳入的企业数量仅次于北京和深圳，预计控排企业的碳排放总量将与湖北省相当。

2017年6月1日，美国总统在白宫宣布，美国将退出《巴黎协定》。尽管退出的具体流程和时间表尚未明确，但这无疑给全球气候与可持续发展治理带来了又一次带来“意料之中”的打击。2017年6月27日，李克强在第十一届夏季达沃斯论坛说，“应对气候变化，是国际社会的共同责任，中国将信守承诺，说到做到，落实应对气候变化的措施”。[①]

2017年6月23日，广州碳排放权交易所在第六届中国（广州）国际金融交易博览会绿色金融论坛上正式发布了“中国碳市场100指数”。该指数以拟纳入全国碳市场管控的行业上市公司为样本，挑选出绿色表现良好的企业，为投资者进行绿色投资提供参考，进而激励参与中国碳市场的企业更多地进行环境信息披露并提高绿色表现水平。

2017年6月28日，广东省碳普惠制核证减排量正式亮相，并进行了首次竞价。这意味着广东碳市场再添交易新品种。碳普惠制核证减排量指的是，纳入碳普惠制试点地区的相关企业或个人自愿参与实施的减少温室气体排放（如节水、节电、公交出行等）和增加绿色碳汇等低碳行为所产生的核证自愿减排量。

2017年7月26日，国家林业和草原局发布《省级林业应对气候变化2017～2018年工作计划》，各省林业主管部门要以全国统一的碳排放权交易市场启动建设为契机，主动与省级发展改革部门沟通协调，抓紧研究地区林业碳汇交易政策。

2017年9月11日，农业农村部表示允许农村沼气利用项目打包申请CCER项目，推动农林碳效应进入碳市场交易。

2017年9月22日，国家海洋局局长王宏表示国家海洋局将一如既往地支持对海洋碳汇的研究，共同为推进海洋碳汇发展创造条件。

2017年9月23日，在2017中国碳市场发展论坛，国家发改委透露，2017年启动全国碳市场，2017～2020年为试点阶段配额免费；2020年将进入全国碳市场正式实施阶段将取消免费配额发放，碳价提高到100元/吨，之后逐渐提高价格并有可能设定碳关税。

2017年12月18日，经国务院批准，国家发改委印发了《全国碳排放权交易市场建设方案（发电行业）》，这标志着中国碳市场的整体设计已完成，并正式启

---

① 《李克强在第十一届夏季达沃斯论坛开幕式上的致辞》，http://www.gov.cn/xinwen/2017-06/28/content_5206183.htm[2021-06-16]。

动。同时国家发改委还宣布了由湖北牵头承担全国碳排放权注册登记系统建设与维护任务，上海牵头承担全国碳排放权交易系统建设和运维任务。

2018 年 1 月，国家发改委发布了《生态扶贫工作方案》通知，要求结合全国碳排放权交易市场建设，积极推动 CDM 和温室气体自愿减排交易机制改革，研究支持林业碳汇项目获取碳减排补偿，加大对贫困地区的支持力度。

2018 年 4 月，国家机构改革调整，将原属于国家发改委管辖的气候变化相关工作转移至新成立的生态环境部，从而实现了应对气候变化与环境保护工作的相统一，生态环境部成为碳市场的主管部门。

2018 年 5 月，在生态环境部应对气候变化司指导下，温室气体自愿减排注册登记系统管理办公室组织协调北京、天津、上海、重庆、湖北、广东、深圳、福建、四川等九省市 CCER 交易机构顺利完成与升级后的国家自愿减排注册登记系统对接调试，国家自愿减排交易注册登记系统恢复上线运行，受理 CCER 交易注册登记业务。

据有关消息报道，中国推迟了针对汽车行业，以提振电池驱动汽车为目标的强制碳交易机制。此前根据有关消息透露，国内外汽车制造商对中国政府进行了游说，称他们需要更多时间才能达标。2019 年起实行该机制后，将针对在国内生产的传统汽车向企业征收碳积分，同时允许他们通过生产新能源汽车赚取积分。

表 1-5 为中国碳市场机制体系建设的相关进程。

表 1-5　中国碳市场机制体系建设的相关进程

<table>
<tr><th colspan="2">项目</th><th>内容</th></tr>
<tr><td rowspan="3">时间进度安排</td><td>准备阶段（2014～2015 年）</td><td>完成碳市场基础建设工作，利用七大试点碳市场进行经验探索，为全国碳市场的正式启动提供经验借鉴服务</td></tr>
<tr><td>运行完善阶段（2016～2020 年）</td><td>2016～2017 年为全国碳市场建设的基础准备期，主要任务是根据出台的各项政策法规，做好温室气体排放核查、配额初始分配等一系列基础准备工作。2017～2020 年的主要任务是正式启动全国碳市场，不断完善市场体系建设，逐步纳入更多控排行业</td></tr>
<tr><td>稳定深化阶段（2020 年后）</td><td>主要任务是增加期货等交易产品，发展多元化交易模式，扩大行业规模，逐步形成运行稳定、健康、活跃的交易市场。同时进一步提升市场容量和活跃程度，探索与国际上其他碳市场进行链接的可行性</td></tr>
<tr><td colspan="2">监管部门</td><td>2018 年 3 月成立的生态环境部为碳市场主管部门，具体相关工作由应对气候变化司负责，国家发改委、工业和信息化部、财政部等其他相关部门为协管部门</td></tr>
<tr><td colspan="2">覆盖行业范围</td><td>初期将覆盖石化、化工、建材、钢铁、有色、造纸、电力、航空等八大重点排放行业，但由于全国碳排放信息核查工作的不顺利，多个省区市上报的碳排放信息核查数据不过关，因而先期将只启动电力、钢铁及水泥等三个行业。后期，由于温室气体排放信息核查等原因，全国碳市场建设初期将暂时只纳入发电行业，待市场运转稳定之后再逐步考虑纳入其他行业</td></tr>
<tr><td colspan="2">准入门槛</td><td>能耗 1 万吨标煤或年碳排放量 2.6 万吨以上企业，在碳市场运行稳定后将逐步降低控排门槛以进一步提升市场规模</td></tr>
</table>

续表

项目	内容
交易平台	当前中国共有北京、天津、上海、湖北、广州、深圳及重庆等七大试点交易平台，2016年又分别成立福建海峡股权交易中心及四川联合环境交易所等两家机构，共九个交易平台
市场参与主体	以控排主体参与为主，联合全国碳市场前期将不允许机构与个人投资主体入市且将严格控制碳金融产品与碳基金
MRV	已公布了 24 个重点行业温室气体排放核算方法与报告要求，但针对核查系统的相关文件尚未披露
分配原则	初期以免费分配为主，免费分配与有偿分配相结合，逐步提高有偿分配比例
分配方法	据透露未来全国碳市场将以基准线法分配配额为主。但在碳市场建设初期，仍将阶段性地实施碳强度法，但最终目标还是要统一实行基准线法
灵活履约	以CCER与林业碳汇抵消为主，目前正在对核证减排项目进行调整，2017年3月17日国家发改委正式停止了CCER项目审批。2018年5月，生态环境部重新正式启动了国家自愿减排交易注册登记系统
三大系统	2017年12月三大交替系统中仅国家碳交易注册登记簿系统已正式启动，湖北承担注册登记系统建设与维护任务，上海承担交易系统建设与运维任务
履约周期	2017年底关于全国碳市场的履约周期尚未有官方文件，部分专家曾建议全国碳市场采用滚动履约的方式，但具体履约周期和方式尚未有透露
激励处罚	有关碳市场激励与惩罚机制尚无官方信息透露，未来全国碳市场惩罚机制可能会参考北京、深圳碳市场经验，采用浮动的碳价倍数惩罚方法
市场规模	未来全国碳市场全面建成之后，配额总量约在40亿～50亿吨，交易量将在30亿～40亿吨每年，现货交易额最高有望达到 80 亿元每年，实现碳期货交易后，全国碳市场规模最高或达 4000 亿元。届时，全国碳市场将成为中国仅次于证券交易、国债的第三大交易市场，全球第一大碳市场。目前，发电行业纳入碳排放监管机制的企业达到1700余家，总体排放量将超30亿吨，排放量规模已超过EU ETS

资料来源：根据绿石环境保护中心报告及其他行业相关新闻整理

如表1-5所示，2014～2015年为准备阶段，主要任务在于完成碳市场基础建设工作，利用七大试点碳市场进行经验探索，为全国碳市场的正式启动提供经验借鉴。2016～2020年为全国碳市场的运行完善阶段，其中，2016～2017年为全国碳市场建设的基础准备期，主要任务是根据出台的各项政策法规，做好温室气体排放核查、配额初始分配等一系列基础准备工作。2017～2020年的主要任务是正式启动全国碳市场，不断完善市场体系建设，逐步纳入更多控排行业。2020年后为全国碳市场的稳定深化阶段，主要任务是增加期货等交易产品，发展多元化交易模式，扩大行业规模，逐步形成运行稳定、健康、活跃的交易市场。

在监管部门方面，生态环境部为全国碳市场主管部门，具体相关工作由应对气候变化司负责，国家发改委、工业和信息化部、财政部等其他相关部门为协管部门；市场建设初期将只纳入发电行业，待市场运转稳定之后再进一步降低控排准入门槛、扩大行业范围以进一步提升市场规模；在市场主体参与方面，未来碳市场交易以控排主体为主，市场运行前期将不允许机构与个人投资主体入市交易；全国碳市场建设过程中，已公布了24个重点行业温室气体排放核算方法与报告要求，但针对核查系统的相关文件尚未披露；市场配额初期以免费分配为主，免费分配与有偿分配相结合，未来逐步提高有偿分配比例。同时，据透露未来全国碳市场将以基准线法分配配额为主，但在碳市场建设初期仍将阶段性地实施碳强度法，但最终目标是统一实行严格的基准线法；在三大系统建设方面，注册登记系统已交由湖北建设与维护，而交易系统的建设与运维则由上海牵头。

第2章 理论基础

2.1 碳市场经济学原理

2.1.1 外部性理论

马歇尔（2015）《经济学原理》一书中首次提出了“外部经济”的概念，为正确分析外部性问题奠定了基础。1962年，Buchanan和Stubblebine（1962）给外部性下了这样一个定义：只要某人的效用函数或某厂商的生产函数所包含的某些变量在另一个人或厂商的控制之下，该经济中就会存在外部性。

从这个定义可以看出，外部性概念包含三个基本要点：①经济主体之间的外部性影响是直接的，而不是间接的。即这种影响是以市场交易的方式施加的，如果没有这个限定，则外部性概念过于宽泛。因为每个经济主体的利益总会受到市场价格波动的影响，这种价格波动多是其他行为主体造成的。因此，外部性是市场交易机制之外的一种经济利益关系。②外部性有正也有负。从外部性的发生主体来看，其行为可能给他人带来未获补偿的效用或产量损失，也可能带来未付报酬的效用或产量增加。前者即为负外部性，或称外部不经济；后者则为正外部性，或称外部经济。③外部性会出现在生产领域，也会出现在消费领域，也就是说，外部性影响的承受者可能是厂商也可能是消费者。按照Buchanan和Stubblebine的定义，如果一个消费者的效用函数中包含了受控于其他经济主体的变量，可以将该外部性表达为

$$U_{\mathrm{A}} = U_{\mathrm{A}}(X_1, X_2, \cdots, X_n, U_{\mathrm{B}}) \tag{2-1}$$

其中，$X_1, X_2, \cdots, X_n$为消费者A所消费的商品量；U_{B}为另一市场主体B的效用或产量。该式表明，消费者A的效用函数中包含了一个由市场主体B所控制的自变量，而A又没有向B索取补偿（负外部性）或提供报酬（正外部性）。相应地，如果一个厂商的生产函数中包含了受控于其他经济主体的变量，该外部性就可表示为

$$F_{\mathrm{A}} = F_{\mathrm{A}}(L_{\mathrm{A}}, F_{\mathrm{B}}) \tag{2-2}$$

其中，L_{A}为A厂商的要素投入；F_{B}为B厂商的产量。该式表明，A厂商的生产函数中包含了一个由B厂商所控制的变量，而A厂商没有向B厂商索取补偿（负外部性）或提供报酬（正外部性）。

通常，外部性分类有正外部性与负外部性、生产外部性与消费外部性、公共外部性与私人外部性等。其中，正负外部性是根据外部性的作用效果来划分的，正外部性概念来自马歇尔提出的“外部经济”，表示外部性影响能够给承受者带来某种利益；负外部性概念来源于庇古的“外部不经济”概念，表示外部性影响能够给承受者造成某种损害。生产外部性和消费外部性是根据产生外部性的经济主体是生产者还是消费者来区分的。如果外部性行为的实施者是生产者，该外部性就是生产外部性；如果外部性行为来源于消费者，则为消费外部性。公共外部性和私人外部性是根据外部性的影响是否具有公共产品的性质来划分的。公共外部性的受体众多，而且此外部性对受体的影响具有非排他性和非竞争性的特点；而私人外部性的受体是有限的，具有排他性和竞争性。

外部性产生的原因：①产权条件。市场只有在产权明确的地方才能很好地发挥作用，否则，就容易产生外部性。②交易费用条件。交易本身是有成本的，如交通、通信是否便捷，市场规则（法律、道德等）是否完善且得到很好的遵守，市场服务（金融、信息、法律及其他中介服务等）是否完备高效等，都会影响交易的效率和交易费用。市场只有在交易费用较低的时候才能很好地发挥作用，外部性的存在会造成私人成本和社会成本，以及私人利益和社会利益的不一致，这会导致资源配置不当。在完全竞争条件下，如果某种产品生产过程产生了正外部性，则其产量将可能小于社会最优产量。如果某种产品生产过程产生了负外部性，则其产量将可能超过社会最优产量。换言之，当存在正外部性时，完全竞争的市场不能保证个人追求自身利益最大化的同时社会福利也趋于最大化。市场在配置资源上的这一缺陷表明，需要由政府对市场机制加以干预以弥补市场调节的缺陷。

20 世纪 50 年代以来随着全球经济发展中外部性问题凸显，特别是环境负外部性问题日益严重，经济学家又从新的视角对外部性理论进行了发展。

（1）用不可分割性来解释环境外部性。奥尔森（1995）从“集体行动”问题入手，认为任何个人都不可能排他性地消费公共产品，即“外部性具有不可分割性”。由于大部分环境因子和自然资源都具有公共物品的性质，在公共物品的使用中会产生“搭便车”行为，即免费享用公共物品而不付费，供给方无法获得其优化配置生产的收益指标，而需求者又不愿意真实表达自己对公共物品的主观需求，生产者的需求曲线无法确定，从而形成外部性。

（2）用非竞争性来解释环境外部性。该观点认为环境属于公共物品，而公共物品的主要特征是非竞争性，这就意味着某一个人对物品的消费不妨碍别人对该物品的消费，因此坏境污染和资源耗竭等问题形成的根源在于环境的非竞争性。治理这种由非竞争性导致的环境问题时需要从两方面入手：一方面是完善市场体系，在公共环境资源使用中引入市场机制，通过完善市场机制使外部效应内部化来治理外部性；另一方面是强调环境管制的作用，主张环境管制者要加大投入力度来改善环境质量。

（3）用时空转移来解释环境外部性。该观点认为外部性在时间和空间上是可以转移的，环境外部性的风险可以在空间上转移到其他地点，在时间上转移到下一代，形成环境损害的代际转移，这样当代人生产活动的负效应要由未来人口承担。时空转移的原因在于经济活动的分散性，不同区域的人出于对区域利益的考虑，将环境风险转移给了其他地区，形成了环境风险的空间转移。而各代人出于对自身利益的考虑，将环境风险转移给下一代，形成环境风险的时间转移。最典型的例子就是人类对不可再生资源的消耗，由于这类资源具有不可替代性，一旦发生枯竭或产量下降，而替代资源又未能发展起来，人类社会将面临巨大的资源危机。

（4）用市场失灵和政府失灵来解释环境外部性。外部性问题的提出和历史上对于市场失灵及政府作用的争论是联系在一起的，即外部性是市场失灵和政府失灵造成的。从市场失灵来看，是市场机制不完全、扭曲等原因引起市场失灵，从而形成外部性。从政府失灵来看，由于政府未干预、政府政策失灵、政府干预政策的低效率或高成本引起政府失灵，从而形成生态环境破坏的外部性。除此以外，还有一些经济学家从生产效率的不完全性、良心效应、制度失灵、贫困等多种角度来解释外部性，进一步发展和完善了外部性理论。

碳市场建立的根本目的是解决环境问题，实际上也就是解决外部性问题。由于企业排放的二氧化碳对环境造成污染，影响了人们的生活，并给其他行业造成了损失，因此二氧化碳的排放是一种外部性行为，建立碳市场正是为了解决这样的外部性问题。所以外部性理论是碳市场得以建立的基础理论。

2.1.2　科斯定理

科斯定理是以诺贝尔经济学奖得主科斯命名。科斯于 1937 年和 1960 年分别发表了《企业的性质》和《社会成本问题》两篇论文，其核心观点被后人命名为科斯定理。科斯定理由三组定理构成，其核心内容是交易费用。

科斯第一定理的内容：如果交易费用为零，不管初始产权如何安排，当事人之间的谈判都会导致财富最大化的安排，即市场会自动达到帕累托最优。这包含两个重要假设前提。第一，交易成本为零。交易成本指外部性当事人建立交易关系，进行讨价还价、订立契约并督促执行所花费的成本。交易成本为零，意味着交易中上述几个方面的活动可以无成本地完成。第二，产权的初始界定清晰，即外部性问题所涉及的公共权利的归属明确，至于具体归属于哪一方当事人，则没有给予明确限制。如果科斯第一定理成立，那么它所揭示的经济现象就是，任何经济活动的效益总是最好的，任何工作的效率都是最高的，任何原始形成的产权制度安排总是最有效的。因为任何交易的费用都是零，理性人自然会在内在利益的驱动下自动实现经济资源的最优配置，因而产权制度没有必要存在，更谈不上产权制度的优劣。然而，这种情况在现实生活中几乎是不存在的，在经济社会中交易费用总是以各种各样的方式存在。因而，科斯第一定理是建立在绝对虚构的世界中，但它的出现为科斯第二定理做了一个重要的铺垫。

科斯第二定理通常被称为科斯定理的反定理，其基本含义是在交易费用大于零的世界里，不同权利界定会带来不同效率的资源配置。也就是说交易是有成本的，在不同产权制度下的交易的成本可能是不同的，因而资源配置效率也可能不同。所以为了优化资源配置，产权制度的选择是必要的。科斯进一步考察了不同交易方式的效率特征，将《企业的性质》中所提出的观点做了进一步的拓宽。根据科斯第二定理，选择有效的产权交易方式将降低产权交易费用，有助于改善经济效率。科斯沿用康芒斯（2009）的观点，将交易的基本方式划分为市场交易、企业内部交易和以政府为主体的交易。科斯对三种交易方式的描述和分析表明，以不同的交易方式完成同一交易活动会有不同成本；完成不同交易活动，同样的交易方式也具有不同成本特征。即在具体的交易活动中，应该选取交易成本最低的交易方式以提高经济效益。

在交易费用至上的科斯定理中，交易成本必然成为选择或衡量产权制度效率的唯一标准。那么，如何根据交易费用选择产权制度呢？科斯第三定理描述了这种产权制度的选择方法，主要包括四个方面：第一，如果不同产权制度下的交易成本相等，那么产权制度的选择取决于制度本身的成本；第二，如果某一种产权制度非建不可，而对这种制度不同的设计和实施方式及方法有着不同的成本，则这种成本也应该考虑；第三，如果设计和实施某项制度所花费的成本比实施该制度所获得的收益还大，则这项制度没有必要建立；第四，即便存在的制度不合理，但如果建立一项新制度的成本无穷大或新制度的建立所带来的收益小于其成本，则制度的变革是没有必要的。

科斯定理证明了市场机制在解决外部性问题中的可行性和优越性，同时也指出了要实现产权的有效交易所必须具备的条件：①产权要明晰。这是交易能够实现的先决条件，能够在市场中交易的物品必须是私人物品，公共物品和公有资源是无法利用市场机制进行有效配置的，而成为私人物品的关键就是被赋予法定的产权。②交易成本为零或足够小。要使交易有利可图，必须使交易所带来的利益大于交易成本，所以减少相关产权交易的成本是保证市场机制能够发挥作用的必要条件。③初始权利的大小和分配要适当。在存在交易成本的前提下，权利的最初分配尤其重要。当初始权利分配不恰当且交易成本高到阻止交易的有效发生时，经济就不可能达到本来有可能达到的最优状态。

科斯定理是碳市场建立的主要经济理论基础。要保证碳市场有效运行，并与实现产权有效交易所必须具备的条件相对应，必须要解决好以下问题。

（1）确定每年全球可接受的碳排放总量。碳排放量大小应当按照经济利益原则来进行测算。从理论上讲，这个均衡点可以运用边际分析法来确定。单位产量的边际收益是该产量所带来的消费满足或投资收益，边际成本是所花费的稀缺资源，这里面必须包括所破坏的环境资源。当边际收益等于边际成本时，社会总福利达到最大，此时的产量就是最优产量，而由这些产量形成的碳排放就是可接受的适当排放量。在实践中，从《京都议定书》到“巴厘路线图”再到哥本哈根会议，其根本议题都是碳排放总量的确定。

（2）确定碳排放量的初始分配方案。根据“波斯纳定理”，权利应赋予最珍视它的人，在碳排放权分配的问题上，最珍视这种权利的应当是排污成本较高的国家或企业。在实践中，这其实是各国相互博弈的利益均衡结果。虽然已经有一些经济学家对这个问题做出了研究，但具体如何实施与评价还需要一个较长的过程。

（3）探索能够有效减少碳交易成本的方法。科斯定理证明如果存在交易成本就必须对产权进行有效的初次安排，才能减少交易成本，提高经济效益。实践中，应当从制度安排、规则衔接等角度入手，尽量减少不同系统之间进行碳交易的难度；此外，对产权进行清晰的界定也可以降低交易成本。国际碳市场目前存在着“京都框架”和“非京都框架”两种体系，它们之间的交易方式正在尝试进行衔接。总之，碳市场已经成为低碳经济时代的一个重要的标志，在这个市场上占据先机是各国进行可持续发展的重要保证，也是各国在新环境下实现利益最大化的重要途径。

2.1.3　庇古税

1920年，英国经济学家庇古在《福利经济学》中提出，应当根据污染所造成的危害程度对排污者征税，用税收来弥补排污者生产的私人成本和社会成本之间的差距，这被称为庇古税。庇古税是解决环境问题的一种古典的方式，属于直接环境税。它按照污染物的排放量或经济活动的危害来确定纳税义务，所以是一种从量税。庇古税的单位税额应该根据一项经济活动的边际社会成本等于边际社会效益的均衡点来确定，这时污染排放的税率就处于最佳水平。

图2-1中MPC（marginal private cost）为厂商的边际私人成本，MSC（marginal social cost）为边际社会成本，MPB（marginal private benefit）为厂商边际私人收益，MSB（marginal social benefit）为边际社会收益，P是价格水平，Q是产量。在不考虑厂商负外部性的情况下，厂商最大化收益的产出水平是Q_2，即MPC与MPB的均衡点，其产品价格为P_2；在考虑厂商负外部性的情况下，其最大化收

益的产出水平是 Q_1，即 MSC 与 MPB 的均衡点，其产品价格为 P_1；此时，Q_1＜Q_2说明将厂商负外部性考虑到社会成本内，社会收益减少了，厂商侵害了社会净福利。政府对厂商实施征税政策后，可以将其产生的社会损失内部化。按照庇古税原理，征收的庇古税为 $T=P_1-P_2$。由此，厂商被迫选择：①不交庇古税 T，将厂商的生产规模降低，由 Q_2 产量减少至 Q_1 产量；②交庇古税 T，厂商的生产规模保持不变，仍然维持 Q_2 产量。

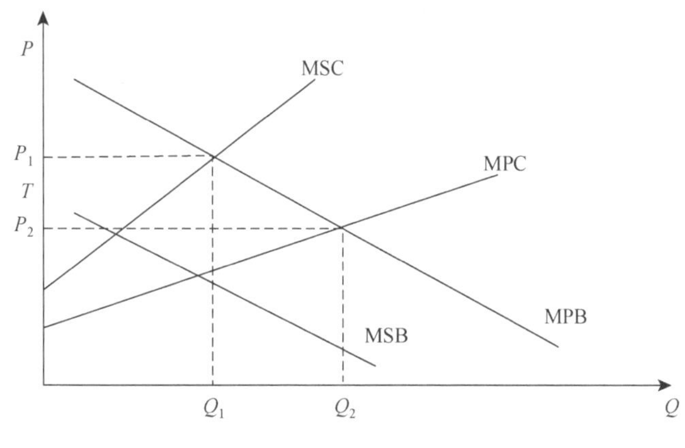

图 2-1 庇古税的确定

征收庇古税是限制温室气体排放最早的措施之一，为后来由《京都议定书》确立起来的以交易温室气体排放权为主的国际碳市场提供了有益经验。庇古税的优点主要体现在两个方面：一是提供了减少污染的持久经济激励；二是通过征税、收费方式政府可获得一定财政资金用于环境污染防治的相关支出。但庇古税的不足之处也十分明显。其税率确定困难，根据污染者排放的污染量确定个性化税率在实际生产活动中并不实际，因此政府通常就只确定一个适用于所有污染者的公共税率，但这并不适用于所有的污染者。因为所有的比例税率都会产生“超额累退”的效应，在同一个税率下污染排放量大的企业承担的相对税负低于污染排放量较小的企业，进而引起明显的有失公平问题。理论上讲，污染税率应当随着污染排放量的减少而降低，但因为税法一旦制定就具有法律刚性，各国均不可能轻易进行调整。收取污染税费可以创造一笔财政收入，对政府而言创造了一种税收激励，企业排放越多则政府收入越多，但此时公共支出如果不能保障环境保护，将造成公共政策的逆向效应，即污染越多政府收入越多。对于一些需求弹性缺乏的污染产品而言，庇古税的效应也有限。以汽油税为例，无论把税费提到多高都会因为没有其他替代品，车主仍然不得不消费几乎同等数量的汽油，排放数量相同的尾气，此时加税除了增加消费者负担外根本无法达到环境治理的效果。庇古税作为20世纪90年代起一些北欧国家所实行的全国性碳税，虽然在实践上面临着诸多困难、在效果上被人们普遍质疑，但它使环境污染需要付费的理念深入人心，使企业家和消费者认识到环境污染带来的成本负担，在一定程度上为碳市场的施行扫清了障碍。

2.1.4 排污权交易理论

排污权交易又称排放权交易、排污交易，是当前各国重点关注的环境政策之一。它早在20世纪60年代由美国经济学家Dales提出，其理论渊源是科斯于1960年提出的产权思想。排污权交易首先被美国国家环境保护局用于大气污染源及河流污染管理，而后德国、澳大利亚、英国等国也相继进行了排污权交易的政策实践。

排污权交易理论起源于科斯定理。科斯定理表达了这样一种思想：只要市场交易成本为零或很小，无论初始产权配置状态如何，通过交易总可以达到资源的最优配置。因此，排污权交易是科斯定理在环境问题上最典型的应用。排污权交易理论的主要思想是在满足环境要求的条件下，建立合法的污染物排放权利即排污权，并允许这种权利像商品一样进行交易，以此来控制污染的排放总量、降低污染治理的总体费用。排污权交易是基于市场、依赖于市场的经济手段，与命令控制型的政策手段和政府调控为主的经济手段（排污收费）区别较大。排污权交易有以下现实意义。

（1）优化资源配置与节省成本。从理论分析和美国等西方发达国家的实践来看，将排污权产权化并为此组建排污权交易市场具有很强的必然性。当然，推动这一趋势的根本动力是市场机制的资源配置功能和费用节约效能使企业产生的节约环境物品的动机。其实质是企业获得了环境物品的产权，在利益最大化行为的导向作用下，在购买排污权和治理之间做出对自己有利的选择。当治理成本高于排污权市场价格时，企业会减少环境污染治理而通过购买排污权来加以补偿。反之，如果治理成本低于排污权市场价格时，企业则会倾向于通过治理以“生产”更多的富余排污权并在市场出售。假定其他条件不变，每个企业的这一类行为将导致治理成本与市场价格趋于平衡。但是技术的改变会不断降低治理成本，能获得先进技术的企业会拥有通过治理获利的机会，这一动力是在行政调控机制下所不可能出现的。获利是企业通过节约治理成本而实现的。同时，排污权交易也节约了总管理费用。当排污权交易制度实施后，就政府而言其主要责任局限于建立规范的市场体制并维持其正常运行。对企业排污点的监测如果原先已经存在，则只需要改为监测企业是否按照拥有的排污权排放。虽然监测成本可能有所提高，但与行政再分配排污权相比其资源配置效率和管理成本的节约是显而易见的。事实上，市场化后的排污权成了企业财产，与企业的劳动力、资本等要素一起在利益最大化导向下进行优化配置。此外，如果政府要想恰到好处地确定排放标准，需收集并处理大量的信息，而企业是最有能力取得信息并采取对策的，所以排污权交易把信息负担直接转移到企业，降低了政府的管理成本。

（2）环境达标速度快。排污权交易市场一方面考虑了企业排污的位置问题，即经过合理设计的排污许可系统要求距离较近的企业承担较重的治理责任，而较远的企业避免过量治理，不至于出现某些排污区未超标但区域内环境质量却很差、对影响不敏感的地区花费不必要的费用等现象。另一方面考虑了企业排污的时间问题，即通过采用周期性治理许可和阶段性治理许可的方式，在高成本效率的基础上确保环境标准的实现。由于它是依靠市场机制来发生作用的，因此更具有持续性的激励作用。

（3）促进技术革新。排污权交易市场不仅鼓励企业及早采用现有的污染治理技术而且还不断促进其开发新的、更有效的技术。在指令控制系统下，企业面临两种选择：一是治理污染，二是反抗标准。因为技术水平低就意味着治污需要付出高额的费用，所以超标因“省钱”而经常成为企业的最佳选择。如果改用排污许可系统，则将选择技术的自由留给了企业，企业在回避法律责任时无法以技术不可行作辩解，因此付出的费用不如开发新治理技术或购买许可。如果因改变技术而节省的费用大于购买许可或新技术的费用的话，企业就会因技术革新而提高竞争能力。在许可证可转让的条件下，对新技术的需求就会增加。面对潜在的更大需求，新技术供应方更加乐于投资开发新技术。因为供求双方的积极性都很高，有理由期望新技术的应用会更加迅速。

（4）有利于激励企业主动治理污染排放。从理论上讲，排污权交易制度安排可使排污厂商真正成为排污和治污的主体，并对自己的污染排放行为做出选择。因为，在排污权交易制度安排下，管制者不仅放弃了一些配额交易的权利，也放弃了借此获得的交易利益。与此同时，排污厂商取得了排污交易的利益，就有了积极参与污染治理和排污权交易的巨大激励。治理污染就从一种管制者的强制行为变成排污厂商自主的市场行为，其交易也从一种管制者与排污厂商间交易变成一种真正的市场交易。管制者的职能也会发生根本的转变，专注于“立规则，当裁判”。而管制者征收排污费的制度安排是一种非市场化的配额交易，交易的一方是排污厂商，另一方则是具有强制力的管制者。在这种制度安排下，管制者制定排放标准，并强制征收排污费，始终处于主动地位，但是，它却不是排污和治污的主体。排污厂商虽然是排污和治污的主体，但却处于被动的地位，只要达到管制者规定的污染排放标准，就没有动力进一步治理污染，减少污染物的排放。而排污厂商治理污染的程度直接关系到环保部门的“收入”，这就不能排除某些环保部门一面纵容污染者污染环境而一面收取排污费的可能性，这显然不利于环境状况的改善。而排污权交易的实施，环保管理部门可以控制排污权的供给量和价格，能够有效地避免“政府失灵”。

排污权交易理论是建立在科斯定理的基础之上，是为了实行科斯定理而提出的一种制度设想。从其运行上来看，它是将环境产权所有者规定为政府，政府将污染物分割成一些标准的单位，在市场上公开标价出售一定数量的污染权，拥有这些污染权的企业或个人和需要污染权的企业或个人进行交易，从而形成的一种排污权市场。碳市场实际上就是一种排污权市场，由政府将二氧化碳作为碳配额，出售给一些企业或个人之后，进行配额交易。因此，排污权交易理论是碳市场形成的直接指导理论。

2.2　碳市场核心制度

碳交易（也可叫做碳排放权交易、碳排放交易）是政府为完成控排目标而采用的一种政策手段，指在一定空间和时间内，将控制目标转化为碳排放配额并分配给下级政府和企业，通过允许政府和企业交易其排放配额，最终以相对较低的成本实现减排目标。碳交易的政策目标是低成本完成控排目标，即在既定的控排目标约束下实现更大的经济效益和社会效益。碳交易主体包括政府和企业两类，以行政和市场两种手段完成政策目标。一是行政手段，上级政府通过采取行政或者法律的强制性手段，给下级政府和企业分配碳排放权，并通过考核手段强制要求下级政府和企业的碳排放量不得超过其持有的碳排放权，从而实现政府承担的总体控排目标。这种强制性的碳排放权分配和考核过程是形成碳市场的重要前提。二是市场手段，通过制度安排，允许下级政府和企业通过交易碳排放权完成任务，按照市场规律配置碳排放权资源使履约主体整体可以以相对较低的成本完成任务，并在既定的碳排放权约束下实现更大的经济效益，使政府在既定的总体控排目标实现更大的经济效益。因此，碳交易实质上是政府为降低减排成本实现控排目标而创造的市场，是一项结合行政手段和市场手段的混合政策，是由政府主导的对既定碳排放空间进行合理利用从而实现更大经济效益的过程。在碳市场的核心机制设计方面，主要包括配额总量设置、覆盖部门和温室气体类型、配额分配、MRV、履约管理和碳市场监管等六个方面。

2.2.1　配额总量设置

对于所有的排放交易机制，首要环节应针对排放源设置限额总量。排放总量是允许温室气体排放的数量上限，也代表机制覆盖的排放实体所能够获得的配额数量。在总量设置过程中，政府既要受到减排目标的约束又要平衡考虑环境目标与经济发展之间的协调。一方面，明确总量水平能够确保覆盖排放源的排放活动不超过既定上限，环境效果具有确定性，有利于国家和地区减排目标的实现；另一方面，总量设定可以形成配额的价值，有利于产生明确的价格信号，激励具有成本效益的减排活动。

理论上，配额价值由排放总量与社会平均边际减排成本共同决定，配额价格将围绕价值上下波动，影响配额价格的因素包括宏观经济波动、能源价格涨跌、其他应对气候变化政策措施等，政府在设置排放总量时要综合考虑各种情况。一般而言，如果政策制定者设置了较为宽松的配额总量，将导致未来碳市场更长的交易期、更低的配额价格，排放交易机制中的控排主体更易履约，但也会导致控排主体缺乏动力投资节能减排活动，从长期来看不利于控排主体碳减排；相反，如果设置了相对严格的总量，意味着更少的配额供给、更短的市场存续时间及更高的配额价格，对覆盖排放源投资减排和其他社会实体参与减排具有更加显著的经济激励作用，但过高的配额成本也会给正常经济运行带来负面效果。由此可见，排放交易机制的正常运行和减排激励作用的发挥是建立在适中偏紧的总量、长期和稳定的配额价格信号基础之上，这也需要政府在设置总量的过程中采用一定措施保障配额价格稳定，为避免短期内大起大落，可在总量中划出一定比例的调整储备配额作为缓冲。

配额总量通常是由政府基于一定环境减排目标来设定。总量设定越严格，配额稀缺性就越高，碳价也就越高，相应地减排成本也就越高。但当成本超过经济可承受的限度时，减排就成为不可能完成的任务了。相反，配额设定过于宽松，就失去了减排的动力，不能确保减排目标实现。一般来说，总量设置需要根据各国的经济水平确定不同的减排基线，进而设定配额总量。纵观不同区域、国家和地区排放权交易体系发现，总量设置过松导致的配额过剩和设置偏紧导致的配额价格过高现象均有发生。但更多时候，由于政府缺乏历史排放数据，对未来排放增长高估、对低碳科技或其他减排政策协同效果低估等因素，总量设置过松及配额供大于求带来的碳价暴跌严重影响了投资者的信心和碳市场的健康发展。

2.2.2　覆盖部门和温室气体类型

排放交易机制的重要组成部分是机制所覆盖的部门范围和温室气体类型，以及根据部门内排放实体的实际温室气体排放量确定的控排主体准入门槛。理论上，如果排放交易机制覆盖的行业范围更大且气体类型更全，则该制度的环境效果更好且经济效率更高。但在实践中，由于种种因素制约，产业链中的不同行业并非一定均适合纳入排放交易机制，一些产业部门考虑到经济可行性、公平性原则及减排激励因素差异，会有其他更加合适的减排选项。所以为了充分挖掘碳交易潜力，降低减排成本，政府应尽量扩大碳市场的覆盖范围以将更多异质性的排放主体纳入。但是，碳交易的实际覆盖范围应充分考虑纳入的区域对全局减排成本的影响、拟纳入区域的基础设施条件和政策实施成本，以及对区域协调发展的影响。

在覆盖部门范围方面，诸如电力和大型工业企业这样的经济部门，由于温室气体排放量便于监测和统计，因此在碳市场建立的最初阶段往往是将这些企业纳入覆盖范围，而诸如农业或交通等其他部门可以留待碳市场发育成熟再行纳入，或采用其他更具可行性的减排措施。

在纳入门槛方面，门槛值的确定将决定某一行业中哪些排放企业或排放设施必须参与碳市场。门槛值的确定既可以以该企业或设施的温室气体排放量为依据，也可以将企业产量或排放设施的装机容量作为参考。限制控排主体数量，有限纳入大型排放源可以降低碳市场主管部门的行政负担，也可以避免对经济发展落后地区中小企业造成不成比例的成本负担。碳市场在纳入行业范围方面的灵活性设置，有利于不同排放源使用不同的减排选择，最终降低全社会的总体减排成本。由于纳入碳市场的不同产业链参与者必须对各自的温室气体排放负责，因此政府在设计覆盖范围时应该衡量拟纳入控排主体排放量的监测可行性、数量及其减排能力。一般而言，产业链上游行业是温室气体排放的间接来源，包括煤炭和石油开采在内的资源开发类企业，这些企业所生产的化石能源产品提供给下游产业用户使用。下游行业如发电企业或钢铁企业，既是化石能源产品的消费者也是温室气体的直接排放源。在碳市场覆盖范围的设计过程中，首先要将产业链下游行业部门的排放主体纳入覆盖范围。

在覆盖温室气体类型方面，二氧化碳是最为常见且排放比例最高的温室气体，也是各国碳市场主要覆盖气体类型。诸如甲烷、氧化亚氮和氟化物等温室气体根据不同碳市场控排主体的排放情况进行覆盖，但二氧化碳仍然是最主要的碳市场温室气体纳入类型，其他温室气体通常都是根据全球升温潜在值换算为二氧化碳排放当量进行统计。

2.2.3　配额分配

向纳入碳市场中的控排主体分配排放配额是制度设计中极其重要的步骤。配额初始分配可以采用无偿与有偿两种方式。由于配额所具有的市场价值，政府必须确保制度设计能够让配额在控排主体之间高效、公平地完成分配，努力建立一套简单、透明、可信的分配制度。

实践中，配额的无偿分配通常包括两种方法，即历史法和基准线法。这两种方法可以计算控排主体所获得的特定配额数量。其中，历史法也被称为祖父法。政府根据纳入控排主体在某一基准年或基线期内的特定排放量，对该控排主体所能获得的配额量进行计算。历史法是政府在建立碳市场初期较为倾向的一种配额计算方法。因为所覆盖排放单位的历史数据相对比较容易获得，在一定程度上降低了初始阶段收集相关数据的难度及所伴随的高额信息成本。然而该方法并非完美，历史上一些高排放单位可能获得更多配额，但行业中的新进入单位由于没有历史数据可得，如何获得配额则需要另行规定。另外，一些早期减排的控排主体则会因为获得较少的配额而挫伤减排积极性。与历史法相对应，基准线法以纳入排放单位的绩效指标为依据进行配额分配。一方面可以对排放效率高的控排主体通过分配过程予以奖励，另一方面也为新进入者获得配额提供了操作便利。总体来看，无偿分配的配额比例将随着碳市场机制设计的完善而逐渐减少，比例的压缩进一步要求配额计算应基于可靠数据，以及清晰地适用于不同部门和特定控排主体的计算方法。因此，在无偿分配方法的选择上，历史法也将逐步让位于基准线法。

配额的有偿分配方式是未来初始分配制度的终极发展趋势，其优势在于该方式可以反映排放单位真实的配额需求，并给予其公平竞买配额的机会。此外，对于政府而言，配额收入还可以用于对社会中易受到碳市场影响的部门进行补贴，或用于应对气候变化的其他政策措施。有偿分配包括拍卖和定价销售两种方式，前者是当前的主要分配方法，后者则是重要的补充机制。拍卖既可以用于向既有控排主体和新进入者统一分配配额，也可以作为免费分配方式的补充，而定价销售则更多在碳市场建设初期加以运用。在拍卖实施过程中可以选择多种方法，但由于配额拍卖具有同质可分割及多数竞标者中标的特点，因此几乎所有碳市场都采用了单一价格的密封投标拍卖。与拍卖方式相比，定价销售方式则简单易行，可以降低管理部门的运作成本，但预测并制定一个准确的首次销售价格是最大难题。在二级市场真正成熟之前，定价销售只能作为一种有偿分配的补充方法。

2.2.4 MRV

掌握控排主体准确的排放数据是碳市场建立的基础。因此，准确和持续的MRV制度十分重要，建立有效的MRV制度也是保障配额价值的重要手段之一。

碳市场中的MRV制度的基本流程是：控排主体首先制订监测计划，监测计划经主管机构审查批准后开始实施。控排主体按照监测计划进行温室气体排放监测，履约期结束前或过程中编制年度或季度温室气体排放监测报告，排放监测报告经授权的第三方核查机构核查后提交主管部门，主管部门最后审定控排主体年度或季度温室气体排放量，根据审定通过的排放量控排主体向主管部门上缴等值的排放配额或抵消信用，上述过程称为履约周期。

MRV 通常是由监测、报告和核查三个部分组成，必须遵循完整性、一致性、可比性、透明性、客观性、经济性等原则。完整性是指核算的二氧化碳排放量包括了控排主体所有界定的化石燃料燃烧的二氧化碳排放、工业生产过程的二氧化碳排放和废弃物处理的二氧化碳排放。一致性是指企业应使用规定的核算方法，并且对于同一企业的同一种生产活动，其二氧化碳排放的核算方法应保持不变。可比性是指跨时间、跨行业、跨机构和不同层面政府部门提供的信息应该是可比较的。在一定程度上，要求数据或报告在国家之间也是可比较的。透明性是指应该以透明的方式获得、记录、分析温室气体排放相关数据，包括活动水平数据、排放因子数据等，从而确保核查人员和主管机构能够复原计算排放的过程。客观性是指应保证排放量的计算和相关数据的确定没有系统性的错误或者人为的故意错误，排放量计算结果能够真实而准确地反映实体排放的实际情况。经济性是指在选择核算方法时应保持精确度的提高与其额外费用的增加相平衡。在技术可行且成本合理的情况下，应提高排放量核算和报告的精确度。

MRV 中，监测和报告是温室气体排放数据的主要收集来源，而核查则是保证数据真实性的重要制度。监测、报告是由控排主体在规定时间内完成的。由于排放源千差万别，排放的温室气体种类和数量也存在明显差异，准确确定温室气体的历史排放量和实际排放量，为配额发放、检验和监测提供科学依据，是有效保障碳市场减排目标和经济目标实现的基础，也是碳市场有效运行的前提和必要条件。其中排放数据可以通过设备实时监测的方式直接获得，也可以根据投入燃料和使用化学工艺计算获得。任何情况下，常规排放数据都需要报送相关主管部门，排放报告也需要经过政府监管部门审计或独立第三方机构核查以保证碳市场有效运行。

2.2.5　履约管理

碳市场建设主要是为了实现温室气体减排与减排成本最小化等两大目标。前者是通过配额总量设置、配额分配、MRV、履约管理等程序控制并实现的，后者则主要是通过交易机制和灵活履约机制实现。减排成本最小化目标是碳市场建设成功的两大关键目标之一。一方面，由于温室气体减排的资金来源有限，需要广泛资金投入，提高资金利用效率是必然要求；另一方面，由于应对气候变化面临着经济的巨大调整，减排成本将占 GDP 总量的较大比例，成本因素是一国制定应对气候变化立法和措施的重要影响因素。

灵活履约机制是控排主体履行减排义务的替代性措施，这些措施主要分为两大类。一类是履约期间的调整措施，如配额存储和配额预借，这类措施有利于控排主体根据企业实际情况平衡履约期间的负担，达到降低减排成本的目的；另一类是控排行业或控排区域的调整，一般通过抵消制度来实现，控排主体可以通过该类措施平衡自身与非覆盖行业或区域的成本以达到降低控排成本的目的。同时，抵消制度是碳市场链接制度的一部分，是区域链接减排的基础。

通过配额存储、预借制度能够克服经济危机、极端气候或技术革命等事件所导致的市场动荡。配额存储制度允许控排主体持有前一履约期的剩余配额用于当期履约，一般是在成本较低时存储下来而在成本较高时用于履约。配额预借制度则与之相反，如果预计未来减排成本会降低，如通过技术革新实现成本持续降低，控排主体可以将下一交易期的配额预借用于履行本期配额上缴义务，在未来配额预算中相应扣减。配额预借和配额存储并不突破配额总量限制，不会损害整个碳排放交易制度的环境目标。但在实践过程中，大多数碳市场都只允许碳排放配额的存储而禁止预借。

任何区域和行业的温室气体排放都会对全球气候变化造成影响。在某些碳市场中没有纳入总量控制的区域或行业内部减排成本可能更低，允许控排主体通过投资这些区域或行业的减排项目抵消自身温室气体排放，可以在不损害温室气体减排目标的条件下有效降低控排主体减排成本。投资特定的减排项目经核证后可以获得一定数量的抵消信用，碳市场的管理机构在接受控排主体上缴配额的同时，也可以接受上缴特定的抵消信用来完成履约。目前，国内外碳市场允许使用的抵消信用差异较大且对碳抵消信用的使用有着质量和数量等多个方面的限制。

配额上缴义务是控排主体在整个履约周期的核心业务。因为配额具有市场价格，企业履约上缴配额义务从效果上与缴纳罚款是相同的，对控排主体而言上缴配额和缴纳罚款具有相互替代性。罚款的数额实际构成了配额价格的上限，尤其是在罚款数额是绝对数量的情况下。如果允许控排主体不上缴配额而仅是缴纳罚款，会破坏配额的稀缺性，进而影响碳市场减排目标的实现。因此多数国家在设置罚款的同时，还规定并不免除碳排放配额的上缴义务，在下一个履约期继续上缴或直接扣除相应差额部分。罚款数额和配额市场价格直接相关，因此罚款数额的确定应综合考虑各种因素，包括企业减排成本、预期市场供求关系等。罚款数额应根据控排成本曲线制定。罚款数额规定的方式主要包括三类：第一类是绝对数额，第二类是相对数额，第三类是绝对数额和相对数额相结合。

2.2.6 碳市场监管

灵活履约机制使得碳市场更为高效，同时也使得整个交易制度更易存在欺诈和被操纵的风险。碳市场监管措施主要是为了防止欺诈、遏制操纵市场行为、提高市场透明度、控制市场风险、增强流动性和保障公平竞争。

由于绝对配额总量设计下的碳市场配额供给相对固定，配额价格对需求极为敏感，极易受到外界市场的影响。针对滥用市场地位行为，监管者可以规定单个参与者持有配额数量限制或者其他避免串通操纵市场价格的行为。同时，市场监管包括一级市场、二级市场和衍生品市场的监管。三级监管的目的是使所有参与者能够基于公平的市场价格买卖配额。除了配额本身，碳衍生品和碳远期金融合约也可以买卖。买卖双方交易可以在场外进行也可以在交易所中通过竞价方式进行。在场外交易存在交易方违约风险，会导致潜在的金融损失。为了降低违约风险，场外交易也将在交易所中进行或者至少通过统一的结算系统以降低单方违约风险。登记和托管也可以提高交易透明度，识别潜在的市场风险，同样起到监管作用。除了操纵市场行为，欺诈行为也是市场监管的主要对象，如电子注册易被黑客攻击等。

碳市场监管的维护需要通过注册登记系统、信息管理系统及交易系统来支撑。在中国七大试点碳市场中，通常是由试点发展改革部门主管注册登记簿（2018 年国务院机构改革将应对气候变化职责由国家发改委转移至生态环境部，各省区市生态环境部门成为主管应对气候变化的主要部门），对配额进行编码和实名制以实现跟踪记录每一笔配额的转移情况，以便能够避免、追踪不正当交易情况，减少市场监管风险。注册登记簿与交易系统相互链接，供参与主体进行交易，同时交易系统又将交易情况反馈给注册登记簿，在注册登记簿中完成配额扣除，信息管理系统则是对控排企业排放数据和报告情况进行统计，汇总至试点生态环境部门为来年企业配额设定提供依据。因此，完整的信息监管流程设计能够有效防范各类市场风险的发生。

第3章　国际典型碳市场发展案例分析

当前，世界上不同国家和地区的碳市场主要可以分为区域型、国家型及地区型等三种类型。其中，区域型的主要以EU ETS为代表，国家型的则包括瑞士碳市场、NZ ETS、哈萨克斯坦碳市场、韩国碳市场等，地区型的则包括美国加利福尼亚州碳市场、日本东京都碳市场、中国七大试点碳市场等，上述碳市场类型均为总量控制与贸易机制。本章主要通过对EU ETS、加利福尼亚州碳市场和WCI等国际典型碳市场的总量设置、市场覆盖范围、配额管理、MRV与履约管理，以及市场运行等方面进行分析，以达到对中国七大试点碳市场及全国碳市场的机制建设提供经验借鉴的目的。表3-1为当前全球主要碳市场的类型及交易机制。

表3-1　全球主要碳市场类型及交易机制

碳市场类型	名称	参与意愿	国家/区域/地区	启动时间
区域型	EU ETS	强制	欧盟各成员国	2005年
	WCI	强制	美国七个州、加拿大部分省份和墨西哥的部分州组成	2012年
	RGGI	强制	康涅狄格州、缅因州、马萨诸塞州等美国东北部九个州郡	2009年
国家型	NZ ETS	强制	新西兰	2008年
	韩国碳市场	强制	韩国	2015年
	澳大利亚碳市场	强制	澳大利亚	2015年
	哈萨克斯坦碳市场	强制	哈萨克斯坦	2013年
	日本碳市场	自愿	日本	2008年
地区型	加利福尼亚州碳市场	强制	加利福尼亚州	2006年
	日本东京都碳市场	强制	日本东京都地区	2010年
	深圳碳市场	强制	中国深圳	2013年
	广东碳市场	强制	中国广东	2013年
	上海碳市场	强制	中国上海	2013年
	天津碳市场	强制	中国天津	2013年
	湖北碳市场	强制	中国湖北	2014年
	重庆碳市场	强制	中国重庆	2014年
	北京碳市场	强制	中国北京	2013年

资料来源：根据IPCC、世界银行、绿石相关报告整理

3.1　EU ETS

作为全球建立时间最长、市场机制建设相对最成熟的碳市场，据世界银行《2012 年碳市场现状与趋势》统计，早在 2011 年 EU ETS 交易总量就已达到 79 亿吨二氧化碳当量，占全球同年交易总量 103 亿吨的 77%；交易总金额达到了 1060 亿欧元，占全球碳市场总值 1260 亿欧元的 84%。因此，EU ETS 的机制设计与市场运行对完善中国七大试点碳市场及全国碳市场的制度设计具有极大的借鉴与启示意义。

3.1.1　EU ETS 发展分析

1. 政策法规

EU ETS 是全球第一个真正意义上区域联盟性质的、直接针对排放设施的排放权交易计划。早在 2003 年 10 月欧洲议会与欧洲理事会就以指令形式建立了碳市场相关规章制度，并在 2004 年、2008 年及 2012 年多次对该指令所包括的行业覆盖范围、减排计划及国际碳市场链接等方面问题进行了修正。

表 3-2 为欧洲议会与欧洲理事会自 2003 年以来出台的 EU ETS 相关法律法规。所涉及的法规类型包括指令型（仅针对欧盟各成员国）、条例型（针对各成员国、个人、组织和机构等）及决议型（针对各成员国、个人、组织和机构等）等，主要内容包括了 EU ETS 启动、配额管理、交易准则和交易登记簿管理等方面的法律文件，构成了 EU ETS 启动及运行的法律与制度基础。

表 3-2　EU ETS 相关法律法规

法规类型	法律名称	主题及内容
指令型	《指令 2003/87/EC》	创建 EU ETS 并从 2005 年 1 月实施
	《指令 2004/101/EC》	CDM 机制下的 CER 纳入 EU ETS 使用
	《指令 280/2004/EC》	创建国家级电子登记注册系统，监管 EUA 的分配、交流、注销等环节
	《指令 2008/101/EC》	修订了《指令 2003/87/EC》，将航空业排放纳入 EU ETS 范围内
	《指令2003/87/EC》(2008 年修订)	包括欧盟内温室气体排放配额交易方案及修订理事会《指令 96/61/EC》
条例型	《条例 NO 389/2013》 《条例 NO 601/2012》 《条例 NO 1193/2011》 《条例 NO 920/2010》 《条例 NO 994/2008》 《修订条例 NO 2216/2004》	欧盟统一登记簿及安全标准

续表

法规类型	法律名称	主题及内容
条例型	《条例 NO 176/2014》 《条例 NO 1143/2013》 《条例 NO 1042/2012》 《条例 NO 784/2012》 《条例 NO 1031/2010》	拍卖方案及平台
决议型	《决议 2009/406/EC》	成员国满足欧盟 2020 年减排目标
	《决议 2006/780/EC》	避免重复计算
	《决议 2004/280/EC》	温室气体监测机制

资料来源：根据 https://europa.eu/european-union/index_en 相关资料整理

2. 总量设置

根据《指令 2003/87/EC》，EU ETS 运行属于分阶段运行。第一阶段为 2005～2007 年，该阶段为 EU ETS 市场机制体系建设的探索阶段；第二阶段为 2008～2012 年，经过对配额发放及存储等相关制度设计进行修正，EU ETS 市场运作日趋成熟、市场运行与外部信息沟通日趋顺畅、市场资源优化配置的能力已能够有效发挥，但同时也暴露出了部分监管体系的漏洞；第三阶段为 2013～2020 年，该阶段计划逐年降低配额发放总量以实现欧盟既定的 2050 年达到低于 1990 年排放水平 80%～90%的减排目标。每个交易期内配额总量的确定取决于欧盟根据国际减排承诺义务及制订的温室气体减排政策规划，并随着 EU ETS 地理与部门范围的扩大而进行相应调整。在确定总量的方式选择上，EU ETS 先后采用了“自下而上”和“自上而下”两种路径模式。最初两个交易期内采用先由成员国申报总量再由欧盟委员会审查的国家分配计划管理模式；第三个交易期内，由欧盟委员会根据基准年排放水平和现行减排率计算方法统一确定 EU ETS 总量再分配至各成员国，由各成员国提交国家减排措施的集中决策。目前，EU ETS 针对第四个阶段的制度体系方案设计的研究正在进行。

3. 履约周期

完善、透明、持续和准确的温室气体排放监测和报告制度不仅是 EU ETS 有效运行的基础，也是保证碳市场低成本减排的关键。纳入控排的工业设施和航空运营商必须制订经批准的碳排放监测计划，并且根据该计划监测和报告每年的实际排放量。对于工业设施来说，碳排放监测计划是其取得排放许可证的一部分。设施和航空器的经营者进行监测和报告其年度排放时必须遵守《条例 NO 601/2012》和《条例 NO 600/2012》。这两部法律对保障年度排放报告的质量和数据的准确性十分重要。为了提高管理效率、协调各成员国之间的差异，欧盟委员会做了监测计划、年度排放报告、核查报告和改善报告的电子模板和指南，要求各机构根据上述模板和指南添置计划和报告。EU ETS 年度排放报告的数据必须在下一年度 3 月 31 日之前经一个认可的核查机构核查，一旦核查完成控排主体必须在该年 4 月 30 日之前上缴等量的配额或信用，这一年度的监测、报告和履约周期合称为一个履约周期。

4. 交易品种与方式

在交易品种方面，由于 EU ETS 的金融化程度较高，虽然 EU ETS 拥有 EUA 和 CER 的现货、期货、期权、掉期和远期等一系列交易品种，但主要的交易品种仍是期货，占到了整个 EU ETS 交易总量的 80%以上。而期货等金融衍生产品能作为 EU ETS 主要交易品种，一方面是由于欧盟地区金融化程度相对较高，市场监管体制建设相对完善；另一方面，则是由于通过衍生品市场来进行风险管理比传统风险手段具有更高的准确性和时效性。碳金融市场的流动性可以对市场价格的变化做出灵活反应，并随基础交易的变动而随时调整，较好地解决了传统风险管理的时滞问题。

在交易方式方面，EU ETS 主要分为场内交易和场外交易两种方式。在交易平台上交易的是标准化期货合约或现货，在经纪人市场上交易的是远期合约而并非期货。远期合约和期货占市场交易总量的绝大部分，其余为现货和期权交易。其中，场外交易的目的是扩大参与度且最常见的是柜台交易，因为场外交易能够为交易参与者提供更多空间，能够创造性地管理交易存在的风险。期货交易主要集中在欧洲气候交易所（European Climate Exchange，ECX），然而 ECX 目前已经被洲际期货交易所（Intercontinental Exchange，ICE）收购，法国的 Blue Next 环境交易所曾是现货交易的代表。在市场参与者方面，EU ETS 除了控排主体，更有大量金融机构、投资人和经纪商参与碳排放权的投机买卖。交易主体通常可以分为以下三类：一是在 EU ETS 下有履约任务的控排主体，二是赚取买卖差价的投机者，三是期货经纪公司。

5. 市场交易状况

由于 EU ETS 碳价与国际经济走势、能源价格及欧洲气候变化政策密切相关。自 2005 年来 EU ETS 碳价呈现出明显的规律性变化。其碳价走势与交易量变化主要可以分为三个阶段，第一阶段为 2005～2007 年，第二阶段为 2008～2012 年，第三阶段 2013～2018 年。当前，EU ETS 共三个阶段内的交易价格与交易量有着较为明显的阶段性特征。

如图 3-1 所示，EU ETS 第一阶段属于 EU ETS 的试运行和学习阶段。截至

2007年末，EUA交易量已达20.6亿吨，比2005年高出5倍多；交易额将近500亿美元，占全球碳市场的78%以上。在第一阶段中（2005～2007年）EUA价格从2005年4月的16.85欧元/吨一路攀升至30欧元/吨，并在20欧元/吨以上高位运行。此时由于碳市场属于新兴市场，投资者对其缺乏了解，成交量不高，直到2006年4月EUA价格达到峰值31欧元/吨后才开始下滑，并最终跌破10欧元/吨的碳价水平。第一阶段中后期，EU ETS市场规模及全球碳市场规模均出现了爆炸式增长，EUA价格在此期间一度反弹至20欧元/吨，此后又开始下降。由于EU ETS在第一阶段配额分配总量设置存在过剩现象且在第一阶段运行期即将结束时EU ETS规定“配额不得存储至下一期”，因此出现控排企业集中交易现象，其成交量于履约期临近时大幅增加。同时，碳市场投资主体对下一阶段的顺利运行持怀疑态度，因而出现了较为严重的低价格、集中交易现象。随着EU ETS第一阶段结束，由于配额总量严重过剩且规定不可存储至下一阶段，此时EUA价格已接近于零。

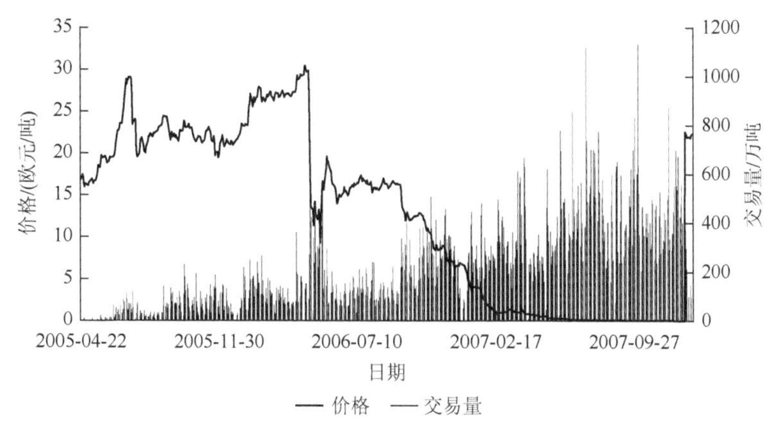

图3-1　EU ETS第一阶段交易状况

资料来源：根据Wind数据库相关数据绘制而成

如图3-2所示，在EU ETS进入第二阶段，尤其是在2008年欧盟颁布了一系列气候和能源措施后，EUA价格攀升，接近30欧元/吨。然而从2008年下半年开始，随着全球金融危机加剧，欧盟经济受到影响，碳价开始下跌，从2008年7月的29欧元/吨降到2009年2月的不到8欧元/吨。之后随着全球经济逐渐复苏，EUA价格也开始慢慢回升，自2009年3月起上升至4月底的15欧元/吨左右并围绕这一水平上下波动。2012年因欧债危机爆发使EUA价格又一次急剧下跌至6欧元/吨以下，并一直在10欧元/吨以下运行。尽管在第二阶段市场价格十分低迷，但随着EU ETS的逐渐成熟和市场投资者的认识程度不断加深，第二阶段的成交量还是保持了相对较高且稳定的状态。

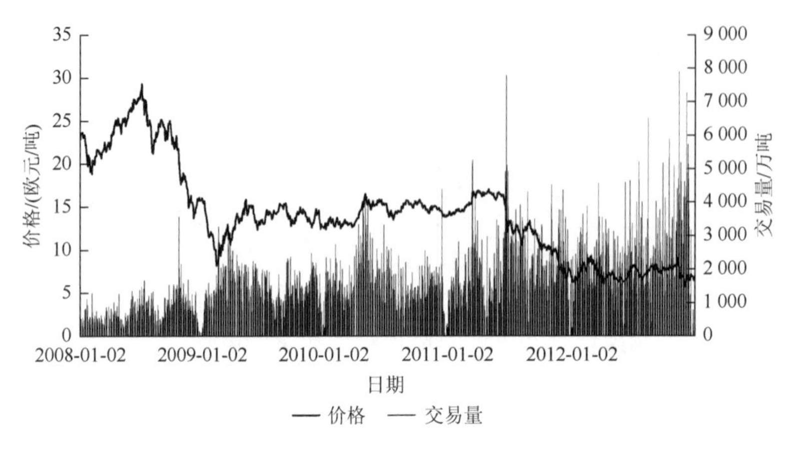

图 3-2　EU ETS 第二阶段交易状况

资料来源：根据 Wind 数据库相关数据绘制而成

如图 3-3 所示，EU ETS 在进入第三阶段后，由于欧盟经济复苏迟缓，EUA 价格持续下跌至 3 欧元/吨以下，到 2015 年上半年碳价小幅回升至 6 欧元/吨左右并一直处于稳步上升阶段，在 2016 年初 EUA 价格在攀升至 8 欧元/吨后又开始逐步下滑，但在 2018 年后碳价又大幅攀升，一度达到了 25 欧元/吨，这主要是因为从 2019 年 1 月开始，EU ETS 稳定保留机制每年将减少 24%超额碳排放配额，直至 2023 年后降幅收窄为每年 12%，预计这一制度将减少约 17 亿吨的超额配额。总体来看，EU ETS 碳价主要是由供需状况决定且已呈现出明显的规律性变化，与国际经济走势、能源价格、欧洲气候变化政策和天气变化密切相关。同时，总体来说，EUA 价格过低带来了一系列的不良后果，如投资主体对可再生能源和提高能源效率的投资减少、可再生能源支持机制的成本增大、政府来源与配额拍卖的财政收

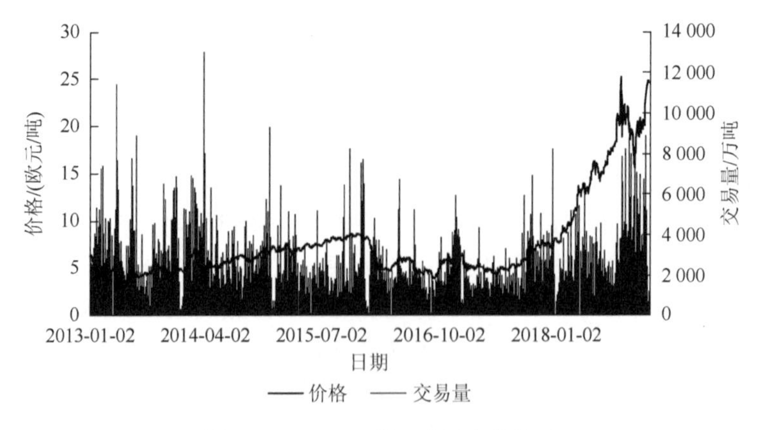

图 3-3　EU ETS 第三阶段交易状况

资料来源：根据 Wind 数据库相关数据绘制而成

入减少、碳锁定风险增加等。因此，欧盟委员会发布了一系列措施来解决这些问题，其中最主要的是 2014 年欧盟委员会提出的“折量拍卖”，即延迟拍卖碳配额，除此之外，2015 年建立的于 2019 年生效的市场稳定储备机制等都试图通过“有形的手”干预市场以暂时恢复稳定碳价。

3.1.2 由“自下而上”到“自上而下”的总量设置

EU ETS 第一阶段和第二阶段交易的总量设置主要围绕实现欧盟的《京都议定书》减排义务的需要而展开，其减排目标为《京都议定书》第一承诺期内欧盟总体排放在 1990 年基础上减排 8%。作为附件一所列缔约方的欧盟 15 个成员国对减排数额进行了重新分配。欧盟总体减排目标在成员国内的再次分解对 EU ETS 早期所采用的“自下而上”总量设置模型产生了重要影响。

第一阶段，欧盟委员会在审核成员国提交的国家分配计划时，对各国提交的总量进行了减量，减量水平为成员国提交总量限额的 4.30%，覆盖了成员国年均约 2000 万吨的配额分配量，最终第一阶段年均总量设置为 23 亿吨二氧化碳当量。

第二阶段，覆盖部门总量以 2005 年碳排放水平为基础再减少 6.50%来设定且 EU ETS 第二阶段与《京都议定书》第一承诺期平行，该期实际配额发放总量为每年 20.9 亿吨。同时，为了避免第一阶段注销过剩配额导致的碳价暴跌，第二阶段过剩配额被允许部分存储至第三阶段。因此，除去第二阶段新加入的国家和排放设施，第二阶段每年的配额总量比第一阶段每年的配额当量少了 8%。

在第三阶段中，总量设置的方法发生了重大变化，“自下而上”的国家分配计划模式被欧盟委员会集中决策总量的“自上而下”模式取代。2013 年 EU ETS 配额总量为 20.3 亿吨，这一数值是在各成员国第二阶段内国家分配基础上考虑 2013 年之后 EU ETS 新增部门而设定的。同时，2013 年后 EU ETS 年度配额总量按照 1.74%线性减少，即每年减少绝对量 0.37 亿吨。

3.1.3 循序渐进的覆盖范围

在三个阶段中，EU ETS 覆盖行业所呈现出的共同特点是完全的下游行业控排类型且覆盖范围呈现出“循序渐进，逐步纳入”的趋势。EU ETS 覆盖了整个欧盟区域碳排放总量的 50%和温室气体排放总量的 40%（第三阶段达到了 60%），涉及 30 个国家和地区的 5000 多家企业，共计 11 500 多个排放设施，主要包括电力部门和大部分工业部门，2012 年开始纳入航空业。覆盖的设施细化到行业包括发电、炼油、焦炭和钢铁、水泥、石灰、玻璃、砖和制陶、造纸等行业共计 29 种设施。在三个交易阶段中，EU ETS 在覆盖范围方面采取的原则是成熟一个行业纳入一个行业，成熟一批行业纳入一批行业。

第一阶段 EU ETS 仅覆盖对气候变化影响最大且排放量最高的二氧化碳，行业范围只覆盖能源部门和部分工业领域内行业，如化石燃料燃烧、供电供热实体和设施、石油冶炼、钢铁、水泥、玻璃、陶瓷、造纸业等，针对化石燃料的功能设施设置了额定热量输入高于 20 兆瓦的行业或部门纳入门槛标准，针对其他工业企业也分别设置不同形式和数量的门槛值，纳入的行业排放量约占欧盟国家排放总量的 40%。

在市场运行已相对成熟的第二阶段内，EU ETS 除了新加入的冰岛、挪威和列支敦士登等三个地区，覆盖范围也新加入了民用航空部门，纳入门槛值为年排放超过 1 万吨的航空器。航空部门相较于其他覆盖部门具有一定的特殊性，即航空排放源是动态变化的且排放可能发生在欧盟管辖范围外。将其他国家航空业纳入减排体系的措施遭到了强烈反对，因而欧盟委员会一再推迟实施并最终做出妥协决定。自 2014 年 1 月 1 日起，所有纳入 EU ETS 的航空排放范围的只包括欧洲经济区空域，飞机在离开欧洲经济区空域之后所产生的排放将完全排除在外。此时，整个 EU ETS 纳入了约 11 000 个控排设施，覆盖了整个欧盟近一半的排放总量。

第三阶段 EU ETS 覆盖温室气体类型和覆盖部门又有了进一步扩展。此时，EU ETS 囊括了来自 30 个国家和地区 5000 多家公司的共 12 500 多个设施，新加入航空、石油化工和制氨制铝等行业，同时二氧化碳、甲烷、一氧化亚氮、氢氟碳化合物、全氟碳化合物、六氟化硫等六种温室气体类型均被纳入控排体系，覆盖了整个欧盟内部温室气体排放总量的 60%。

3.1.4　逐步严格的减排制度

在第一阶段内，欧盟委员会并不掌握各成员国温室气体排放的准确数据，只能通过各国的国家分配计划为排放设施分配年度配额与允许抵消的排放信用数量，并只允许拍卖最多 5%的配额。因此，只有极少数国家存在配额短缺情况，配额的过量分配最终导致 2006 年 4 月因市场得知出现大量富余配额且无法储存时的碳价暴跌；在第二阶段，EU ETS 允许配额存储至下一个阶段，这一制度在一定程度上对碳期货产品的开发和碳市场交易繁荣做出了重要贡献。同时，第二阶段内允许最大拍卖配额量增加至 10%，其余配额均可免费获得；在第三阶段内，EU ETS 配额分配政策发生了重大变化，用欧盟统一确定的排放总量来代替先前的由各国分配计划确定的国家排放总量。自 2013 年开始，大多数成员国的电力部门全部通过拍卖方式获得配额，其他部门也逐步完全通过拍卖获得配额。根据具体部门碳强度基准，这些部门可免费获得最高 80%的年度配额，碳泄漏部门则可以免费获得 100%的配额，但到 2020 年后免费分配配额下降 30%，按照这一要求 2012 年以后除了某些成员国的制造行业和电力部门，其他行业均需要通过拍卖方式来获得配额。

同时，EU ETS 在灵活履约机制方面的制度设计也越来越严格。第一阶段内 EU ETS 允许无限制使用 CER 信用来完成履约；第二阶段，EU ETS 新加入了 ERU（emission reduction unit，排放减量单位）信用来完成履约，但同时开始对 CER 与 ERU 信用履约项目及比例有了限制，然而大多数信用均可以用于控排企业完成履约。各成员国对其限制虽存在一定差异，但排除了土地和林业项目及核能项目的信用，并且严格限制大型水电项目所产生的信用；从第三阶段开始，针对 CDM 项目的信用履约又增加了新的限制，即 2012 年以后的 CER 信用只能来自最欠发达地区，抵消比例下降至 4.13%。

针对未能完成履约的控排主体，在第一阶段内惩以 40 欧元/吨的罚款，但在第二阶段内这一惩罚力度被提高至 100 欧元/吨，第三阶段仍沿用了 100 欧元/吨的市场惩罚，但 2013 年后处罚额将根据欧洲消费指数进行调整，控排实体还必须在随后的年度继续上缴上年度未上缴的等量配额。这一惩罚力度是 EU ETS 第二阶段平均碳价的 7 倍，是第三阶段平均碳价的近 20 倍。严格的市场惩罚一方面保证了 EU ETS 的履约情况，另一方面也为欧盟地区的碳减排情况提供了制度保障。针对航空业执业者不遵守碳市场相关制度的情况，其成员国可以要求欧盟委员会向此飞机经营者签发禁止经营的决定。

3.1.5　多元化的交易平台与交易产品

不同于其他国际典型碳市场只有唯一的交易平台，EU ETS 由于覆盖范围相对较广，因而自正式启动以来共有九大交易平台，包括伦敦的 ECX、德国的欧洲能源交易所（European Energy Exchange，EEX）、法国的 Blue Next 环境交易所、荷兰的 Climex 交易所、北欧电力市场（Nord Pool）、奥地利能源交易所（Energy Exchange Austria，EXAA）、意大利电力交易所（Italian Power Exchange，IPEX）、绿色交易所（Green Exchange Ltd.，GreenX）、伦敦能源经纪商协会（London Energy Brokers Association，LEBA）等九家机构。经过多年的市场整合，到 2014 年还经营碳交易业务的仅剩下四家平台，其中，ECX 被 ICE 收购后很快跃居碳市场交易平台的龙头地位，占据了一级、二级交易市场份额的 92.90%以上，期货交易是其最重要的交易业务；其次是 EEX 占据了整个市场份额的 6.50%，包括现货交易的 60%以上；另外 GreenX 和 Nord Pool 是位于伦敦的美资控股交易所，各自的市场份额分别只占到 0.50%和 0.10%，几乎可以忽略不计。市场化的竞争历程为 EU ETS 选择了最合适的交易平台。表 3-3 为 EU ETS 历史上的九大交易平台重大事件、交易产品及其市场地位。

表 3-3　EU ETS 主要交易平台重大事件、交易产品及其市场地位

交易所	重大事件	交易产品	市场地位
ECX	2004 年成立，初期以现货交易为主，2010 年被 ICE 收购	电力、能源、农业、金属、碳排放权等	全球最大碳期货交易平台
EEX	2002 年成立，获得欧盟 25 国、德国、波兰拍卖资格，2016 年与欧盟 25 国续签五年	电力、能源、环境、金属、农产品现货和期货	欧洲目前最大碳现货交易平台和拍卖平台
Blue Next	2007 年成立，2012 年因罚款和未获得第三阶段拍卖资格被迫关闭	碳现货合约	关闭前曾是欧洲最大碳现货交易平台
Climex	2001 年成立	能源、电力及环境产品	自愿减排量交易为主
Nord Pool	2010 年被纳斯达克-OMX 集团收购	电力、能源、环境衍生品	全球最大能源衍生品交易所
EXAA	2001 年成立，2011 年 8 月被迫关闭碳交易业务	电力、能源、环境产品	新涉足碳交易
IPEX	2007 年涉足碳交易，2010 年因交易规则不规范和非法行为而处罚终止碳业务	电力及天然气现货	—
GreenX	2008 年成立，2012 年 4 月被芝加哥商品集团交易所集团收购	碳排放权期货及期权	全球品种最齐全的碳交易平台
LEBA	2003 年成立	天然气、煤气和各类排放量合约	英国和欧洲最大的场外交易市场

资料来源：2016 年《中国碳金融市场研究》

EU ETS 的配额拍卖主要在 EEX 与 ECX 两个平台进行，2013 年 EEX 在整个拍卖市场份额达到 88.23%，ECX 的市场份额约为 11.77%。其中，欧盟 27 个成员国均与 EEX 签订了拍卖服务协议，英国则选用了 ECX 作为其拍卖平台。2016 年 7 月，欧盟委员会与 EEX 及其欧洲商品清算中心（European Commodity Clearing，ECC）签订合同，未来五年继续选用 EEX 作为欧盟 25 个成员国的 EUA 和欧盟航空碳配额（European Union Aviation Allowance，EUAA）的共同拍卖平台。EU ETS 的场内交易一开始分布在 ECX、EEX、Blue Next、Climex 等八家交易所，其中 Blue Next、Climex 主要交易碳现货，ECX、Nord Pool 和 GreenX 则主要交易碳期货等金融衍生品，EEX 则同时交易碳现货和碳期货。位于伦敦的 ECX 借助 ICE 成熟的电子期货交易平台，成为欧洲最大的碳期货交易市场；而法国 Blue Next 关闭后，位于德国莱比锡的 EEX 取代了前者成为欧洲最大碳现货交易平台。从具体产品来看，现有的四家交易平台分别推出了现货、每日期货、期权、期货、序列期权、远期、拍卖、拍卖期货、价差和互换等多样化的碳金融交易产品。表 3-4 为 EU ETS 目前四家交易平台所推出的交易产品。

表 3-4　EU ETS 主要交易产品

交易产品	交易所	现货	每日期货	期权	期货	序列期权	远期	拍卖	拍卖期货	价差	互换
EUA	ICE		√	√	√			√			
	EEX	√			√			√	√		
	Nord Pool		√	√	√		√			√	√
	GreenX		√	√	√	√					
CER	ICE			√	√						
	EEX	√			√						
	Nord Pool	√	√	√	√					√	√
	GreenX			√	√	√					
ERU	ICE			√	√						
	EEX				√						

资料来源：根据欧盟委员会网站相关资料整理

注：“√”表示存在这种交易产品

3.1.6　全球最大的碳金融交易市场

自 2005 年启动以来，EU ETS 的交易量和交易额一直保持稳定上升，其中，2008～2013 年 EU ETS 的总成交量逐年快速增长，但 2014 年后呈现出下降趋势。一级市场上，2008 年仅有 400 万吨配额通过拍卖进行交易，从 2013 年开始则猛增到 8.08 亿吨，2014 年和 2015 年分别达到了 5.28 亿吨和 6.36 亿吨二氧化碳当量。二级市场中，最初大部分交易都是在场外进行的，2009 年开始大部分场外交易选择进行场内清算以降低交易风险，场外交易总成交量也从 2009 年的 31.79 亿吨下降到 2015 年的 2.84 亿吨；场内交易的总成交量则一直持续稳步上升，2009 年之前 EUA 场内交易不足 50%，2010～2013 年则维持在 70%左右，2014 年之后场内交易成交量占整个市场的 80%以上；2016 年的交易量与交易额分别达到 51.27 亿吨和 276 亿欧元，长期保持着全球最大碳市场的地位。经过十多年的实践，欧盟已形成具有一定规模的碳资本市场并实现了碳定价。

EU ETS 在十几年的实践过程中，除了实现市场机制的多重修正以外，在衍生金融市场方面也实现了长足的发展，特别是低碳债券和碳基金等方面的金融创新。低碳债券通常也被称为绿色债券，是政府、企业为筹措低碳项目资金向投资者发行并承诺在约定时期内支付利息和本金的债务凭证。根据项目类别，可以分为气候债券、环境债券、可再生能源债券、CDM 债券等。2008 年世界银行推出的首支绿色债券是面向机构投资者并与 CER 相关联的，这开启了碳债券的破冰之旅。欧盟已发行的大部分绿色债券或资金都具有低碳减排用途或与绿色资产相关联。表 3-5 为近年来 EU ETS 主要的金融债券。

表 3-5　EU ETS 主要金融债券

发行单位	时间	规模	期限	利率	目的
荷兰银行	2016 年	5 亿欧元	6 年	0.63%	新建高能效民居及太阳能电池板贷款，居民能耗改善措施、可持续商业建筑
法国促进工商业发展总公司	2015 年	5 亿欧元	5 年	0.75%	可再生能源和公共交通项目
挪威太阳能公司	2015 年	5 亿克朗	3 年	7.66%	常规公司用途
荷兰国际集团	2015 年	5 亿欧元	5 年	0.75%	可再生能源项目和绿色建筑项目

资料来源：2016 年《中国碳金融市场研究》

EU ETS 市面上相关的碳指数包括巴克莱资本全球碳指数、瑞银温室气体指数、芝加哥气候交易所（Chicago Climate Exchange，CCX）发布的欧洲碳指数和美林全球二氧化碳排放指数、EEX 现货市场的碳指数等。碳指数可以反映碳市场的供求状况和价格信息，为投资者了解市场动态提供参考。EEX 在 2012 年 11 月发布的现货市场碳指数，就是依据一级和二级现货市场的加权交易量权重，即以每日及每月底公布交易量和交易价格来计算；在碳保险方面，苏黎世金融服务集团推出的 CDM 项目保险业务，可以同时为 CER 的买方和卖方提供保险，交易双方通过该保险能够将项目过程中的风险转移给苏黎世保险公司。如果买方在合同到期时未能获得协议规定数量的 CER，苏黎世保险公司将按照约定予以赔偿；如果 CDM 项目未能达到预期收益，苏黎世保险公司也会进行赔偿。碳基金既是一种融资工具，也是依托该工具形成的管理机构。自 2000 年世界银行创设首支碳基金以来，碳基金在欧洲得到了快速发展，包括德国碳基金、意大利碳基金、丹麦碳基金、荷兰欧洲碳基金、联合实施基金、西班牙碳基金，以及在 EU ETS 名下的第一个非政府型碳基金——欧洲碳基金。表 3-6 为欧洲目前已经推出的主要碳基金。

表 3-6　欧洲主要碳基金

碳基金	成立时间	基金规模	基金设立目的
欧洲碳基金	2007 年	5000 万欧元	帮助欧洲国家履行《京都议定书》和欧盟《排放额交易计划》承诺
荷兰欧洲碳基金	2004 年	1.8 亿美元	主要在乌克兰、俄罗斯和波兰共同实施的减排项目
意大利碳基金	2004 年	8000 万美元	支持有成本效益的减排项目和清洁技术转让。例如，水电和垃圾管理
西班牙碳基金	2005 年	1.7 亿欧元	支持东亚—太平洋及拉美—加勒比地区的碳减排项目
德国碳基金	2005 年	6000 万欧元	为德国和欧洲有意购买交易证书企业提供的服务工具
丹麦碳基金	2005 年	7000 万美元	支持风能、热电联产、水电、生物质能源、垃圾掩埋等项目

资料来源：《债券与气候变化：市场现状报告 2016》

总体来看，碳市场作为一种政策性的环境管理手段，其建立的主要目的是减少温室气体排放。但欧盟第一阶段针对碳市场控排主体制定的排放上限过于宽松，使得在这一阶段内的碳价过低而背离了减排目的；第二阶段由于经济危机频发碳市场控排主体实际排放仍远低于第二阶段设置的排放上限；从 EU ETS 第三阶段的实践情况来看，EU ETS 仍存在着碳价过低难以刺激低碳技术投资需求、碳价未能反映真实市场供求、碳价波动过大等一系列问题。但经过十多年实践，欧洲已然成为全球碳定价中心，完成了碳排放权的商品化与金融化过程，为建立全球碳市场做出了积极贡献，成为国际其他国家和地区建立碳市场的典范。

3.2　RGGI

RGGI 是 2003 年由美国东北部和中大西洋地区的康涅狄格州、特拉华州、缅因州、马里兰州、马萨诸塞州、新罕布什尔州、纽约州、罗得岛州、佛蒙特州等九个州联合组成的区域温室气体减排行动，主要通过协调各州的排放总量和交易实现减排目标。这是美国第一个强制执行的排放总量控制交易计划。RGGI 能够成为美国第一个区域型碳市场的重要原因在于诸如石油、电力等美国能源行业在政界拥有强大的政治影响力，在这种情况下区域型碳排放交易体系最易出现在美国东北部经济发达且传统能源行业影响力相对较弱、环保团体力量较强的地区。

2005 年 9 月包括纽约州在内的美国九个州发布《谅解备忘录》，阐明 RGGI 建立的总体目标是建立总量控制和交易计划，稳定并减少各州的温室气体排放，同时建立与经济增长相协调、维持安全、保证可靠的电力供应系统；2006 年，RGGI 颁布了排放交易系统的标准模型，详细定义了配额分配、交易、履约核查、监测、报告及项目减排等方面的制度，并对控排主体完成监测系统验证性时间进行了规定。

RGGI 规定每三年为一个履约期。第一个履约期为 2009 年 1 月 1 日至 2011 年 12 月 31 日，规定各州排放预算总量为 1.88 亿吨；第二个履约期开始于 2012 年，为了对新泽西州退出 RGGI 的排放量加以计算，每年排放预算总额下调至 1.65 亿吨；第三个履约期开始于 2015 年，每年的排放预算在上一年配额总量基础上减少 2.50%，到 2018 年共计减少 2015 年配额总量的 10%，同时下一履约期配额总量仍将维持这一下降比率。

RGGI 碳抵消信用是指电力行业以外的项目型温室气体减排。目前只有五类项目可以在 RGGI 成员州内获得抵消信用，这些信用主要是九个州内实施的碳减排或封存二氧化碳、甲烷、六氟化硫等气体项目且所有碳抵消项目必须位于 RGGI 成员州内。抵消信用的使用有一定数量限制，每个交易阶段内的控排主体最多可以使用自身履约义务的 3.30%抵消信用，在特定条件下数量限制可提高至 5%～

10%。从第三个履约期（2015～2017 年）开始，控排主体在每个交易阶段中必须有实际排放量 50%的排放配额，抵消信用最多占履约义务的 3.30%。

经过多年的运行，RGGI 发展前景依然不够明朗。除了特朗普废除《清洁空气法案》等一系列政策性因素外，2009 年以来市场本身交易状况也较为低迷，直到 2013 年碳价才开始有所回升，2015 年第四季度碳价达到了历史最高价 7.50 美元/吨，之后又开始下滑，截至 2017 年 9 月，RGGI 的碳价基本只能够维持在 4 美元/吨左右。RGGI 碳价持续走低的原因可能是：①能效措施和天气因素影响导致控排主体对电力需求的下降；②相对较低的天然气价格导致发电燃料从煤和石油向天然气转变；③新增核能和可再生能源电厂的建立。除了政策的不确定性，缺少市场活力在一定程度上是市场设计存在缺陷所造成的。RGGI 设定的排放上限远远高于实际排放总量，配额过量导致市场缺少交易和持有配额的动机，因而碳价持续走低。

3.2.1 市场覆盖类型单一与全拍卖式的配额分配

2010 年，RGGI 各州电力部门的排放量为 1.37 亿吨，相当于全美电力部门排放量的 5.50%，即 22.60 亿吨二氧化碳当量。RGGI 覆盖的排放类型均为火力发电设施且单个设施的发电装机容量必须超过 25 兆瓦。因此，在第一个履约期中 RGGI 覆盖了 211 家火力发电厂；新泽西州退出 RGGI 后，控排电厂下降到 171 家，2017 年的控排电厂数量为 168 家。RGGI 在市场覆盖范围方面表现出了两个鲜明的特征，纳入的控排主体既是技术单一的部门类型又是完全的下游行业类型。

同时，RGGI 也是目前全球各类碳市场中唯一几乎全部采用拍卖而非免费分配的碳市场。World Energy Solution 公司的拍卖平台代表各州统一协调拍卖大约 90%的配额总量，拍卖收入按照比例分配给各州，并由各州决定如何使用这笔资金，没有拍卖掉的配额由各州直接出售给符合条件的控排企业或通过储备计划分配给有关单位，拍卖方式采用统一价格的单轮密封投标拍卖。2013 年第三季度，配额一级拍卖市场与二级市场的交易价格在 3 美元/吨左右；2014 年 3 月，为了控制碳价过高，RGGI 第一次启动成本控制储备机制。

3.2.2 完善的配额登记和交易系统

RGGI 中各州的碳排放交易制度管理规定要求每个控排主体都要建立监测系统，以保证监测数据的真实并且必须依法全面搜集、准确记录和真实报告其碳排放量。美国国家环境保护局根据州碳排放交易管理法和《美国联邦法规汇编》的美国国家环境保护局管理规定建立的排放数据登记系统负责记录所有 RGGI 二氧化碳排放源的排放数据，并自动同步至二氧化碳配额追踪系统（CO_2 allowance tracking system，COATS）。在登记系统平台网站的公共报告页面提供公共查询，登记系统内的排放报告按季度、年度和交易阶段提供，报告包括设施名称、设施标识、单位标识、所在州、运行期间、运行时数、二氧化碳排放量、热耗、生物燃料碳排放量等数据。同时，该平台还提供2000～2008年的历史排放数据公共查询。

RGGI COATS的排放数据包括自2009年以来的所有数据，新排放数据每季度添加一次。各排放源在季度结束后的30天内将自己的季度排放数据报告至美国国家环境保护局，由其组织质量担保、质量控制审核和技术修正，对报告进行修改后将排放数据同步至RGGI COATS。RGGI COATS也会收集和报告一些没有纳入控排的工业生产和生物燃料设施的二氧化碳排放量。汇总水平排放报告用调整后的表格表示，减去非履约的排放并报告至RGGI COATS的二氧化碳排放总量，调整后的总量即为纳入区域配额总量的履约配额涉及的碳配额总量。二氧化碳排放的季度报告数据是碳市场三年交易结束时进行履约的基础，每个州的碳市场管理法规都会明确规定控排主体必须持有与交易阶段末实际排放量相等的排放配额或者信用。

3.2.3　悲观的市场发展前景

RGGI包括一级、二级市场。一级市场是指每季度一次的RGGI配额现货单轮密封式拍卖；二级市场是指配额期货、远期合约和期权合约等衍生品交易且在二级市场中CCX和CME均推出以RGGI为标的的期货合约，诸多金融机构也参与了交易。

RGGI一级市场配额分发以拍卖为主，时间自2008年9月开始。第一次拍卖底价为1.86美元/吨，之后考虑到通货膨胀因素拍卖底价均在1.86美元/吨以上，但具体的拍卖底价上涨方案并未公布。截至2017年9月，RGGI已进行了37次拍卖，累计拍卖配额10.65亿吨，拍卖收入27.80亿美元，拍卖平均价格为3.05美元/吨。二级市场交易包括配额现货、金融衍生品，如期货或期权。配额价格的可预期性降低了长期投资碳减排的风险，期货和期权合约的存在使企业可设法避免这种投资带来的风险，二级市场交易是通过RGGI COATS对配额所有权进行转让并登记完成的。

RGGI二级市场以场内交易为主。标准化的期货、期权合约主要在CCX和CME进行；期货、期权及其他金融衍生品可以通过交易所的场内交易或者场外交易来进行，而场外交易主要吸引了那些倾向于交易非标准合约的公司。2009年RGGI的交易量为9亿吨，其中大部分是场内交易，CCX的日均合同交易量为720万吨；但由于减排激励性不足、交易量有限及碳价水平相对较低，2010年、2011年交易量分别锐减至 20 万吨和 3 万吨。就交易价格而言，2008 年最后四个月的配额在 CCX 的期货平均收盘价为 4.06 美元/吨；2009 年第四季度下滑到 2.26 美元/吨，下降了 44%；2010 年前两个季度，碳价进一步下跌，第三季度、第四季度则还能保持相对平稳，2010 年平均价格是 2.03 美元/吨；2011 年之后碳价一直在低运行，平均价格为 1.89 美元/吨。

2010 年 11 月 22 日，CCX 宣布为期四年的第二期交易于 2010 年 12 月 31 日结束，2011 年不再进行第三期交易。两期共完成了约 7.45 亿吨的交易量，交易额达到了 2.90 亿美元。因此，外界对美国碳市场的未来发展前景也给予了悲观论调，部分美国媒体认为 CCX 的自愿加入和强制减排体系的结束是美国控制温室气体排放的大倒退。2012 年之后配额交易在 ICE 继续进行，ICE 数据显示 2012 年 RGGI 期货在四个季度的交易量分别为 68 万吨、110 万吨、2.50 万吨和 15.40 万吨二氧化碳当量，交易量也显示出了较大的起伏，这给美国未来的减排前景带来了浓重的阴霾。

尽管如此，RGGI 的多年实践还是获得了宝贵的经验。RGGI 以强有力的市场监管为美国整个北方地区的减排创造了途径，刺激了清洁能源经济的发展，提供了更可靠的电力系统，同时也提供了更多的就业机会。其建立的出售配额收益用于投资清洁经济的做法也是极其有益的尝试；在该行动中通过的谅解协议和示范法规也为美国国会清洁能源立法提供了示范，有助于行政机构执行相关法规。目前 RGGI 已向美国国家环境保护局提交了有关《清洁空气法》的意见，强调奖励参与减排行动的先行企业，允许各州在碳排放的规则设计方面拥有一定的灵活性，即除了采取其他减排措施，建立全国范围内的排放权交易计划也应当是一个选择。

3.3　加利福尼亚州碳市场

按照经济当量计算，早在 2006 年，美国加利福尼亚州就已经成为世界第八大经济体，也是全球第十二大温室气体排放大户。为了降低排放水平，加利福尼亚州议会通过了《AB32 法案》促使碳市场成为加利福尼亚州最根本的减排措施；2006 年 9 月，州长阿诺德 · 施瓦辛格签署该法案促使其成为法律文件。随后，加利福尼亚州空气资源委员会制订立法计划，包括加利福尼亚州未来将采取的政策措施，如加强能效措施和为建筑物、家用电器制定节能标准；通过一项多部门的总量控制和交易计划并与 WCI 的其他伙伴实现链接。2014 年加利福尼亚州和魁北克省达成协议，同意对双方的共同配额进行拍卖，这是目前全球碳市场中最典型的双边链接案例。

加利福尼亚州碳市场作为 WCI 的重要组成部分和减排力度最大的强制性总量控制交易体系，是加利福尼亚州《AB32 法案》中减排策略的关键内容。《AB32 法案》以立法的形式要求加利福尼亚州在 2020 年温室气体排放水平下降到 1990 年的水平。加利福尼亚州空气资源委员会设定的 2013 年配额预算为 1.63 亿吨，相当于同年的碳排放总量。2013～2015 年，配额预算每年将下降大约 2%。从 2015 年开始，在总量限额扩大到覆盖其他额外部门的情况下，配额预算将增加到 3.95 亿吨，但每年需要减少 0.12 亿吨碳配额。

在履约周期方面，加利福尼亚州碳市场每三年为一个履约周期，调节产量变化等造成的排放量波动。第一年配额由控排主体历史排放数据决定，配额总量约为前一年排放量的 90%，之后每年的配额依据产量和效率标杆决定。对于电力设施，配额将免费发放以保障公众利益不受损害但仅限电力输送部门获得免费配额。同时，允许对配额进行存储，配额总量的 4%进入配额价格控制储备。工业设施的配额分配基于碳排放效率基准，产品基准过于复杂的设施将会按照基于能源利用的分配方法进行分配。

在加利福尼亚州碳市场中，由加利福尼亚州空气资源委员会负责碳抵消信用制度的建设和管理。目前有四类碳抵消项目产生的信用可以用于履约，这四类项目分别对应了四个方法学或准则，这些项目包括美国林业项目、城市绿化项目、畜牧项目、臭氧层消耗物质项目等。控排主体可使用上述项目产生的碳抵消信用进行履约，使用限制最高为控排主体履约义务的 8%。所有抵消项目必须根据加利福尼亚州空气资源委员会批准的履约抵消方法学、准则开展和实施。

3.3.1　制度助力全覆盖式市场范围

《AB32 法案》规定加利福尼亚州空气资源委员会有责任协助应对全球变暖的威胁。温室气体排放清单制度和强制排放报告制度是这些责任的重要约束来源。这些制度有助于评估和监测加利福尼亚州温室气体排放核算和减排进程。排放清单对整个州范围内的所有排放源进行了汇总，主要是根据州内各区域和国家的排放源数据和汇总的各设施排放报告得出。特别是 2009～2012 年，电力、精炼、水泥、石灰和硝酸生产企业必须通过温室气体排放清单制度和强制排放报告制度报告其温室气体排放情况，这些数据也被用来汇总制作排放清单。新的排放清单完善了评估方法，覆盖了更多的年份。1990～1999 年的排放数据被反映在 2007 年发布的 1990～2004 年温室气体排放清单内。而这一清单没有提供法律要求的 1990 年州碳排放水平和 2020 年排放限制。温室气体排放清单制度和强制排放报告制度要求温室气体排放数据报告必须经独立第三方机构进行核查。独立第三方核查及加利福尼亚州空气资源委员会负责核查机构资格认定的规定始终包含在监管法规中，控排主体必须实施排放报告和排放数据的内部审计、质量保险和质量控制。报告中提供虚假信息将会被处以罚款或依法承担刑事责任。排放报告和排放数据每年或每季度经独立第三方核查。

完善的温室气体排放清单制度和强制排放报告制度让加利福尼亚州碳市场成为美国第一个覆盖部门广泛且采用上游和下游交易模式相结合的碳排放权交易体系。在第一个履约期内，加利福尼亚州碳市场纳入了电力与大型工业部门的 350 个控排主体共计约 600 多个排放设施。这些排放设施都属于下游直接排放源且温室气体排放量超过 2.50 万吨碳排放门槛值的设施必须纳入碳市场，覆盖了炼油、水泥、热电联产、玻璃制造、钢铁等具体领域；第二个履约期内，交通燃料、天然气、液化气等化石能源分销实体都被纳入覆盖范围。从 2015 年开始，如果生产电力的排放源年排放量达到 2.50 万吨也需要纳入碳市场中。最终，整个加利福尼亚州碳市场所覆盖的温室气体排放量占到加利福尼亚州总排放量的 85%。同时，在纳入温室气体种类方面，加利福尼亚州碳市场除纳入国际公认的六种温室气体外，还纳入了三氟化氮及其他氟化物类温室气体等。

3.3.2　有效防止碳泄漏的配额分配方案

加利福尼亚州碳市场分阶段推进碳市场建设，初期主要纳入了电力行业和大型工业设施，然后扩展到燃料分销商。对大型工业设施以免费发放为主，后期过渡到拍卖方式，以帮助工业行业实现转型，防止工业行业排放转移。根据碳泄漏风险的程度，加利福尼亚州空气资源委员会将工业部门划分为三类：高风险行业，包括石油和天然气开采、造纸、化工和水泥生产；中风险行业，包括炼油、食品加工；低风险行业，包括医药制造业。在第一个履约期中，实行所有行业都免费发放 90%的配额，之后逐渐分行业降低免费分配比例；在第二个履约期中，中风险和低风险行业的免费配额分别为 75%和 50%；在第三个履约期中，中风险、低风险行业免费配额分别降至 50%和 30%，高风险行业在每个履约期都将获得 100%的免费配额。

具有特色的是加利福尼亚州配额拍卖市场，包括“旧货”（前期未输出的）、现货和期货等三类产品。期货单独在电子互联网拍卖平台进行拍卖，投标方采用单一轮次的密封投标形式，中标方以计算价或者“保留价”购得配额。拍卖按照季度进行，每一个季度拍卖由现货拍卖和期货拍卖组成。现货拍卖是将当年配额的 1/4 和前期可能未售出的配额拍卖；期货拍卖是指从拍卖专用账户中抽出一定量的配额拍卖。该账户持有 2015～2020 年排放预算额度的 10%，期货拍卖市场将从拍卖专用账户中拿出 1/4 配额，为本年度及之后三年的合规之用。为了防止操纵市场，被纳入的控排主体所购的配额不能超过任何一次拍卖数额的 15%，非控排主体不能超过 4%，电力分销部门中的公共实体购买限制为 40%。不过对期货拍卖市场的限制不太严格，任何实体购买未来年份的配额上限为市场数额的 25%。

除了采用拍卖方式，免费分配也是加利福尼亚州碳市场配额分配的重要形式。2013 年加利福尼亚州碳市场的免费配额主要分配给两大类企业：工业部门（包括炼油厂）和电力分销部门，包括私营和公共实体两部分。2012 年，加利福尼亚州碳市场只要求部分私营电力分销企业必须在当年两次的拍卖中分别拿出 1/6 的免费配额进行拍卖；而在 2012 年以后，加利福尼亚州碳市场要求所有的私营电力分销企业都要拿出一定数额免费分配的现货和旧货配额以供拍卖；相反，对公共电力分销实体却没有此类要求。电力部门总共分配的配额相当于该行业 2008 年排放总量的 90%，到 2020 年才下降至 85%。

总之，加利福尼亚州碳市场的配额分配采用了拍卖和免费分配相结合的方式。免费分配主要根据不同类型的产品基准来决定配额分配数量。2013 年 5 月，加利福尼亚州碳市场批准了关于如何使用拍卖所得的投资计划，“温室气体减排基金”将得到全部拍卖所得。基金优先用于三个关键领域：可持续社区和清洁交通、节能和清洁能源、自然资源和废物转移。2016 年 12 月，加利福尼亚州空气资源委员会发布了一份讨论草案，用于 2030 年目标范围界定计划更新部分的公众磋商。草案概述了为达到加利福尼亚州气候目标——到 2030 年将在 1990 年的水平上减少 40%的排放量的方案，具体包括三种方案：2020 年后继续实行总量控制和交易；计划扩大现有行动（没有总量控制和交易计划）和运输、工业和能源的附加政策；实施碳税。

3.4　韩国碳市场

2011 年 4 月韩国出台了碳市场设计的最终草案，该制度将以 EU ETS 制度作为仿效样板，运行时间跨越了十个年度共计三个阶段。2012 年 5 月，韩国国会正式通过碳市场相关立法，并在 2012 年 11 月由总统签署法令通过。2015 年 1 月 12 日韩国碳市场正式启动，韩国环境部是碳市场的主管部门，韩国也因此成为东亚第一个实施国家级总量控制与交易的国家。在首个交易日中，配额开盘价为 7860 韩元/吨，收盘上涨 9.90%达 8638 韩元/吨，基本与 EU ETS 碳价水平持平。首日成交量 1190 吨，成交额达 974 万韩元。

韩国碳市场的运行共分为三个阶段。其中，第一个阶段为 2015～2017 年，第二个阶段为 2018～2020 年，第三个阶段为 2021～2026 年。碳市场共覆盖 490 个大型排放源，占到韩国温室气体排放总量的 68%，属于完全下游交易的市场。韩国碳市场的参与者主要分为两类，即自愿参与主体与强制控排主体。强制控排主体是否覆盖由门槛值决定，企业年均排放超过 12.5 万吨或工作地排放超过 2.5 万吨将被纳入碳市场覆盖范围。第一个阶段共纳入了 525 家企业，其中包括 84 家石化企业、40 家钢铁企业、38 家发电和能源公司、24 家汽车公司、20 家电子电器公司及 5 家航空公司。韩国电力集团、浦项钢铁集团、三星电子、首尔国立大学、仁川机场和首尔市政府悉数被纳入控排范围。

2017 年 1 月底，韩国内阁批准了韩国碳市场 2017 年度配额分配计划。据韩国媒体报道，获批计划将在上一年总量基础上增加 1700 万吨配额，因而 2017 年度配额总量达到了 5.39 亿吨，配额数量的增加反映了控排主体对未来一年可供履约配额数量呈观望态度。

3.4.1 仿照 EU ETS 的制度设计

在韩国碳市场配额初始分配中，韩国政府不同职能部门经过多次磋商决定在战略与财政部下属成立排放配额分配委员会专门负责起草分配计划。配额分配方案将根据不同阶段和行业而制定不同标准，覆盖实体必须事先填写并向委员会提交分配申请表格，不同阶段的年度配额分配量可由委员会进行修改。第一个阶段，配额初始分配采用 100%的免费分配方式，第二个阶段免费配额比例将降至 97%，第三个阶段降至 90%，其中，高风险碳泄漏部门在三个阶段都将获得 100%的免费配额。与此相对应，第二个阶段、第三个阶段的配额拍卖比例分别为 3%和 10%，这种免费分配配额并分阶段降低的方式借鉴了 EU ETS 的运作模式。

在履约管理方面，控排主体必须在履约期结束前三个月提交排放报告，并且排放报告必须经授权机构核查。如果控排主体未履行报告义务，授权机构可以启动实体核查程序。排放核查委员会可以制定有关履约问题的技术性规范。韩国环境部作为碳市场的主管机关，负责配额分配和市场监管。纳入碳市场的控排主体必须在年末六个月内上缴配额或信用，未履行履约义务的控排主体将被处以三倍市场碳均价的处罚但最高不超过每吨 10 万韩元，与 EU ETS 的履约管理流程也基本类似。

在灵活履约方面，韩国碳市场在第一个阶段和第二个阶段仅允许控排主体使用由韩国经济部签发的韩国核证减排量，该减排量必须来自碳市场未覆盖行业所产生的经过核证的减排量，控排主体每次提交的核证减排量不得超过总排放量的 10%。在第三个阶段，韩国碳市场将允许国际抵消信用用于控排主体的履约，但国际抵消信用的使用量不得超过上缴义务总量的 10%，并且不得超过同期使用的国内抵消信用量。每个阶段及年份之间允许配额存储但不允许预借。在碳市场实施前从事早期减排项目的控排主体，将根据减排效果和历史排放量获得一定奖励，最多可获得 3%的额外配额奖励。

3.4.2 有价无交易的市场

韩国碳市场发展面临着严重的“有价无市”交易现象。与其他国家初始配额分配不同的是，韩国碳市场配额从紧的控排主体只有 239 家，配额宽松的控排主体有 283 家。如果配额盈余企业将过剩配额卖出则实际供求关系相对较为平衡，但配额盈余企业长期保持惜售态度，导致韩国碳市场有效交易日却极低。配额的短缺引起碳价上涨，2017 年韩国碳价已攀升至 2.80 万韩元/吨，而政府建议合理价格仅为 1 万韩元/吨。如果配额从紧企业无法按时上缴足量配额就将面临市场两倍碳价的罚款，但问题在于市场上没有足够多的配额用于交易。韩国碳市场发展面临"有价无市"现象主要有以下三个原因：①政府在市场建立之初就已经定了免费配额发放比例将越来越小的主基调，因而控排主体为了防止自身配额总量从紧而不敢将现在的盈余配额卖出；②韩国碳市场灵活履约机制所产生的减排量相对较少且缺乏可开发的减排资源，因而控排主体对通过核证减排量来完成履约也不抱太大希望；③韩国碳市场对配额储存是无条件限制的，即无论上一期结余多少配额均可存储至下一履约期。

因此，韩国企划财政部部长宣布了一项稳定碳市场交易的计划，该计划鼓励一些持有盈余配额的控排主体参与市场交易。此举旨在给拒绝出售配额的公司施加压力。该计划主要包括以下四点：①引导配额出售。过量储存（第一个阶段结余免费配额总量 10%或 2 万吨以上）的量，在第二个阶段（2018～2020 年）发放配额时自动在配额中扣除。②加大配额供应。在供应量不足时将启动 1430 万吨有偿配额拍卖。③分散需求。第二个阶段的预支利率由 10%提高到 15%。④活跃交易市场。2018 年后国际核证减排将可用于履约，每月都进行配额拍卖，引入做市商制度。

3.4.3　不容乐观的减排前景

韩国碳市场的减排前景仍不容乐观。2013 年韩国的温室气体排放量达 6.95 亿吨，消耗煤炭、石油等化石燃料产生的温室气体排放量达 6.62 亿吨，占韩国总排放量的 87%，2014 年温室气体排放量较 2013 年下降 1%左右。国际能源署资料显示，在能源消耗领域，韩国排放量虽由 2013 年的 5.72 亿吨下降到了 2014 年的 5.68 亿吨，降幅约为 0.70%，但国家能源署专家认为韩国 2014 年温室气体排放量减少的原因包括经济增长放缓、耗能型产业结构调整、政府温室气体减排政策实施等，部分专家认为韩国碳排放量减少的根本原因在于钢铁、石油化学、造船领域的结构调整导致了生产停滞，电力、能源消耗减少，从而使得碳排放总量呈现下降趋势，碳市场运行并未发挥作用。

3.5　澳大利亚碳市场

澳大利亚碳排放量虽然只占全球 1.50%，但却是世界上人均碳排放量最高的国家之一。因此，虽然澳大利亚政府各项碳减排政策频繁变换且一度退出《京都议定书》，但国内一直都在积极推进碳减排。2007 年 12 月，澳大利亚政府正式签署《京都议定书》，之后不仅积极参与全球减排行动的国际协商，还开始制定长期气候变化政策。澳大利亚计划在 3～5 年内筹备一个国家层面的碳定价机制，并将其从碳税机制过渡到碳市场机制。2011 年 11 月，澳大利亚通过了旨在实现 2020 年比 2000 年净减排 5%目标的清洁能源法规。根据该法规，2012～2015 年的前三年采用固定的碳定价机制，2015 年 7 月 1 日启动澳大利亚碳市场，成为继欧盟、美国和新西兰之后第四个引入碳市场的地区。该碳市场纳入的行业主要包括垃圾填埋、越野运输、产业加工、逸散性排放、其他固定能源产生和发电等。

澳大利亚碳市场覆盖了大多数行业、部门的所有温室气体，是一个全面的国家型碳排放权交易体系。碳市场覆盖了澳大利亚 60%的温室气体排放，主要针对澳大利亚碳排放量排名前 500 的企业，尤其是对每年碳排放超过 2.50 万吨的企业；覆盖行业包括固定能源行业、运输业、工业制造行业、废弃物及逃逸气体，重点是矿业、能源和交通等三个行业。纳入了六种温室气体中的四项，包括二氧化碳、甲烷、一氧化二氮及全氟碳化物。

澳大利亚碳市场首先实行的是三年过渡性的固定碳价机制，配额分配以免费为主、拍卖为辅。碳排放密集且面临国际竞争压力大的企业，如炼铝、炼锌、钢铁制造、平板玻璃、纸浆/造纸、石油炼化等约 40 类行业的企业可免费获得配额总量的 94.50%，碳排放较小的企业可以获得 66%的免费配额。澳大利亚为了出口产品不因碳市场机制的实施而处于不利竞争地位，规定碳密集性的出口企业将获得较高的免费配额。若企业在 2004～2008 年任一年生产的产品出口额度占到该企业总产量的 10%，该企业在整个行业中的加权平均排污密度超过 1000 吨二氧化碳/百万美元收入或 3000 吨二氧化碳/百万美元增值的情况下，都可申请获得 94.50%的免费配额。从 2015 年 7 月 1 日起，澳大利亚逐渐降低了免费配额比例，增加拍卖比例。

3.5.1　反复的减排机制选择

2008 年 12 月，面对《京都议定书》第二承诺期（2013～2020 年），澳大利亚政府宣布了 2020 年的中期减排目标，进一步承诺到 2020 年温室气体排放在 2000 年基础上减少 5%～15%，若国际社会能达成并签署温室气体全球性的减排协议，这一比例可调整为 25%；2011 年澳大利亚政府又提出温室气体 2050 长期减排目标，即到 2050 年温室气体排放量在 2000 年基础上减少 60%。

澳大利亚碳市场配额总量的设置方面，澳大利亚碳市场在固定价格阶段（2012年7月1日至2015年6月30日）不设排量总量上限，政府无限量提供排放配额，但浮动价格阶段（2015年7月1日开始）开始实行排放上限且排放上限由议会批准。为避免议会否决政府提出的排放上限，目前立法中设有默认排放上限，即到2020年碳排放量在2000年基础上减少5%，超出排放上限的部分需要通过购买CER或低碳农业计划减排量来完成。

澳大利亚控排主体的报告期和遵约年为澳大利亚的财政年，即每年7月1日到下一年6月30日。每年9月1日分配免费配额，第二年4月1日开始签发固定价格的配额。控排主体每年6月1日可第一次上缴配额，10月31日提交上一年的排放报告，第三年的2月1日控排主体第二次上缴配额，第二次和第一次共需上缴与其年度实际排放等量的配额。在固定价格阶段不允许使用CER履约，同时也不允许出口国内配额。在浮动价格阶段，允许出口国内碳配额，同时有条件地使用CER履约。可以抵消的减排量类型包括：①国内低碳农业计划产生的减排量，在固定价格阶段最多可抵消总量5%的排放量，在可变价格阶段使用不受限制；②国际减排指标，《京都议定书》下部分CDM产生的经核证的减排量，部分JI产生的单位减排量，以及国家基于《京都议定书》第三条的第3款和第4款向农业土壤、土地利用变化和林业活动颁发的清除单位可以直接作为遵约指标；③其他减排量指标需要经过政府认可。

3.5.2　常态化的排放清单编制与分步式定价机制

世界上实施碳市场的国家都将MRV制度作为整个交易体系运行的关键，对检测和计算排放的方法学进行了详细规定，并建立了碳排放信息披露制度。澳大利亚从1994年就建立了国家温室气体清单系统，遵循《公约》和《京都议定书》的方法开始编制国家排放清单，拥有1994～2012年完整的国家排放清单数据。国家温室气体清单系统包括了报告、数据收集、数据管理、预测方法和国家清单系统等内容。

2007年澳大利亚发布《国家温室气体和能源上报法令》，要求符合条件的企业和设施向温室气体和能源数据办公室汇报年度能源生产、消费和温室气体排放量。为提供一个健全的MRV制度来保障碳定价政策实施，澳大利亚于2008年建立了国家温室气体及能源报告系统，强制控排企业自2009年起报告温室气体排放等数据。测量数据的方法包括测量法和计算法，企业可自行选择。政府针对不同的行业建立了不同的报送系统，各系统之间相互链接以确保数据的真实可靠，降低企业上报不真实数据的风险。系统中还对排放数据的核查细则进行了规定，从2012～2013年的报告开始排放量超过12.50万吨的控排主体需在上交报告之前提供核查报告，核查需由在系统中认证的具备相关审核资格的机构完成。随后，澳大利亚还颁布了一系列实施细则，为企业提供了详细的方法论和缺省排放因子。经过不断的积累，澳大利亚温室气体排放清单编制基本做到了系统化和常态化。

澳大利亚碳市场的交易主体在第一阶段仅包括履约企业，第二阶段包括履约企业和投机机构。第一阶段仅为控排主体之间的交易，固定价格出售的配额不能用于交易或存储，只能用于履约，免费分配的配额可以用于交易，但不允许使用国际减排项目产生的减排量；第二阶段存在控排主体之间的配额交易和履约企业购买非履约企业碳减排信用，允许配额进行无限制存储及有限预借。

表 3-7 为澳大利亚碳市场价格机制设计方案。从市场价格看，一级市场价格在第一阶段为固定价格；第二阶段前三年为有上下限约束的弹性价格；2018 年 7 月后为自由浮动价格，由市场供需决定价格变化。二级市场在三个阶段内均为浮动价格。根据《清洁能源法案》，澳大利亚碳价的形成分三步：第一步为固定价格。自 2012 年 7 月 1 日至 2015 年 6 月 30 日实施三年的固定碳价，其中 2012 年至 2013 年为 23 澳元/吨，之后两年按物价指数每年提高 2.50%。2013 年至 2014 年增至 24.15 澳元/吨，2014 年至 2015 年为 25.40 澳元/吨。企业将被要求按以上固定价格购买配额。第二步为有上下限约束的弹性价格。自 2015 年 7 月 1 日起，澳大利亚建成碳排放交易体系后，将通过配额拍卖的方式实现碳价市场化、灵活化，固定碳价也将过渡为有上下限约束的弹性价格机制，其最高限价将高于国际预期价格，为 20 澳元/吨，每年实际增长 5%。同时为保持市场活力，政府规定碳价的最低限价为 15 澳元/吨，每年实际增长 4%。第三步为完全市场浮动。自 2018 年起由有上下限约束的弹性价格制度过渡到完全由市场决定碳价，实现与国际上其他碳市场的链接，碳价格也与国际碳市场一致。这种从固定价格到完全放开的渐进式碳价机制，在碳排放交易机制建立初期可以使澳大利亚的碳价具有一定稳定性，避免像 EU ETS 那样由于配额供过于求而令碳价跌至谷底。

表 3-7　澳大利亚碳市场价格机制设计方案

项目	固定价格阶段			浮动价格阶段	
				有上下限约束的弹性价格	完全市场浮动
年份	2012～2013	2013～2014	2014～2015	2015～2018	2018年7月1日起
一级市场碳价	23 澳元/吨	24.15 澳元/吨	25.40 澳元/吨	上限：比国际预期高 20 澳元/吨； 下限：15 澳元/吨	
二级市场碳价	浮动价格				

资料来源：澳大利亚《清洁能源法案》

3.5.3 全球第一个国际链接碳市场

2012 年 8 月，澳大利亚和欧盟发布了关于同意链接双方碳市场的协议。该协议包括两个关键步骤：第一，双方碳市场将于 2015 年 7 月 1 日开始对接，即澳大利亚接受欧盟配额，正式取消 15 澳元/吨的底价，澳大利亚碳价将与欧盟保持一致。未来澳大利亚控排企业有权从国际市场上购买最多相当于其排放总量一半的排放额度，其中仅有 12.50%的排放额度需符合《京都议定书》中的相关规定。第二，2018 年 7 月 1 日前彻底完成对接，即双方互认配额。

澳大利亚与欧盟签订的新协议将覆盖五点关键政策方针：双方互认 MRV 规范；可以被两国碳市场接受的第三方机构的类型、数量及其他相关方面；基于土地利用的国内碳抵消项目的作用；用以帮助欧盟和澳大利亚应对由于行业竞争产生的碳泄漏风险；具有可比性的市场监管制度。按照新达成的协议，澳大利亚与欧盟的碳价将同样有效。自 2015 年起，澳大利亚控排主体将允许购买欧盟国家配额，须经过三年试验，欧盟国家才能在 2018 年购买澳大利亚配额。欧盟与澳大利亚这一举动意味着澳大利亚控排主体将进入世界最大的碳市场。

3.6 WCI

2007 年成立的 WCI 为美国自愿性多行业区域型碳排放权交易体系，最初仅覆盖美国西部地区的加利福尼亚州、新墨西哥州、亚利桑那州、俄勒冈州、华盛顿州等五个州，此后又相继新增了蒙大拿州、犹他州及加拿大安大略省、曼尼托巴省、不列颠哥伦比亚省和魁北克省，以及墨西哥的部分州。另外，美国的六个州和加拿大的一个省及墨西哥的六个州是该倡议的观察方成员。

3.6.1 全覆盖式市场体系

WCI 行业覆盖范围非常广泛，覆盖了整个组织几乎所有的经济部门。初始阶段是以 2009 年 1 月 1 日之后最高的年排放量为准，在排除燃烧合格的生物质燃料产生的碳排放量后，任何年度排放超过 25 000 吨的排放源均为 WCI 的管制对象。例如，任何 WCI 区域覆盖范围内的电力输送商，包括发电商、零售商或批发商，只要 2009 年之后年碳排放量超过 25 000 吨，均须纳入 WCI 控排体系。从 2015 年开始，WCI 区域覆盖范围将扩展至提供液体燃料运输的运输商，以及石油、天然气、丙烷、热燃料和其他化石燃料的供应商，只要其提供的燃料燃烧后产生的年度碳排放超过 25 000 吨，就必须纳入 WCI 控排体系。同时，《京都议定书》中的六种温室气体均被纳入了控排体系，覆盖参与地区 90%以上的温室气体排放。

由于 WCI 的减排目标是到 2020 年温室气体在 2005 年排放水平的基础上减排 15%，因此这些行业的配额上限将从开始接受管制的年份（部分从 2012 年开始，另一部分从 2015 年开始）到 2020 年直线下降。

3.6.2 分权式的管理模式

2008 年 9 月 WCI 明确提出了建立独立的区域型碳市场。第一阶段于 2012 年 1 月 1 日运行，之后覆盖了加拿大和墨西哥的部分省份和州，主要是考虑到这些地区在经济上有着密切联系。WCI 筹备工作由专业委员会进行，各地区建立自己的排放交易体系，链接在一起形成更为广阔的碳市场。

配额发放由各成员自行决定，WCI 只规定了部分发放原则。例如，第一阶段最少有 10%的配额用于拍卖，到 2020 年拍卖比例最低为 25%。对 2008～2012 年的先期减排行动，WCI 将给予额外的先期减排配额，如给在提高能效和可再生能源领域取得减排效果的企业，以及参与研发、示范和采用碳捕集和封存（carbon capture and storage，CCS）技术的企业先期减排奖励。同时，WCI 控排企业须在每三年的履约期内用足够的配额来抵消碳排放，允许控排企业将配额储存至下一履约期使用，但不允许提前预支。企业可以通过拍卖形式购买配额，也可以在二级市场上进行买卖。

3.7 NZ ETS

NZ ETS 根据新西兰《2002 年应对气候变化法》的要求设立，并经立法程序于 2008 年 9 月正式启动。其中对林业部门的生效日期追溯至 2008 年 1 月 1 日，其他部门在 2008～2015 年逐步纳入碳市场范围。该交易机制也是世界上唯一覆盖农业与林业部门的制度设计，其中包括 2008 年制定覆盖 1990 年之前林地的森林开发部分，以及根据之前立法于 2015 年生效的农业生物排放部分，但 2012 年政府通过修正案推迟了农业领域生物排放部分的生效期。建立 NZ ETS 的初衷在于帮助国家完成《公约》和《京都议定书》的国际义务，将整体排放水平降低至《京都议定书》目标之下。在《京都议定书》2008～2012 年第一承诺期内，新西兰的减排义务为年均排放水平降至 1990 年排放水平。其中 1990 年的排放量在不包括土地利用、土地利用变化和森林的情况下为 6190 万吨。新西兰计划通过减少排放和增加森林碳汇来实现《京都议定书》目标。2011 年，国家排放水平为 7280 万吨，并在森林中存储了1350万吨碳排放。NZ ETS虽然采用了总量控制与交易模式，但没有规定固定的交易期，配额总量依据每年覆盖的部门总量进行调整后设置，碳市场所覆盖温室气体的碳排放量和碳汇的吸收量占全国排放水平的53%。

3.7.1　覆盖农林业的制度设计

2008年NZ ETS正式启动，其立法根据为2002年生效的新西兰《2002年应对气候变化法》。新西兰排放交易体系覆盖了《京都议定书》下所有六种温室气体。目前已覆盖的部门包括：林业、固定能源、液体化石燃料供应、工业制造、渔业、废物处理等。农业部门2015年根据立法规定被正式纳入；林业部门的纳入是NZ ETS的一大亮点。1990年之前的林地开采企业或所有者将强制纳入碳市场，1989年之后林地的相关实体可以自愿申请加入碳市场。在配额管理方面，非林业部门的控排主体可以上缴一个单位配额抵消双倍碳排放量，或者支持新西兰以25新西兰元/吨的固定价格进行履约。林地相关实体在1990年之前可以获得一定量的免费配额分配，1989年之后则可以通过符合要求的活动来获得减排信用。在排放总量之内，新西兰政府通过拍卖方式来增加配额供应量。在减排信用使用规定方面，NZ ETS并没有对国际信用单位的使用进行数量限制，符合条件的信用单位都可以用于履约。

3.7.2　严格的履约惩罚力度

新西兰的履约责任除罚款外还增加了刑事责任。根据违法的方式不同，当事人承担的履约责任也不相同。过失被罚的控排主体仅需支付罚款，控排主体必须在管理机构做出决定后的90日内补偿未能提交的配额差额，缴纳每吨30美元的罚金，并对外公布该控排主体的身份和未能履行义务的原因。而故意不履行履约义务的控排主体必须补偿双倍未能提交的配额差额，每吨罚金升至60美元且控排主体的高级管理人员将面临刑事处罚，最高可达五年有期徒刑，并处或单处不超过50 000美元的罚款。

3.8　国际典型碳市场对比分析[①]

在对EU ETS、RGGI、WCI等七大国际典型碳市场的发展案例进行分析后，

① 本节部分内容已发表在《气候变化研究进展》2019年第3期。

本节从市场环境、市场覆盖范围、配额管理及市场运行状况等方面对典型碳市场进行对比分析，从而进一步总结国际典型碳市场的发展经验。

3.8.1 市场环境

随着碳市场规模的不断扩大，关于碳市场分类的研究也不断涌现。国际上关于碳市场的分类方式有多种标准：根据碳市场的结构，可分为减排许可市场和基于项目的市场；根据碳排放权交易涉及的范围，可以分为国际级碳市场、国家级碳市场、州市级碳市场和零售碳市场；根据交易标的来源的不同，可以分为一级市场、二级市场和碳金融市场；根据减排动机的不同，可以分为强制履约市场和自愿减排市场；根据覆盖行业范围不同，可以分为单行业碳市场和多行业碳市场（章升东等，2005；雷立钧和荆哲峰，2011）。以上分类仅以碳市场某类单一特征作为标准，其分类结果难以全面突出碳市场的基本属性。笔者思考是否可以在分类过程中既考虑碳市场的规模特征，又有效凸显其结构特性；是否可以将碳市场的覆盖地域范围和行业特征相结合，从这两方面综合考虑但同时又有所侧重地进行分类。因此，本节通过对前期学者的分类标准进行整合重建，从碳市场覆盖的空间范围和行业属性两个维度综合考虑，权衡各碳市场更具有代表性的特征，并以此为依据对全球已经成功建立的碳市场进行系统分类。

如图 3-4 所示，本节将碳市场分为区域型碳市场、国家型碳市场、地区型碳市场和行业型碳市场。区域型碳市场指市场覆盖地域跨越多个国家或州省，形成多行政区域的碳市场类型。具体包括 EU ETS 和 WCI，其中 EU ETS 参与方为初始的欧盟各成员国和新加入国家，WCI 成员包括美国与加拿大部分省，

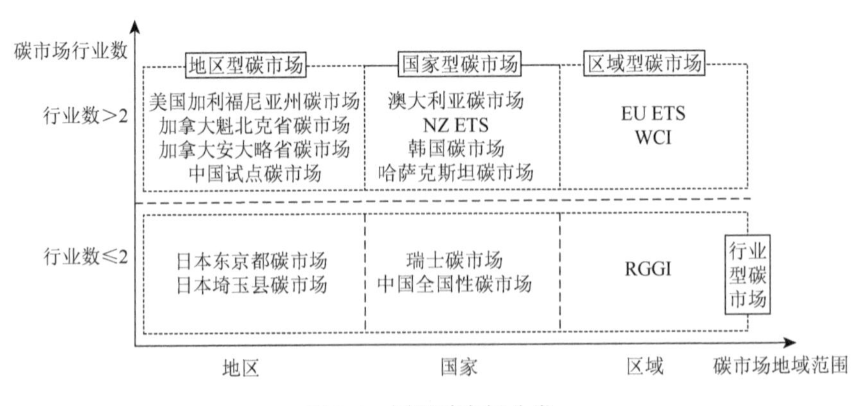

图 3-4　国际碳市场分类

资料来源：根据相关资料绘制

另外还有墨西哥部分州以观察方身份参与；国家型碳市场指市场覆盖地域以国家为单位，对全国范围内所有满足一定条件的企业进行总量控制与交易的碳市场类型。建立国家型碳市场的有韩国、新西兰、澳大利亚和哈萨克斯坦等国，墨西哥也于2018年启动国家型碳市场；地区型碳市场指碳市场覆盖地域为次国家级的单个省区市，仅纳入省区市内的控排主体进行交易的碳市场类型。全球成功建立的地区型碳市场主要集中在亚太和北美部分国家内部，具体有美国的加利福尼亚州碳市场、加拿大的魁北克省碳市场、安大略省碳市场和中国试点碳市场；行业型碳市场特指市场覆盖行业数≤2的碳市场类型，在覆盖地域上不做限制。具体包括RGGI、瑞士碳市场、日本东京都碳市场、日本埼玉县碳市场和中国全国性碳市场。

不同类型碳市场的建立有其特殊的原因。例如，欧盟出于追求气候领域领导力和发展区域经济新增长点的考虑，结合欧盟政治、经济、文化等高低一体化的现实情况选择建立区域型碳市场；韩国为了使国内更快实现低碳经济转型，增强国家绿色竞争力而选择建立国家型碳市场；美国由于能源部门政治影响力、国家经济发展需求等原因在国家型碳市场建设方面表现消极，但美国国内诸如加利福尼亚州、东北部各州从地区能源结构和排放特征等因素考虑选择在国家排放权立法缺失的情况下建立地区型或行业型碳市场。尽管上述不同类型碳市场的建立有着各自特殊的背景与基础，但也存在一定的共同利益诉求。因此，本节对国际所有碳市场建立的背景与基础逐个分析，建立全面系统的碳市场建立背景与基础指标体系，并在这一指标体系基础上有效分离出碳市场建立的必备条件和不同类型碳市场建立的背景与基础特征。

碳交易是为缓解全球气候变暖、促进温室气体减排而采用的市场机制。作为一种激励手段，碳市场本质是政府为了解决市场失灵带来的环境外部性问题所采取的政策性工具。政府从国内碳排放现状与排放趋势现状这一初始决策环境出发，在一系列国内外政治诉求的共同作用下选择是否实施碳市场政策。而碳市场作为市场经济的重要组成部分，只有在国家的经济基础与市场根基能够有力支撑其稳定运行的情况下，才能真正达到市场资源配置最优并实现减排的目的。因此，碳市场的政策属性与市场属性共同决定了对碳市场建立的背景与基础应该从政治诉求、决策环境、经济基础与市场根基等四个方面进行分析。基于以上四个维度，本书构建了一个全面客观的碳市场建立背景与基础框架体系，具体见表3-8。

表 3-8　碳市场建立背景与基础框架体系

指标体系			碳市场类型及名称								
			区域型碳市场		国家型碳市场		地区型碳市场		行业型碳市场		
一级指标	二级指标	三级指标	EU ETS	WCI	NZ ETS	韩国碳市场	美国加利福尼亚州碳市场	加拿大魁北克省碳市场	RGGI	日本东京都碳市场	日本埼玉县碳市场
政治诉求A	国际政治诉求A1	全球气候变化协定 a11	√	×	√	√	×	√	×	√	√
		气候领域领导力 a12	√	×	×	√	√	×	×	×	×
	国内政治诉求A2	政治高度一体化 a21	√	×	√	√	×	×	×	×	×
		能源部门政治影响力强 a22	×	√	√	√	√	√	√	√	√
		国家减排意愿强 a23	√	×	√	√	×	×	×	√	√
		地区减排意愿强 a24	×	√	√	×	√	√	×	√	√
		地方有自治权 a25	√	√	×	×	√	√	√	√	√
		环境非政府组织（Environmental Non-Government Organization，ENGO）发达 a26	√	√	√	√	√	×	×	√	×
决策环境B	温室气体排放现状B1	存在重点排放行业 b11	√	×	√	×	×	√	√	√	√
		重点排放行业非竞争性 b12	√	×	×	×	×	×	√	√	√
		人均/总碳排放量大 b13	√	√	√	√	√	√	√	√	√
		碳排放增长率高 b14	×	√	×	√	√	×	√	×	×
		气候变化 GDP 损失大 b15	√	√	√	×	√	√	√	√	√
	能源消费现状B2	能源进口率高 b21	√	×	×	√	√	×	×	√	√
		能源消费增长率高 b22	×	√	√	√	√	×	√	×	×
		电力需求增长 b23	×	√	×	√	√	×	√	√	√
经济基础C	经济发展水平C1	GDP 总量大 c11	√	√	√	√	√	√	√	√	√
		GDP 增长率高 c12	√	√	×	√	√	√	√	×	×
	经济体系特征C2	经济高度一体化 c21	√	√	√	×	×	×	√	×	×
		第二产业占比低 c22	√	√	√	×	√	√	×	√	√
		高耗能产业依赖度低 c23	√	√	√	×	√	√	×	×	×
		单个地区减排成本过高 c24	√	√	√	×	—	—	√	—	—
		新/清洁能源占比高 c25	√	√	√	×	√	√	×	×	×
		产业结构差异小 c26	×	√	√	√	√	√	√	√	√

续表

指标体系			碳市场类型及名称								
			区域型碳市场		国家型碳市场		地区型碳市场		行业型碳市场		
一级指标	二级指标	三级指标	EU ETS	WCI	NZ ETS	韩国碳市场	美国加利福尼亚州碳市场	加拿大魁北克省碳市场	RGGI	日本东京都碳市场	日本埼玉县碳市场
市场根基D	市场支撑体系建设D1	地理位置相近d11	√	√	—	—	—	—	—	—	—
		低碳经济基本立法d12	√	×	√	√	√	√	×	√	√
		排放权立法d13	√	×	√	√	×	×	×	×	×
		能源替代法d14	√	√	√	√	√	√	√	√	√
		人才/企业培养d15	×	×	√	√	√	×	×	√	√
	市场理论与实践基础D2	绿色投资占比高d21	√	√	√	√	√	√	√	×	×
		排污权交易实践d22	√	√	×	√	√	×	√	√	√
		交易平台建设d23	√	√	√	√	√	×	√	√	√
		排放数据收集d24	×	√	√	√	√	√	√	√	√

资料来源：根据相关资料整理而成

注：“√”表示满足指标描述，“×”表示不满足指标描述，“—”表示无法衡量或数据缺失。为便于分析，本表中指标名称后的字母（如A，a）在下文中指代相应指标

（1）政治诉求。建立碳市场的政治诉求来源包括国际政治诉求与国内政治诉求。全球背景下，一项国家政策的形成，一方面依赖于国际规则中相关议题的重要程度与发展前景，另一方面取决于国内政策制定的难易程度与利益相关者的支持程度。因此，本指标体系从以上两个方面将国际谈判与国内政治结合考虑，可以清楚地看出政策制定者处于何种政治环境之中。其中，国际政治诉求主要包括全球气候变化协定和气候领域领导力，国内政治诉求则是从国家、地区和社会等三个方面的多个角度进行衡量。

（2）决策环境。政策在制定过程中必须充分考虑其面临的决策环境。影响碳市场政策制定的初始决策环境包括温室气体排放现状和能源消费现状。其中，温室气体排放现状代表一国现有的碳排放量、未来的排放趋势和因气候变化带来的经济损失，这将直接决定该国如何制定排放标准和承担什么程度的由于排放量的减少而带来的其他一切影响。能源消费现状不仅可以从侧面反映一国的碳排放趋势，还可以判断一国能源安全问题对碳市场政策的推动效果。国家需要从温室气体排放现状和能源消费现状出发，判断现阶段国内的排放需求和能源危机，从现实情况出发选择合适的碳市场政策。

（3）经济基础。碳市场建立的经济基础包括经济发展水平和经济体系特征两

层内涵。经济发展水平以一国的经济总量和 GDP 增长率为衡量指标，其代表了一国进行减排的资金实力。经济发展水平越高的国家用于低碳技术研发和气候变化相关研究的资金实力越强，其建立碳市场所需承受的减排压力也会相对更小。经济体系特征则主要考虑一国贸易状况、新能源发展、产业构成和差异化程度。对外贸易导向和高耗能产业的高依赖度将使得一国实施碳减排政策对经济的负面影响增大，新能源产业的迅速发展在促进碳市场的减排目的实现的同时也可以带来经济新机遇。因此，以上两个方面从根本上反映了碳市场建立的经济基础。

（4）市场根基。碳市场建设前期必须建立起能够有效支撑碳市场运作的市场根基，包括碳市场支撑体系建设和市场理论与实践基础。市场支撑体系建设主要包括地理位置相近、市场配套政策法规和人才/企业培养，其中市场配套政策法规是保障碳市场有序运转的法律支撑，包括低碳经济基本立法、排放权立法、能源替代法。政府通过低碳经济基本立法和排放权立法保障碳市场的长期性与稳定性，同时将节能减排法和能源替代法作为辅助政策为碳市场实现减排目的保驾护航。人才与企业作为市场参与主体，其能力建设可以保障碳市场更有效地运行。市场理论与实践基础指标主要有绿色投资占比、排污权交易实践、交易平台建设与排放数据收集等，前期的科学研究与积极行动可以为碳市场启动的科学性与可行性奠定基础。

不同类型碳市场建立的背景与基础各不相同。通过对国外典型碳市场分类型从表 3-8 的底层指标进行分析，得出碳市场建立的背景与基础框架体系中的具体指标在各类型碳市场中的分布情况（图 3-5）。其中，只有某一类型的碳市场都具备的指标，才被作为该类型碳市场的必备指标；所有类型碳市场都具备的指标为碳市场建立的必要条件。因此，区域⑪为碳市场建立的必要条件，具体包括如下几条。

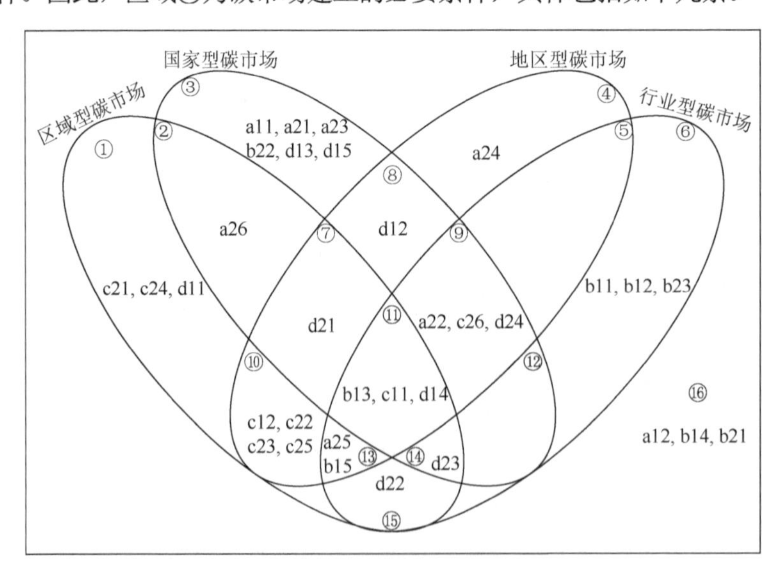

图 3-5　不同类型碳市场建立背景与基础指标分布情况

（1）人均/总碳排放量大：意味着一国面临较高的国际减排压力。

（2）GDP 总量大：说明经济体具有减排的资金实力。

（3）能源替代法：作为互补措施推动传统能源转换为新能源，从而保障控排主体减排义务的实现。而区域⑯是碳市场建立背景与基础上需要考虑但非某一类型碳市场建立的必备指标，具体包括：气候领域领导力、碳排放增长率高、能源进口率高。

在不同类型碳市场的共有指标中，区域⑦为区域型、国家型与地区型碳市场共有指标，包括绿色投资占比高；区域⑭为区域型、国家型与行业型碳市场共有指标，包括交易平台建设；区域⑬为区域型、地区型与行业型碳市场共有指标，包括地区有自治权、气候变化 GDP 损失大；区域⑨为国家型、地区型与行业型碳市场共有指标，包括能源部门政治影响力强、产业结构差异小、排放数据收集；区域②为区域型与国家型碳市场共有指标，具体包括 ENGO 发达；区域⑩为区域型与地区型碳市场共有指标，分别为 GDP 增长率高、第二产业占比低、高耗能产业依赖度低、新/清洁能源占比高；区域⑮为区域型与行业型碳市场共有指标，具体为排污权交易实践；区域⑧是国家型与地区型碳市场均需要具备的指标类型，具体为低碳经济基本立法。而国家型与行业型碳市场、地区型与行业型碳市场之间不存在共有的必备指标，因此区域⑫与区域⑤内无指标填充。

四大不同类型碳市场建立的具体特点如下。

1. 区域型碳市场

经济高度一体化、单个地区减排成本过高、地理位置相近是区域型碳市场特有指标。根据这些特有指标进一步得出区域型碳市场建立的背景与基础特征。经济联系密切即经济高度一体化使得地区间政治、经济、文化深度交流，为区域型碳市场的建立提供经济基础。单个地区减排成本过高使各地区间具有节省减排成本的利益诉求，进而产生联合建立区域型碳市场的原生动力。而地理位置相近则为区域型碳市场的建立提供了空间可行性。因此，区域型碳市场建立的特殊背景与基础为经济高度一体化、单个地区减排成本过高和地理位置相近。区域型碳市场建立背景与基础特征与区域型碳市场建立关系，如图 3-6 所示。

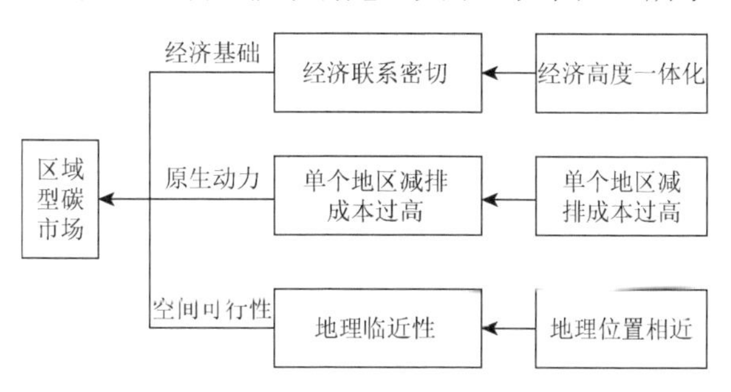

图 3-6　区域型碳市场建立背景与基础特征示意图

（1）经济联系密切。作为全球最大的一体化组织，欧盟区域内经济也表现出高度一体化，成员国间贸易占区域生产总值的 64.19%，各成员国有着一致的利益追求和行为理念，经济的密切联系使其选择建立区域型碳市场以进一步促进区域经济一体化；WCI 能够成为以区域为基础的碳市场，也是出于对美国与加拿大沿海地区在清洁能源、生物科技、安全及能源产品等方面广泛的经济合作关系的考虑。对于 WCI 参与各地区而言，地区内清洁能源发展迅速。能源贸易和经济新增长点的利益诉求使得这些地区希望制定更加严格且一致的减排政策，这在一定程度上奠定了 WCI 建立的经济、政治基础。气候变化行动不仅是自然科学问题，更是与资源、粮食、能源、生态都密切相关的经济问题。随着经济密切联系带来的物质及文化频繁交流，区域内结算货币、交易方式、市场架构及人文社会趋于一致。因此，经济联系密切是区域型碳市场建立的经济基础。

（2）单个地区减排成本过高。欧盟成员国以发达国家居多，国内高耗能行业占比较小同时企业能效水平普遍较高，单个国家建立碳市场减排成本过高。出于节省减排成本与降低国际竞争力冲击的考虑，欧盟决定建立统一的区域型碳市场帮助成员国以相对更小的减排成本实现减排目标。世界银行估算，如果 EU ETS 参与国单独完成“责任分担协议”，实现《京都议定书》减排目标的成本约为 90 亿欧元/年；但若将欧盟成员国的所有部门纳入统一碳市场中，其减排目标实现的成本约为 60 亿欧元/年，整个欧盟成员国减排成本将下降近 33%。近年来研究结果也显示，EU ETS 仅以不足欧盟生产总值 1%的成本为欧洲地区碳减排做出了巨大贡献。而 WCI 成员地区也均为美国、加拿大经济最发达的地区，WCI 的建立可以使这些地区以更低的减排成本达到区域减排目标。碳市场建立的主要目的之一是以相对更小的社会总成本实现社会的总体减排目标。因此，单个地区减排成本过高是建立区域型碳市场的重要推动因素。

（3）地理临近性。据世界银行预测，未来全球气温升高 2.5℃将导致欧洲地区生产总值下降 2.83%。为减少这一气候变化损失，欧洲各国决定建立碳排放权交易机制，地理位置相近为泛欧洲地区设立统一的市场制度提供了可能，因而欧盟成员国在 2005 年就率先实现了区域型统一碳市场的建立；之后邻近的挪威、列支敦士登、爱尔兰等国也陆续加入；WCI 框架下美国—加拿大沿海地区的州省联盟在一定程度上也是出于地理临近性考虑而设立了共同的行动目标。气候变化对全球不同地区的影响具有显著差异，但对空间聚集地区的影响则基本类似，因而空间邻近地区面对环境威胁有着共同的行动目标。随着全球变暖带来损失的不断增加，气候变化脆弱性地区有着更强的需求和动力联合行动。地理临近性为气候脆弱性地区间就环境问题达成共识和统一碳市场建设提供了客观条件，即地理位置相近为区域型碳市场建立提供了共同发展动力与空间基础条件。

2. 国家型碳市场

国家型碳市场特有指标具体包括：全球气候变化协定、政治高度一体化、国家减排意愿强、能源消费增长率高、排放权立法、人才/企业培养。对国家型碳市场特有指标进行归纳整理得出国家型碳市场建立的背景与基础特征（图3-7）。其中，全球气候变化协定与国家减排意愿强是国家意志在气候变化领域的具体表现，而政治高度一体化即国家权力高度集中使国家意志得以作用于具体政策。因此，国家意志的深度表达是国家型碳市场建立的政治基础。能源消费增长率高使得国家需要推进低碳转型以实现国际减排目标，建立国家型碳市场可以更有效地促进清洁技术发展，能源结构转型需求是建立国家型碳市场的动力源泉。作为一项政策手段，排放权立法作为碳市场的统领性文件可以为国家型碳市场的顺利、稳定运行提供法律支撑。国家型碳市场不仅在人才/企业培养方面表现突出，其市场根基维度下的其他指标也建设卓著。因此，稳固的市场根基是国家型碳市场建立的基本保障。综上所述，国家型碳市场建立的特殊背景与基础为国家意志的深度表达、能源结构转型需求、排放权立法保障和稳固的市场根基。

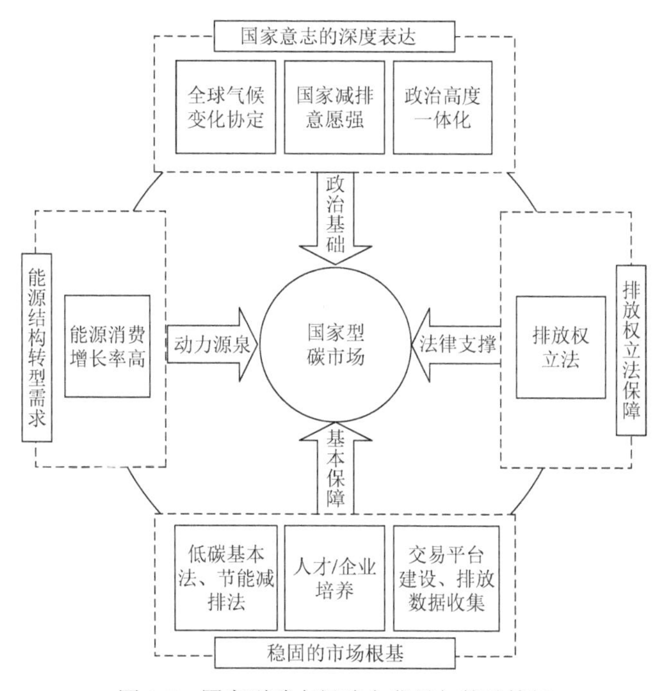

图3-7 国家型碳市场建立背景与基础特征

（1）国家意志的深度表达。新西兰与韩国在全球应对气候变化领域始终表现出积极态度，并签订了一系列诸如《京都议定书》《巴黎协定》等在内的全球气候变化协定。新西兰通过《2002 年应对气候变化法》、韩国 2010 年通过《低碳绿色增长基本法》表现出强烈的国家减排意愿。同时新西兰的一院制与韩国的总统制均使得国家政治权利高度集中，政治高度一体化使得政府在建立国家型碳市场时面临的地区与部门阻力减少。对比澳大利亚，同样签订了一系列全球气候变化协定，但国内两院制使澳大利亚政权分散，党派观点差异使得澳大利亚始终未能建成国家型碳市场，全国性碳定价机制在运行不足三年后也宣告废除。全球气候变化协定与国家减排意愿是国家型碳市场建立的政治诉求来源，而政治权利的高度集中为国家减排意愿的深度表达和传递提供了保障。

（2）能源结构转型需求。韩国经济发展严重依赖化石能源进口，能源对外依存度达 97%，国内能源消耗量以每年 1%的速度持续增长。为此，韩国政府在 2010 年制定国家低碳经济发展战略，2011 年进一步通过了《温室气体排放配额分配与交易实施法案》。这一系列政策旨在引导国内绿色技术和清洁能源发展，促进国内能源结构转型，创造新的经济增长引擎并提高国际绿色竞争力。同样地，新西兰在碳市场建立之初国内能源消费增长率达 1.68%，同时在 2008 年全球经济危机时期，新能源行业收入不降反升，增幅高达 75%。出于对国家能源消耗增长趋势和新能源发展前景的预估，新西兰政府制订了国家“排放交易计划”和一系列能源政策帮助国内能源结构转型，其中国家型碳市场处于核心地位。在 NZ ETS 的推动下，新西兰能源消费结构中，石油占 33%、天然气占 28%、地热占 15%、水力占 12%、煤占 7%，其他可再生能源（如风能、沼气、工业废物和木材等）占 5%。能源消费持续增长表明一国迫切需要能源结构调整，通过能源结构转型减缓碳排放增长趋势。建立国家型碳市场可以通过市场手段促使企业发展清洁技术，引导社会资产更多地流向低碳领域，在实现国家能源结构升级的同时也可以带来经济新增长。因此，能源结构转型需求是国家型碳市场建立的动力源泉。

（3）排放权立法保障。韩国分别于 2010 年、2012 年通过《低碳绿色增长基本法》《温室气体排放配额分配与交易法》对低碳经济和碳交易进行立法，并规定韩国企划财政部针对韩国碳市场的运行制订总体规划，以明确韩国碳市场的中长期政策目标和指导思想。这一规定增强了公众尤其是低碳投资者对韩国碳市场和韩国经济社会低碳转型的预期和信心。新西兰也通过《2002 年应对气候变化法》及其修正案为 NZ ETS 的建立提供法律支撑。碳权利的界定是构筑碳市场交易机制的基础，竞争则是市场运行的核心。碳市场竞争机制的确立必须依靠国家“有形之手”的作用，即通过碳排放权交易立法确立起碳市场竞争机制。碳市场的政策属性决定了其建立需要政府强有力的政策支撑。同时作为一种新兴市场机制，只有制定排放权交易法律制度才能确保碳市场的稳定性、长期性和竞争性。

（4）稳固的市场根基。新西兰与韩国国内制定低碳基本法、能源替代法、节能减排法等法律支撑国家型碳市场顺利运行。新西兰环境部早在 1998 年就制定国家策略，强调国民的环境教育，韩国国内更是注重加强民众低碳意识和低碳人才培养。同时两国每年绿色投资占比均居于世界前列，更通过平台建设、排放数据收集和排污权交易实践等措施为国家型碳市场的建立奠定基础。韩国设置交易平台——韩国交易所负责韩国碳市场排放配额交易，并在 2010 年实施“温室气体和能源目标管理制度”计划，为韩国碳市场的建立提供数据基础，促使重点排放企业和公共机构了解温室气体排放监测、报告流程的同时，为政府对重点排放企业或公共机构进行监管并与其他政府部门合作积累经验。新西兰建立新西兰减排单位登记系统，为减排单位提供登记、MRV 等服务。虽然在 NZ ETS 开始前新西兰国内尚缺乏排污权交易实践经验，但仍设置过渡期让企业提早熟悉碳市场运行过程，并利用过渡期不断收集、修正重点排放企业的碳排放数据，为碳市场纳入行业的扩大提供数据基础。碳市场作为一国经济体系的组成部分，市场的运行缺陷可能影响整个国家的经济基础。国家型碳市场的建立不仅需要完备的市场支撑体系，也需要扎实的市场理论与实践基础。因此，稳固的市场根基对于国家型碳市场的成功建立意义重大。

3. 地区型碳市场

地区减排意愿强作为地区型碳市场的单一特有指标，是引导地区型碳市场建立的政治基础也是核心推动因素。但这一个因素并不足以促使地区型碳市场的建立，因此，结合底层指标和地区型碳市场的定义得出，国家层面排放权立法的缺失作为法律导向，对于地区型碳市场的建立有着决定性作用。因此，地区型碳市场建立的背景与基础特征为地区减排意愿强和国家层面排放权立法缺失。图 3-8 为地区型碳市场建立背景与基础特征。

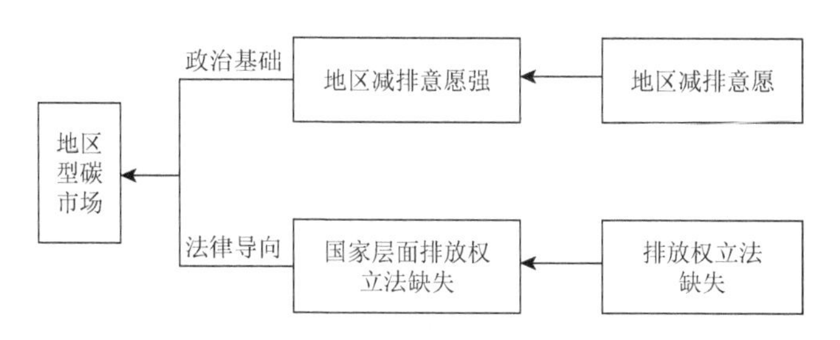

图 3-8　地区型碳市场建立背景与基础特征

（1）地区减排意愿强。作为美国经济最发达的州之一，加利福尼亚州环保团体势力较强，在美国乃至全球都有着巨大影响力，州内森林密布，包括旧金山、洛杉矶、圣迭戈在内的诸多城市都位于海边，农业占全美农业总产值的 11.60%，气候变化对州内林区、海岸线城市和农业聚集区有着较大影响。作为全球最易受气候变化影响的地区之一，54%的加利福尼亚州人认为全球变暖会对州内经济和公民的生活质量产生严重威胁。加上2006～2008年，加利福尼亚州在绿色能源领域投资约66亿美元，州内新能源产业的迅速发展使得能源部门也表现出强烈的减排意愿。加利福尼亚州能够走在全球碳市场建设前沿与地区强烈的减排意愿密不可分。加拿大魁北克省地理条件与加利福尼亚州类似，每年因气候变化带来的经济社会损失巨大，地区内民众对全球气候变化的威胁有着切实感受，新能源发展使得碳市场政策也获得了地区内能源部门的大力支持，加上民众意愿的推动，魁北克省于2013年成为加拿大首个地区型碳市场。所以说，强烈的地区减排意愿是建立地区型碳市场的直接推动因素。

（2）国家层面排放权立法缺失。美国《低碳经济法案》出于政治压力未能经议会通过，美国国家碳市场建设夭折。加利福尼亚州受州内减排呼声驱使，早在20世纪40年代就开始空气污染治理，州内气候治理历史悠久。州政府拥有自主制定空气质量标准的特权，因此在国家层面排放权立法缺失的情况下，加利福尼亚州于2006年率先通过《AB32法案》建立地区型碳市场。加拿大自20世纪90年代以来，能源出口导向型经济特征使其在气候变化领域处于比较劣势。利益集团的游说与松散的联邦体制使得加拿大成为全球第一个宣布放弃《京都议定书》履约的缔约方。加拿大国家层面始终未能出台碳交易法律。在此国家立法滞后的背景下，作为加拿大经济最发达、清洁能源发展最为迅速的魁北克省选择从自身利益出发建立地区型碳市场。国家层面缺少排放权立法使得国家型碳市场建设滞后，地区在内部强烈减排意愿的推动下不得不选择建立地区型碳市场。因此，国家层面碳交易立法缺失是建立地区型碳市场的间接推动因素。

4. 行业型碳市场

行业型碳市场特有指标包括：存在重点排放行业、重点排放行业非竞争性、电力需求增长。通过行业型碳市场特有指标总结得出行业型碳市场建立的背景与基础特征，如图3-9所示。其中，温室气体排放集中度高即存在重点排放行业为行业型碳市场的行业选择提供依据。产品竞争力是碳市场选择覆盖行业时考虑的重要经济因素，因此，重点排放行业竞争力优势即重点排放行业非竞争性是行业型碳市场建立的经济基础。电力需求增长是行业型碳市场建立的共同特征。而目前行业型碳市场主要从电力需求的上游或下游行业，即选择电力、商业等部门进行总量控制。重点排放行业需求量增长是行业型碳市场建立的主要原因。需指出的是，在排放数据收集衡量过程中，其他类型碳市场数据收集针对所有经济部门，而行业型碳市场仅针对控排的行业，其他非控排部门的数据收集并不完备。因此，重点排放行业排放数据基础是行业型碳市场建立的技术支撑。综上所述，行业型碳市场建立的特殊背景与基础有：温室气体排放集中度高、重点排放行业竞争力优势、重点排放行业需求量增长和重点排放行业排放数据基础。

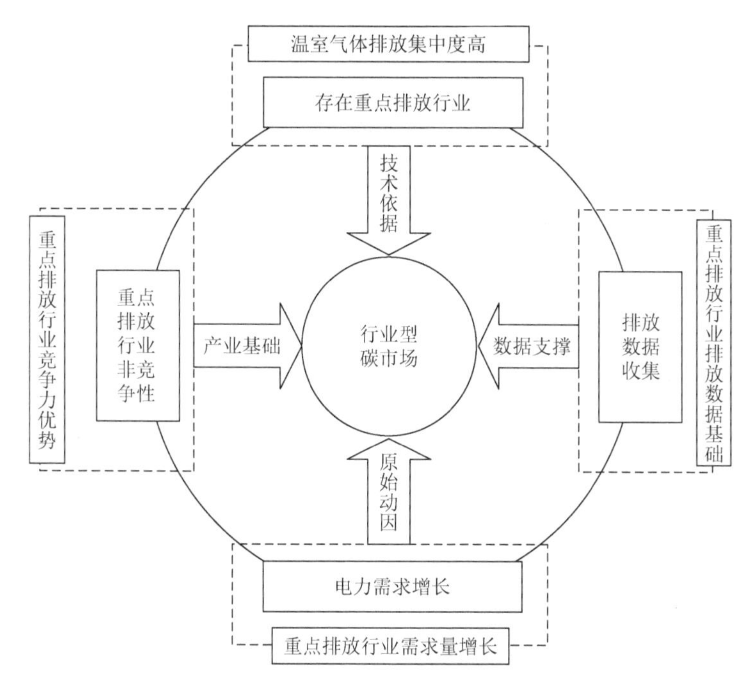

图3-9　行业型碳市场建立背景与基础特征

（1）温室气体排放集中度高。RGGI 市场位于美国东北部，区域内矿产资源丰富，能源电力是其主导产业。作为典型的“夕阳工业”地区，电力部门是 RGGI 区域内温室气体排放最高的行业。该部门年排放量占区域排放总量的 85%以上，因而 RGGI 在运行过程中仅纳入了电力行业。东京都温室气体排放的主要来源是商业领域，占到温室气体排放总量的 39%以上。因此，东京都将减排重点集中在商业领域，碳市场中商业设施占控排主体的 83%。其余的 27%为地区内排放占比居第二位的工业行业的部分设施。东京都和埼玉县的温室气体排放特征是典型，商业、工业部门温室气体排放占比较大，因此这两大碳市场都仅纳入商业、工业两大重点排放行业。纳入有限的大型排放源可以降低碳市场主管部门的行政压力，同时避免对经济发展落后地区中小企业造成不成比例的成本负担。只覆盖排放占比最高的行业能够在减少市场建立阻力的同时实现减排目标。因此，温室气体排放集中度高是行业型碳市场得以建立的技术依据。

（2）重点排放行业竞争力优势。RGGI 在建立初期充分考虑区域内产业竞争力，选择纳入电力这一自然垄断行业，可以在实现减排的同时避免区域经济的负面影响。东京都和埼玉县碳市场选择商业部门重点控排，也是因为这一部门的成本增长不存在溢出效应。为了不影响地区内竞争性产业发展，东京都和埼玉县都只纳入了商业部门和少数不具有替代效应的工业企业进行强制减排。碳市场的建立从一定程度上会增加控排主体成本，削弱其产业竞争力。特别是目前全球经济一体化趋势使得国际贸易异常活跃，对参与全球贸易程度高但不具备竞争性优势的行业实行总量控制，成本的增加将使得这一产业国际竞争力大幅受损。碳市场在选择覆盖行业范围时必须考虑控排对企业竞争力的影响。因此，行业型碳市场的控排行业不仅要具有重点排放源的特征，更要具有不可替代性。

（3）重点排放行业需求量增长。东京都和埼玉县均为城市级能源消耗和二氧化碳排放主体，其排放结构特征表现为二次能源的比例不断增大。东京都电力二氧化碳排放比例逐年增加，2006 年达到 50.41%，能源消费中的 40%为电力，而电力生产的 90%来自东京都以外地区。因此，东京都选择从电力需求即商业、工业部门进行控排。RGGI 作为美国最大的电力输出区之一，区域内能源电力消费持续增长，重点排放行业需求的不断增长使得在可预见的未来该区域碳排放也会随之增加，因而 RGGI 选择纳入单一电力行业进行控排。重点排放行业需求量增长是行业型碳市场建立的原始动因。

（4）重点排放行业排放数据基础。早在 1995 年美国二氧化硫排污权交易实施时，政府就强制电厂安装污染物排放连续监测设备，在线监测二氧化碳以实时获得最准确的电力部门排放数据。因此，RGGI 拥有区域内发电企业 1995～2009 年完整的温室气体排放数据清单。同时 RGGI 各参与地区选定独立的市场监管机构，负责收集、分析电力企业的温室气体排放。数据准确性高、排放量便于监测和统计和良好的排放数据基础使得 RGGI 仅纳入电力行业控排。在东京都碳市场启动前，政府进行了两个阶段为期八年的温室气体报告，收集了大量具体到设施层面的排放数据。在此期间，商业、工业设施排放数据相对来说具有易获性和规范性的优势，因而成为东京都行业型碳市场纳入控排的两个行业。碳市场在控排行业选择时需要充分考虑行业排放数据的完善程度。因此，行业型碳市场总是优先纳入排放数据基础良好和排放数据可获得性强的行业。

3.8.2　市场覆盖范围

行业覆盖范围、控排主体准入门槛和温室气体控排种类是碳市场建立的关键步骤。碳市场作为一种利用市场资源配置能力来实现碳减排的政策手段，确定市场覆盖范围也就是确定控排目标与控排对象，这对减排目标的实现有着重要影响。在确定碳市场覆盖范围时，通常需要满足排放源能耗高且易于管理、排放量可准确测量、排放源的减排成本具有较大差异、排放源有动机来减少温室气体排放等四个条件。只有满足上述四个条件时，碳市场才能实现减排效果。目前，各国都将高耗能排放源作为碳市场的主要控排对象。EU ETS 选择了电力热力、炼油、炼焦煤、钢铁、水泥、玻璃、石灰、砖瓦、陶瓷、造纸等高能耗的工业行业排放源，新西兰覆盖了交通、工业过程、逃逸排放等主要排放源，RGGI 覆盖了排放量最大的燃煤电厂等。目前，各典型碳市场的主要覆盖行业见表 3-9。

表 3-9　各典型碳市场的主要覆盖行业

碳市场	覆盖行业
EU ETS	第一个交易阶段和第二个交易阶段控制气体类型仅二氧化碳，第三个交易阶段增加了氧化亚氮和全氟碳化物。第一个交易阶段覆盖了发电、供热、石油加工、黑色金属冶炼、水泥生产、石灰生产、陶瓷生产、制砖、玻璃生产、纸浆生产、造纸和纸板生产；第二个交易阶段增加了航空部门；第三个交易阶段又增加了铝业、其他有色金属生产、石棉生产、石油化工、合成氨、硝酸和己二酸生产。大约包括 11 500 个设备（＞20 兆瓦）
澳大利亚	二氧化碳、甲烷、氧化亚氮和全氟碳化物；覆盖行业包括电力热力生产和供应业、采矿业（石油和天然气开采、有色金属矿采选）、石油加工业、黑色金属冶炼和压延加工业、有色金属冶炼和压延加工业、非金属矿物制品业、废弃物处理、交通运输业（铁路、国内航空航运）等八大行业；年排放量 25 000 吨的排放源企业大约 500 家
RGGI	二氧化碳、甲烷、一氧化二氮及全氟碳化物；只包括电力行业。单机容量 25 兆瓦以上 225 个发电厂的约 600 个机组
加拿大阿尔伯塔省	电力和工业部门；每年排放量＞10 万吨二氧化碳当量的企业
NZ ETS	二氧化碳、甲烷、氧化亚氮和全氟碳化物；覆盖行业包括农业、林业、电力热力生产和供应业、采矿业（石油和天然气开采、有色金属矿采选）、石油加工业、有色金属冶炼和压延加工业、非金属矿物制品业、废弃物处理、航空运输业（自愿参与）等九大行业
东京都	二氧化碳；约 14 000 个商业建筑和工厂设施
WCI	除六种温室气体还包括 NF_3 和其他氟化物。排放类型为纳入工业设施的化石燃料燃烧排放和各种过程排放、从州外购入电力所对应的排放。第一阶段覆盖了发电、热电联产、电力进口商、水泥、玻璃、制氢、钢铁、石灰、制硝酸、石油和天然气、炼油、造纸行业；第二阶段进一步纳入了燃料供应商。年排放量大于 25 000 吨碳排放的企业或组织
加利福尼亚州	除六种温室气体外还包括 NF_3 和其他氟化物；纳入行业包括能源、工业、液态燃料等；覆盖了加利福尼亚州 85%的碳排放，控排设施约 600 个
韩国	六种温室气体；覆盖行业包括电力生产、工业、交通、建筑、农业及渔业、废弃物处理、公共事业等。其中，工业领域包括了电子数码产品、显示器、汽车、半导体、水泥、机械、石化、炼油、造船、钢铁等十个行业

资料来源：根据 IPCC、世界银行、绿石报告整理

（1）政府需要在纳入更多行业带来的益处与随之产生的昂贵测量费用之间进行权衡，以便针对不同行业数据的可获得性采取不同的测量方法和标准确定覆盖行业。因此，在建立碳市场时首先需要考虑排放数据的可获得性。EU ETS 在第一阶段由于缺乏其他行业的排放数据只覆盖了电力和工业行业的大型排放源，即碳市场建立初期最主要的工作在于获得重点排放源的高质量数据，以保证碳市场的公平性。为解决配额发放的公平性，NZ ETS 为非二氧化碳的温室气体排放和一些难以测量的行业（诸如农业、林业等）开发了新的计量工具和方法学。例如，针

对林业行业，NZ ETS 按照给定树木种类、树木年龄和地理位置提供每公顷碳汇量，而不是实测每公顷森林的碳汇量。

（2）需要考虑将小型排放源纳入碳市场可能产生的成本与效益。相对于大型排放源，小型排放源的排放量难以监测，极易造成数据不准确、配额发放不公平等一系列问题。在扩大碳市场覆盖行业范围时，欧盟委员会发现过度扩大市场覆盖范围所产生的成本很可能大于相应的环境效益。同时，由于行业排放量无法精确地测量，也可能进一步导致市场价格过高。为区分小型排放源，碳市场为控排主体设置了市场准入门槛值，如规定热能和电力消耗单位的年排放标准等。EU ETS 为能耗单位设置的准入门槛为 20 兆瓦/年，使得小型排放源难以纳入交易体系。同时，从第三阶段开始，如果其他政策已覆盖了年排放量小于 2.5 万吨的小型排放源，这些排放源也将不再被纳入 EU ETS。

（3）碳市场会重点关注（尤其是初始阶段）能源生产领域，部分市场会根据产业结构特点重点关注能源和工业领域（如 EU ETS、瑞士、加拿大阿尔伯塔省等）。通常这些行业会在短期内对碳价变动反应强烈，因而对已有或研发中的替代技术推动作用很大。特别在能源生产部门，如果碳价水平足够高则应用低碳技术的可能性和预期就会相应大幅提高。美国国家环境保护局的研究模拟显示，美国最大减排量将会来自电力行业，交通运输行业的减排量相对较小。因此，美国的电力部门包括了大量旧燃煤电厂，而清洁替代发电技术也已发展成形。在这种情况下，只要碳价足够高，先进的减排替代技术就会被采用。

（4）碳市场覆盖行业领域不仅受到经济与产业因素的影响，还需要考虑政治因素的影响。例如，澳大利亚最终未将农业纳入碳市场，而新西兰却恰恰相反。

3.8.3 配额管理

在各国碳市场中，配额通常都会以免费、拍卖或固定价格出售等形式分配到不同行业的排放企业及设施中。例如，欧盟的配额在初始阶段以免费方式分配到电力与热力、水泥、玻璃、陶瓷、钢铁、石油、天然气和造纸等部门单机容量 20 兆瓦以上的约 11 500 个排放设施。美国 RGGI 的配额则采用拍卖形式分配给单机容量 25 兆瓦以上的 225 个发电厂的约 600 个机组。新西兰林业、固定能源、交通燃料等部门可以免费获得或以固定价格购买配额。澳大利亚以固定价格出售配额给固定能源和废弃物行业的企业，部分企业可获得免费配额。

免费分配方式通常包括两种类型：历史法和基准线法，这两种方法各有利弊。相较于基准线法，根据历史排放数据确定配额总量的方法简单易行，并能使控排主体更易接受市场价格信号，还可以看成是对参与者的一种补偿而不是出于维持竞争力的考虑。同时，产量激增时控排主体对配额的需求也随之增大，进而导致碳价上升，这时是控排主体对碳价承担力最高的时候；生产水平下降（经济衰退时期）会导致碳价下跌，控排主体只需购买少量配额即可，甚至会出现配额剩余。历史法也有明显的缺点，即当基于历史排放量分配配额时，相对于能效高的控排主体，能效低的控排主体将获得更多配额。从这一角度来看，基准线法有着更加明显的优势。由于EU ETS第一、第二阶段采用历史法在一定程度上导致了配额总量设置过高，因此第三阶段改用基准线法。该方法以行业内最优技术水平（欧洲前10%）作为排放基准，结合历史生产水平来确定控排主体的免费配额量。基准线法保留了市场价格机制的优点，保证控排主体能够获得完整的价格信号，同时也避免了低水平企业获得额外收益，但基准线法的缺点在于过程较为复杂且数据需求量大。因此，在建立基准线时需要保证信息透明且与工业界广泛协商。

同时，在配额分配方面欧盟也经历了从免费分配到拍卖的演变。欧盟委员会在初期也曾尝试强制拍卖，但成员国内并不支持拍卖，认为初期阶段的免费分配是必要的，因为这样可以帮助行业部门从没有碳约束过渡到有碳约束的政策环境。最终欧盟取消了强制拍卖，只允许在第一阶段实行5%的配额拍卖，第二阶段拍卖比例上升至10%。然而，随着市场发育逐步成熟，电力部门通过免费配额赚取暴利的情况受到关注，免费配额应当分配到减排成本更高的控排主体这一共识也得到了广泛认可。因此，EU ETS第三阶段配额拍卖比例提升至60%且电力行业将不再获得免费配额。

3.8.4　市场运行状况

欧盟、美国、澳大利亚、新西兰、日本等地区和国家都建立了各自的碳市场，不同的市场制度设计导致全球碳市场的运行状况也各不相同。全球主要碳市场的交易产品、交易规模、价格及趋势和市场链接状况见表3-10。

表3-10　国际主要碳市场运行状况

碳市场	交易产品	交易规模	价格及趋势	市场链接
EU ETS	现货、期货、掉期、远期、期权等	2016年的交易量与交易额分别达到51.27亿吨和276亿欧元	6～7欧元/吨	2018年7月与澳大利亚实现链接
RGGI	现货、期货、期权等	2008～2016年以来成交额为26亿美元	一级市场平均拍卖价格为2.25美元/吨 二级市场交易价格约为3.35美元/吨	美国加利福尼亚州和加拿大魁北克省于2013年进行双边链接

续表

碳市场	交易产品	交易规模	价格及趋势	市场链接
加利福尼亚州	现货、期货等	2012～2016 年以来的总成交额为 44 亿美元	约为 12.73 美元/吨	—
澳大利亚	现货	—	2012～2015 年分别为 23.00 澳元/吨、24.15 澳元/吨、25.40 澳元/吨	最晚从 2018 年 7 月起与 EU ETS 实现完全链接
NZ ETS	大部分为现货	交易总量约为 850 万吨	约 13～14 美元/吨	—
韩国	现货、期权等	交易总量约为 1227 万吨	约 19 100 韩元/吨	—

资料来源：根据 IPCC、世界银行、绿石报告整理

在交易规模方面，EU ETS 是全球交易规模最大的碳市场，2011 年的交易量就占到全球交易总量的 76%，市场交易活跃程度也较高；同时，欧盟在 CDM 市场的交易状况也十分突出，2011 年在一级、二级市场的交易量就占全球交易总量的 20%以上；美国 RGGI 是除了 EU ETS 以外目前交易规模相对最大的碳市场；NZ ETS、日本和韩国等其他国际碳市场由于市场规模本身相对较小，交易量相对较低。

在价格形成机制方面，欧盟碳价完全是由市场决定；澳大利亚碳价由最初的政府设定经过三年过渡期后转为市场形成，但政府依然设定了价格上限和下限；美国 RGGI 一级市场以拍卖方式定价，二级市场则通过期货、期权等多种方式来实现价格发现的功能。在碳价水平方面，产品价格与该国的减排成本密切相关，但主要受到配额松紧程度、经济走势和能源商品价格的影响。尽管全球金融危机与欧债危机对欧盟碳价造成了巨大的打击，但 EUA 碳价仍然是全球最高的碳价，即使是在 2011 年平均碳价依然达到了 13 欧元/吨，而美国各碳市场的交易价格则都在 10 美元/吨以下。

在交易品种和方式方面，当前 EU ETS 形成了现货和期货、掉期、远期、期权等比较完善的金融产品体系；美国 RGGI 二级市场包括了现货、期货和期权等交易品种，而 NZ ETS、日本碳市场都是以现货交易为主。

在市场链接方面，欧盟和澳大利亚已确定不晚于 2018 年 7 月 1 日建立双方碳市场完全链接；新西兰与澳大利亚也正在就双方碳市场链接的相关事宜进行协商；美国加利福尼亚州碳市场也和加拿大魁北克省等在 WCI 下进行了双方体系链接的磋商。综上所述，我们可以清晰看出区域型碳市场链接是未来全球碳市场发展的主要方向。

3.9　中国碳市场建立的政策启示

《京都议定书》签订之后，以碳排放权交易为代表的市场手段成为发达国家实现温室气体减排的重要措施。对这种创新的市场手段，各国都经历了漫长的探索

与完善过程，并逐步实现了地区型、国家型和区域型碳市场的实践。各国根据自身国情制定的政策和实施路径对中国碳市场的建立有着重要的借鉴意义。在对国际上众多典型碳市场的发展案例进行分析后，本节针对中国碳市场的建立提出了以下政策建议。

3.9.1 扎实的基础工作与良好的运行环境

实施碳排放权交易的国家和区域的经验表明，碳市场的建立是一个漫长的设计、建设与持续改进过程。EU ETS 建设从 1997 年提出到 2005 年实施第一阶段，经历了八年的准备时间，研究、设计和论证过程耗费了大量的人力、物力、财力，直到 2007 年才建立起较为完备的市场体系。尽管如此，实践证明 EU ETS 的体系设计仍然是不完美的，因此在第三阶段又进行了重大的改革。RGGI 从各州协议达成到碳市场设计讨论和最终的正式启动也历时近六年，表明碳市场的设计和启动是一项复杂的系统工程，需要扎实的基础工作与良好的运行环境，并在实践中不断改进。

由于碳市场具有极强的市场和政策属性，因此碳市场的建立需要强有力的政策、法律、市场和诚信的社会环境作为支撑。构建健全的法制环境与规范完善的市场经济体制对碳市场的环境监管政策来说必不可少。加强非试点地区碳市场能力建设，非试点地区应积极开展碳市场能力建设培训，主要包括完善低碳发展规划、开展碳排放核查并编制地区温室气体清单、培育第三方核查机构团队，以及加快划定纳入碳交易的控排企业名单等，为国家型碳市场启动后顺利推进配额分配、开展碳交易打好基础。同时加强试点与非试点地区碳排放交易合作，缩短双方间在碳市场基础建设与实践经验方面的差距，从而实现国家型碳市场均衡化发展。此外，碳市场的健康运行还需要其他必要保障措施，包括准确设定排放总量控制目标、将控排主体纳入法律管制范围、实施严格的 MRV 制度，在排放权分配上注重效率和公平、加大监管部门与市场参与主体的能力建设培训等。

3.9.2 充分的法律保障与强有力的政府支持

通常情况下，市场经济的良好运转需要强有力的法律法规来保障，因此碳市场运行也需要法律法规的保障，利用法制手段确立碳市场的法律性质与地位是各国启动碳市场的基础工作。利用经济手段控制温室气体排放需要法律保障，法律基础对于碳市场的建设格外重要。碳排放权交易本身是一种强制性的私人契约，“产权 + 市场”是碳排放权交易理论的核心，法律是这种私人契约能够强制执行的根本保障，产权、市场和市场中的交易活动都必须依靠法律的强有力保护才能正常进行。健全的法制将促进碳排放权交易顺利开展，提高主管机构的工作效率。发达国家碳排放权交易的开展都是以立法形式来强制实施，构筑起规范而强有效的法律体系，利用法治化手段来保证碳排放权交易的法律性质是各国碳市场建立的共同特点。在暂时缺乏国家层面碳市场立法的国家，地方政府也会以法规形式来确定地方型碳市场的法律地位。

在 EU ETS 中，欧盟委员会发布了一系列指令来建立并完善碳市场，最初的《指令 2003/87/EC》作为 EU ETS 建立的基础性法律文件，2008 年《指令 2008/101/EC》又将航空业纳入了碳市场覆盖范围之内，2009 年颁布了覆盖第三阶段的《指令 2009/29/EC》。在 NZ ETS 的建立过程中，《2002 年应对气候变化法》的出台为新西兰履行《公约》《京都议定书》中的责任提供了法律支撑。该法案进行了多次修订，进一步明确了碳市场的适用范围。澳大利亚于 2008 年制定的《国家温室气体和能源报告法案》旨在为即将启动的碳市场进行技术准备。美国 RGGI 的法律依据则是美国东北部九个州所签署的谅解备忘录，之后各州根据备忘录制定了各州法律规范以确立碳市场的法律地位。

由于碳市场的多重属性，政府在碳市场建立过程中起着至关重要的作用。碳排放是经济生产的附属品，企业为追求利润是不可能自觉减少碳排放的，因此就需要政府介入来引导企业进行碳减排。首先，政府要积极推广低碳理念，加强碳市场的功能及其影响，研究国际碳金融市场的发展现状及趋势，为我国碳市场发展提供经验；其次，为碳市场建立和发展制定合理的政策框架，协助构建完善的碳市场体系，加强碳市场相关专业人才的培养和储备；最后，制订低碳经济发展规划，鼓励地方建立区域型碳市场等。例如，澳大利亚为保障碳市场机制的顺利实施，除了给予企业一定的免费配额，还引入了一系列的补偿机制以间接补偿企业的相关利益，澳大利亚政府准备将实施碳市场机制所得的全部收入用于支持就业和保护竞争力、进行清洁能源和气候变化项目的投资和资助家庭低碳减排等。

3.9.3 合乎国情的覆盖范围

碳市场减排目标的实现程度取决于现行政策的覆盖行业与企业范围，以及温室气体控排种类。在选择碳市场覆盖范围时通常考虑排放数据的可获得性、将小型排放源纳入碳市场所产生的成本和效益、能源生产领域的减排潜力和政治上的可行性。碳市场覆盖范围的确定不仅要考虑数据基础，还要重点考虑其他产业政策或能源政策的影响，以及覆盖此类行业的成本和效益。例如，理论上覆盖范围广泛的交易体系有助于实现最低减排成本，但 EU ETS 并未将交通行业纳入，主要是考虑到燃料价格小幅上升对顾客消费行为不会产生较大影响，但会对现行燃料税政策产生重要影响。部分国家担心会在上游增加排放成本，同时为避免双重征税的情况只能降低现有的燃油消费税，这样就会破坏现行税制框架。而在税收相对较低的北美洲国家和澳大利亚就不存在这种情况，因此其碳市场就不需要考虑对已有政策的影响。

长期来看，覆盖范围相对较小的碳市场也具有一些明显优势，价格通常是由单一行业的减排潜力决定的。在覆盖范围包括所有经济部门的市场中，一旦电力等减排成本相对低廉的行业减排潜力耗尽，减排成本就会转嫁给高成本行业，这时碳排放权价格将由所在行业中成本最高的技术决定。碳价的上涨也将推动电力价格上涨，最终将由消费者来承担成本压力。因此，在初始阶段重点关注减排潜力大的行业领域较为合理。在有限的行业范围内实施碳排放权交易虽然会损失经济效益，并且需要较高的碳价来保证减排目标实现，但从执行难度和政治因素考虑更可行。另外，虽然覆盖范围较小具备上述诸多优点，但碳市场覆盖范围还是应该随着市场发育成熟而逐步拓展至其他行业范围领域。理论上讲，碳市场覆盖范围越广、纳入温室气体种类越多，整个市场建设将更趋于合理和有效，减排空间的扩大会进一步降低整个社会的整体减排成本，NZ ETS、澳大利亚碳市场、WCI、美国加利福尼亚州碳市场均是按照此理念建立的。

3.9.4 严格的 MRV 制度

碳市场的 MRV 制度是保证控排主体实现减排的重要技术基础，也是不同国家碳市场相互链接的重要依据。碳排放目标实现的可靠性和可信度取决于排放数据的真实性和准确性，因此各国对 MRV 制度实行的技术标准体系规定相当严格，并根据国情的不同而展现出各自的特点。例如，欧盟规定受管制的排放源是排放量测量和报告的主体，排放量的计算遵循物料平衡法，具体参考 IPCC 温室气体清单方法、国际标准化组织（International Standardization for Organization，ISO）的标准和《温室气体排放管理规定》等一系列国际准则；年度排放报告须由取得资质的第三方核查机构进行独立评估，包括对排放源提交的排放报告采用的监测方法、信息、数据和计算过程进行核查，具体核查方法须采用欧洲标准化委员会和国际标准化组织等设定的方法指南。新西兰则要求受管制排放源参照 IPCC 方法自我评估排放量，并且每年年初提交上一年度排放报告，政府通过审计部门核查其完成情况；美国 RGGI 是唯一对排放量直接测量的碳市场，受管制的发电厂都安装了二氧化碳连续在线监测设备，实时提供最准确的排放数据，美国国家环境保护局直接审核数据质量；澳大利亚立法规定所有年排放量超过 2.50 万吨碳排放的单一排放源，超过 12.50 万吨碳排放的企业每年都需要提交排放报告，并通过电子登记系统来提交排放报告，主管部门如果怀疑其报告的真实性，将指定外部审计部门重新进行审计。

3.9.5　不同减排机制的相互组合

碳市场是减缓气候变化政策的核心，但仅依靠碳市场来实现所有行业温室气体的减排并不现实，往往还需要其他额外补充措施以控制未被纳入交易体系的温室气体排放来完善气候政策覆盖范围。为推动温室气体减排，各国采用了不同的政策措施，包括碳排放权交易制度、可再生能源和能源效率认证制度、碳税制度、补贴和排放标准制度等。这些措施可能互补也可能产生矛盾，并且不同时间和地域范围内会产生不同的成本和收益，因此政府在决策时需要考虑市场手段和非市场手段之间的相互作用。

EU ETS 对于未能覆盖的行业部门，如交通、建筑、农业和废弃物等通过“减排责任分担决定”规定了各成员国 2013～2020 年的年度减排目标，并制定相对于 2005 年排放水平减排 10%的目标。责任共担政策作为 EU ETS 减排的补充政策，为欧盟各成员国在 2013～2020 年未纳入 EU ETS 的行业设定了具有约束力的年度排放目标。为此，欧盟成员国在未覆盖行业实施了不同的补充减排措施。

此外，还有其他领域的相关政策可以对碳市场机制进行补充。政府加快低碳能源系统的基础设施建设，如电动汽车充电站或智能电网等；另一类关键政策则是投入研发资金使低碳技术成本逐步降低。

第 4 章　中国七大试点碳市场案例研究

2010 年 7 月，国家发改委发布《关于开展低碳省区和低碳城市试点工作的通知》，要求试点的“五省八市”积极探索有利于节能减排和低碳产业发展的机制建设，研究运用市场机制推动温室气体减排目标的落实；2010 年 10 月，国务院下发了《关于加快培育和发展战略性新兴产业的决定》，提出要建立和完善主要污染物和碳排放交易的制度；2011 年 10 月，国家发改委办公厅下发《关于开展碳排放权交易试点工作的通知》，批准北京、上海、天津、深圳、广东、湖北、重庆两省五市开展碳排放权交易试点。七大试点省市分别在 2013 年 6 月至 2014 年 6 月相继投入运行。截至 2017 年 6 月，中国七大试点碳市场配额发放总量达到 12 亿吨，控排主体约 2000 余家，成为继 EU ETS 之后的全球第二大碳市场。表 4-1 为中国七大试点碳市场的总体减排目标与总量设置。

表 4-1　中国七大试点碳市场总体减排目标与总量设置

试点	减排目标（碳排放强度）	2010 年排放量/千万吨	配额总量/千万吨	启动日期
北京	18%	11.0	5.0	2013 年 11 月 28 日
天津	19%	15.5	16.0	2013 年 12 月 26 日
上海	21%	23.0	16.0	2013 年 11 月 26 日
广东	20%	54.1	38.8	2013 年 12 月 19 日
深圳	21%	8.3	3.3	2013 年 6 月 18 日
湖北	17%	30.6	32.4	2014 年 4 月 2 日
重庆	17%	13.1	12.5	2014 年 6 月 19 日

资料来源：七大试点发展和改革委员会、碳排放权交易所网站

中国碳市场建设与 EU ETS 类似，都是通过分阶段实施来不断完善市场机制建设。从时间进程上看，中国区域碳市场的机制建设分为两大阶段：2013～2017 年七个试点的四年试验期与 2018～2020 年的三年的全国碳市场试运行期。在试验期内，中国七大试点碳市场的中心任务是探索碳市场机制建设，并根据试运行期内的效果对碳市场机制不断完善。通过对各试点省市的温室气体排放总量进行测量，各试点省市根据国家“十二五”规划的减排总目标分解得到各自的减排指标，并

以此作为碳市场总量设置的基本约束条件，依据区域经济发展水平、产业结构特点对市场机制进行特色化设计。

在碳市场制度设计方面，各试点省市在借鉴了国际典型碳市场建立的成功经验后，结合各省市的特殊情况加以应用；在覆盖范围方面，各省市结合自身经济发展水平、行业结构特点确定了不同的行业覆盖范围、排放实体准入门槛；在配额分配上，各试点采用无偿和有偿分配方法相结合的方式，七大试点中的多个省市均尝试性地采用拍卖方式，但仍以无偿分配作为配额发放的主要形式；在灵活履约方面，不同的试点规定了不同的 CCER 使用数量和地区限制。此外，在 MRV、履约管理、配额交易和市场监管等多个方面，各试点碳市场的制度规定也存在一定差异。

由于中国七大试点碳市场在市场机制建设与经济发展环境等方面的不同，七大试点碳市场截止到 2017 年 6 月的成交量、成交额和市场价格方面也存在较大差异。湖北碳市场虽然开市时间较晚，但却是七大试点中成交额与成交量最大的试点碳市场，成交总量达到了 3969 万吨[①]，成交总额为 7.87 亿元，市场均价约在 21.29 元/吨上下波动；深圳碳市场虽然是七大试点碳市场中配额总量相对最小的市场，但却成了交易额仅次于湖北的全国第二大碳市场，成交总量虽然略低于广东碳市场，但也达到了 1847 万吨，成交总额达到了 6.09 亿元，成交均价在 47.67 元/吨上下波动；广东碳市场是中国七大试点碳市场中配额总量最大的试点市场，成交总量略低于湖北碳市场约为 2936 万吨，成交总额为 4.35 亿元，市场成交均价约为 26.25 元/吨；北京碳市场的成交量与成交额虽然在七大试点碳市场中不甚突出，但碳价水平却在七大试点碳市场中最高，试运行阶段的平均碳价水平达到了 49.84 元/吨，远高于其他试点市场，成交总量约为 683 万吨，成交额也达到了 3.44 亿元；上海碳市场成交总量约为 1017 万吨，成交总额为 2.14 亿元，成交均价为 24.65 元/吨。虽然上海碳市场的配额交易市场相对不够突出，但上海碳市场的 CCER 交易总量却在七大试点碳市场中名列前茅。天津与重庆碳市场由于市场环境与机制建设，交易量与交易额在七大试点碳市场中相对较小。其中，天津碳市场成交总量约为 192 万吨，成交总额约为 0.32 亿元，成交均价为 21.82 元/吨；重庆碳市场的成交总量为 499 万吨，成交总额为 0.23 亿元，成交均价在 19.95 元/吨上下波动。

2016 年 12 月 16 日与 12 月 22 日四川碳市场与福建碳市场分别作为中国的第八个和第九个试点碳市场正式成立。其中，四川碳市场的主要职责是进行 CCER 交易，尚未实现总量控制，交易范围包括了风电、水电、光伏、沼气和瓦斯发电等诸多项目；福建碳市场是中国正式启动的第九个总量限制的碳市场，目前共纳

① 该段中的数据为作者根据碳 K 线网站（http://k.tanjiaoyi.com/）提供的相关数据计算而得。

入了石化、建材、钢铁等九大行业，覆盖碳排放总量近 2 亿吨，仅次于广东与湖北碳市场。截止到 2017 年 6 月 30 日，福建碳市场已正式完成一个履约年度的交易。

虽然市场交易状况在一定程度上反映了各试点的运行效果，但并不能绝对代表各试点市场的总体发育状况。无论市场运行状况如何，七大试点碳市场在机制建设、市场运行和制度探索等方面均做了大量探索，无论成功与否，其经验都将为中国建立全国碳市场所借鉴。因此，本章将对深圳、上海、北京、广东、天津、湖北和重庆七大试点碳市场的发展进行案例分析，期望进一步总结出七大试点碳市场的发展特色与问题，从而为全国碳市场的建设提供借鉴。

4.1　深圳碳市场

根据《深圳市 2016 年国民经济和社会发展统计公报》，2016 年深圳市建成区面积为 923.25 平方公里，常住人口为 1190.84 万人。2016 年底，地区生产总值约为 19 492.60 亿元，同比增长 9.0%，人均生产总值 167 411 元，目前已达到发达国家水平。其中，第一产业增加值为 6.29 亿元，同比下降 3.7%；第二产业增加值为 7700.43 亿元，同比增长了 7.0%；第三产业增加值为 11 785.88 亿元，增长幅度达到 10.40%。第一产业增加值占全市生产总值比重不足 0.10%，第二产业和第三产业增加值占全市生产总值的比重分别是 39.5%和 60.5%。高新技术产业、金融业、物流业和文化及相关产业成为深圳的四大支柱产业，约占深圳地区生产总值总量的 60%。在能源消耗方面，深圳终端能源消费总量持续增长，平均增速达 9.83%，但能源结构不断优化，煤炭在深圳一次能源消耗中占比逐年下降，石油、电力、天然气成为深圳能源市场的主要产品。同时，深圳碳排放总量虽然持续增长，但直接排放量增长却相对较小，年均增加 1.26%；间接排放量增加却在 1 倍以上，第三产业排放占比不断上升。同时，虽然第二产业碳排放占比呈现下降趋势，但第二产业仍是深圳碳排放大户，特别是第二产业中的电力生产部门与电子制造业是深圳最主要的排放行业。

基于上述经济发展与产业结构特点，2012 年 10 月，深圳市人民代表大会常务委员会第十八次会议通过了《深圳经济特区碳排放管理若干规定》，标志着深圳以法律的形式确定了碳市场的合法地位；2013 年 6 月 18 日深圳碳市场正式开锣交易，这是中国七大试点省市中第一个投入运行的碳市场。本节从深圳碳市场的市场机制体系设计、市场运行状况和发育特色等三个方面对深圳碳市场进行全面剖析。

4.1.1　深圳碳市场发展状况分析

深圳作为全国经济最发达的城市之一，第三产业占主导地位，碳排放总量在七大试点省市中相对最少，因而深圳碳市场的配额总量仅为 3000 万吨左右，覆盖了全市约 38%的碳排放，这就决定了深圳碳市场需要降低控排主体准入门槛以纳入更多的控排企业。深圳碳市场在三期试运行阶段总体上形成了法律地位稳固、市场化程度较高、市场交易主体多元、交易活跃度高、碳金融创新产品丰富、国际化接轨程度高等一系列特点。

1. 监管机构架构

2014 年 3 月，深圳市政府颁布了《深圳市碳排放权交易管理暂行办法》，该管理暂行办法作为深圳碳市场运行管理的主要政策文件，对深圳碳市场的监管制度体系进行了较为详细的规定，图 4-1 为目前深圳碳市场的整体监管机构架构。在碳市场监管机构架构方面，深圳碳市场建立了三级监管机构体系进行管理：主管副市长从宏观层面主抓碳市场相关事宜；深圳市发展和改革委员会负责统筹协调碳市场的整体工作，同时在深圳市发展和改革委员会层面设立专门的碳排放权交易工作办公室，统一协调处理碳市场相关事宜；深圳排放权交易所作为交易的重要实现场所，其主要任务是对碳市场实际交易过程中的相关行为与主体进行监督。

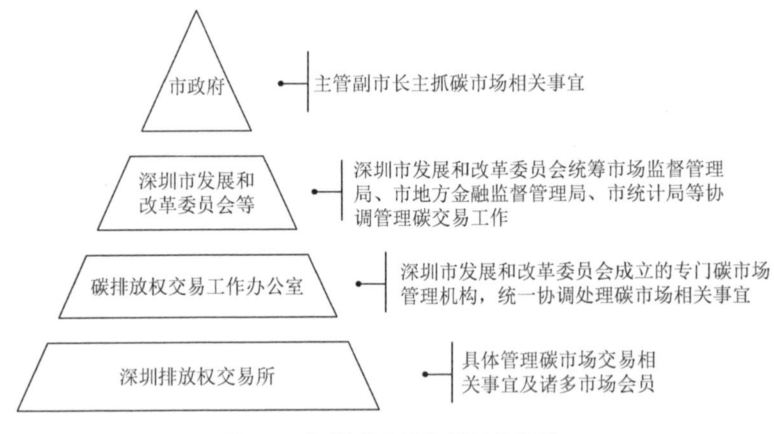

图 4-1　深圳碳市场监管机构架构

2. 配额管理

在配额分配方面，深圳碳市场主要采用了无偿分配的方式，后续阶段将逐步采用有偿分配为主、无偿分配为辅的方式。首个履约期内，无偿分配的配额比例约为 97%，拍卖出售约为 3%；在第二个和第三个履约期内，针对电力行业的无偿配额总量下降到 95%，其他行业的免费分配比例保持不变。在无偿分配方法的选取方面，对于建筑板块，深圳综合考虑建筑节能设计标准，能耗现状水平及未来发展趋势、节能减排成本等因素，采用基准线法确定建筑物排放配额，配额总量＝建筑面积×此类型建筑物能耗限额值；单一产品工业行业也采取基准线法，配额总量＝产量×产品碳排放基准；其他制造业采用竞争性博弈法来进行配额分配。表 4-2 为各行业配额具体分配方法。

表 4-2　深圳碳市场配额分配办法

板块	行业	采用的方法	计算依据
建筑板块	政府、商用、酒店、商场等	基准线法	配额总量= 建筑面积×此类型建筑物能耗限额值
工业板块	单一产品工业行业	基准线法	配额总量＝产量×产品碳排放基准
	制造业	竞争性博弈法	—

资料来源：http://fgw.sz.gov.cn/

配额按照履约期来签发和履约，上一履约期内的配额可结转至后续履约期内使用，后续年度签发的配额不得用来履行前一年度的配额履约义务。

3. MRV 与履约管理

为准确掌握控排企业温室气体排放情况，深圳碳市场建立了企业碳排放量化与报告制度。由于深圳碳市场具有覆盖控排行业广、种类丰富、中小型制造企业数量众多、企业生产波动性大且排放以间接排放为主等一系列特点，深圳碳市场并不要求控排企业编制排放监测计划；对于控排主体的碳排放量化和报告指南，深圳也并未区分行业而是以通则的形式来进行核算。其中，工业板块以国际 ISO 标准为基础，结合深圳的特点以地方标准形式出台了《组织的温室气体排放量化和报告指南》；对于建筑板块，深圳市住房和建设局出台了《建筑物温室气体排放的量化和报告规范及指南（试行）》对民用建筑施工过程中的温室气体排放量化和报告编制进行了规定。深圳规定年碳排放总量达到 1000 吨以上的控排主体，建筑物 1 万平方米以上的大型公共建筑和国家机关办公建筑物需要向深圳市发展和改革委员会报告温室气体排放，与其他试点相比，深圳是温室气体报告门槛最低的试点。在报送方式方面，深圳开发了温室气体排放信息管理系统，实现了电子报送和纸质报送的同步提交。表 4-3 为深圳碳市场控排企业排放信息报送情况。

表 4-3　深圳碳市场控排企业排放信息报送情况

报送内容	报送时间	报送对象
碳排放报告	每季度结束后 10 天提交季度报告；每年 3 月 31 日前提交碳排放年度报告和统计指标报告	深圳市发展和改革委员会
核查报告报送	每年 4 月 30 日和 5 月 10 日前向主管部门上报温室气体核查报告和统计核查报告	深圳市发展和改革委员会

资料来源：http://fgw.sz.gov.cn/

在核算方法方面，深圳主要采用计算的方法来核算企业碳排放量。计算方法包括排放因子法、物料平衡法、模型法、设备特定关联法等四大类。目前深圳碳市场控排企业主要采用排放因子法和物料平衡法来计算企业碳排放。在数据质量控制方面，与部分试点采用不确定性分析的方法不同，深圳采用专家打分的方式来评定数据的准确性，对于不同的活动数据和排放因子来源给出不同打分标准，要求企业每年的数据质量等级评分不能降低。

在履约周期方面，深圳碳市场制定了完整的履约周期以帮助控排主体完成履约。每年第一季度签发当年配额，每年 3 月 31 日前提交碳排放年度报告和统计指标报告，每年 4 月 30 日和 5 月 10 日前向主管部门上报温室气体核查报告和统计核查报告。主管部门在每年 5 月 20 日之前根据控排主体上一年度的实际碳排放数据和统计指标数据对发放的配额进行调整。控排主体于 6 月 30 日前向主管部门提交与上一年度实际排放相当的配额完成履约，主管部门于 7 月 31 日前公布管控单位履约名单及履约状态。控排主体可以使用的碳抵消信用必须是国家发改委签发的 CCER，抵消比例不高于控排主体年度碳排放量的 10%，但控排主体在深圳碳排放量核查边界范围内产生的核证自愿减排量不得用于深圳的配额履约义务。

4.1.2　市场化的配额调整模式与履约管理机制

在配额管理方面，深圳采用了更加灵活的市场化机制以保证配额发放的公平与效率。深圳碳市场的配额管理分为预分配配额、调整分配的配额、新进入者储备配额、拍卖的配额、价格平抑储备配额五类。允许对配额总量进行事后调整是深圳总量设置的一大特色，其目的是在保证经济增长的情况下满足一定的排放量增长需求。当经济发展高于预期水平，实际产量提高导致排放总量快速增长，允许控排主体在事后调整过程中增发配额，增发总量最高可达当年度配额总量的 10%；当经济发展低于预期，导致配额需求减少和市场价格下降，深圳设计了配额价格保护机制来对市场进行支持，通过配额价格保护机制回购的配额数量每年不高于当年度有效配额数量的 10%以保证碳价稳定。市场调节储备配额设置为配额总量的 2%，用于以固定价格出售给控排企业，增加市场供给、抑制价格快速上涨。另外，配额拍卖过程中的流拍配额，以及通过配额价格保护机制回购的配额需要进入市场调整储备。新进入者储备配额设置为配额总量的 2%，主要用于提供给申请建设总投资 2 亿元以上固定资产投资项目的单位，主管部门在投产当年对申请单位进行配额预分配，新进入者储备配额增发不在总量事后调整增发 10%的限制范围内。表 4-4 为深圳碳市场配额总量的分配状况。

表 4-4　深圳碳市场配额总量的分配状况

年度配额种类	配额作用	配额数量
预分配配额	根据控排主体预期碳排放数据发放的配额	不超过当年的配额总量
调整分配的配额	根据实际碳排放数据确定实际签发配额后，对照与配额需要调整的配额	追加数量不超过扣减数量
新进入者储备配额	预计年碳排放量 3000 吨以上的新建项目的配额	年度配额的 2%
拍卖的配额	采用拍卖方式发放的配额	年度配额的 3%
价格平抑储备配额	主管部门预留配额；新进入者储备配额； 主管部门回购配额	预留：年度配额 2%；回购：年度有效配额 10%

资料来源：http://www.cerx.cn/

为确保相关报送数据的准确性，深圳建立了温室气体数据核查制度，由第三方核查机构对企业报送的相关数据进行核查以确保数据的准确性和科学性。深圳碳市场根据碳排放报告和统计指标报告，对核查单位、提交核查报告日期、提交单位分别进行了规定。与其他试点地区采用政府为企业指派核查机构的方式不同的是，深圳碳市场中第三方核查的分配更加市场化，直接采用了企业自主选择经政府备案的核查机构模式以取代传统的政府直接指派模式，核查费用从数千元到几万元不等。这是深圳碳市场在 MRV 制度建设方面最大的特色。

为保证控排主体按时履约，深圳对于积极完成履约工作的控排主体在申报节能减排资助项目和金融机构的绿色信贷及其他融资服务方面给予政策性支持；对未完成履约的控排主体，深圳采用信用报告、财政限制、绩效考评、法律追责等方式对其进行惩罚，同时，对未能提交足额配额或者核证减排量来完成履约的企业，将从下一年度配额中直接扣除不足部分，并处罚超额排放量乘以当月之前连续六个月碳均价三倍的罚款。

4.1.3　不受最小配额总量约束的交易规模

深圳碳市场配额总量的设定是根据深圳市 2010 年的排放情况，并考虑深圳“十二五”规划单位国内生产总值碳排放下降 21%目标，结合企业预期产出来确定的配额总量。由于政策透明性较低，深圳碳市场的配额总量目前尚未向全社会公布，但根据相关数据计算，深圳碳市场的配额总量约为 3000 万吨，覆盖了深圳温室气体排放总量的 38%左右，在七大试点碳市场中的配额总量设置与温室气体覆盖比例相对最低，一定程度上制约了深圳碳市场规模扩张。

图 4-2 为深圳碳市场自 2013 年 6 月 18 日开市至 2018 年 12 月 31 日的交易状况。深圳碳市场在第一个履约期的初始价格为 30 元/吨，在经历了长时间的无交易状态后，碳价节节攀升，最高时曾达到了 130.9 元/吨，之后碳价又逐步下降，

因而第一个履约期内的碳价波动幅度较大；从交易量来看，深圳碳市场的交易集中情况较为明显，非履约期内的市场交易总量极低，但临近履约期内的交易量暴增，这一现象在之后几个履约期虽然有所缓解但依然十分严重。这表明当前深圳碳市场仍是一个由制度推动交易的政策性市场。第二个至第三个履约期间的碳价水平基本稳定在 30～40 元/吨，交易价格波动幅度极小且非履约期间交易量也有所上升，这表明市场资源配置调动的交易正在逐步增长，但其作用仍不明显。

图 4-2　深圳碳市场交易状况

资料来源：根据 http://k.tanjiaoyi.com/相关数据绘制

总体来看，深圳碳市场的配额总量设置虽然在七大试点碳市场中相对最小，但深圳碳市场奇迹般地成了七大试点碳市场中成交总额最大的试点之一。在交易规模方面，2014 年 6 月 27 日深圳碳市场累计成交额达 1.04 亿元，成为全国首个总成交额突破亿元大关的碳市场；截至 2017 年 6 月底，深圳碳市场成交笔数达到了 7831 笔，成交总量达到了 1847 万吨，成交额达到 6.09 亿元，是七大试点市场中交易量与交易额最大的试点碳市场之一。

4.1.4　积极对外合作与繁荣的衍生市场

在国际合作方面，深圳碳市场是七大试点中第一个实现跨国交易的碳市场。2014 年 8 月国家外汇管理局批准深圳成为国内首个允许境外投资者参与交易的试点，并且国外投资主体参与交易不受额度与币种的限制。2016 年 6 月，深圳妈湾电力有限公司与境外投资者英国石油公司签署了 400 万吨的跨境碳资产回购交易业务，这是目前国内最大的一笔跨国交易。在区域合作方面，由于全国碳市场开市在即，各试点市场也积极与其他非试点省区市展开合作。2016 年 6 月 17 日，深圳与包头碳市场链接合作正式启动，深圳碳市场纳入了包头重点控排企业50家。同时，深圳碳市场也在迅速推进与相关省区的能力建设合作，充分收集非试点省区市碳市场建设中的困难与急需解决的问题，并根据合作省区市的实际需求组织专家有针对性地设计培训课程。截至2017年6月，深圳排放权交易所已为河南、陕西、甘肃、广西、新疆等多个省区市发展和改革委员会提供了能力建设培训。

同时，随着市场发育的不断成熟，当前深圳碳市场已经形成了较为完善的低碳服务和金融产业链条，包括核查机构、碳期货公司、碳资产管理公司、碳保险、碳基金、银行等各方利益相关主体的参与。其中，深圳碳市场通过市场化的原则吸引了大量核查机构入驻深圳碳市场，21家核查机构的数量也使深圳碳市场总量一度位居七大试点市场第一；由于碳金融产业链完整，深圳碳市场也是当前开发碳金融产品与碳基金数量最多的试点市场。目前，深圳碳市场的两只碳基金都是由深圳嘉碳资本管理有限公司发行，分别为“嘉碳开元投资基金”（基金规模4000万元）、“嘉碳开元平衡基金”（基金规模1000万元），这为深圳控排企业的减排资金来源提供了极大保障。而碳金融衍生产品的开发主要是以融资类产品为主，如跨境人民币融资、碳资产抵押融资、未来收益权挂牌融资、挂钩碳资产的结构性融资、私募股权融资等。表4-5为深圳碳市场已开发的部分碳金融产品。

表4-5　深圳碳市场碳金融产品

碳金融产品	合作机构	时间	规模
碳债券	中广核风力发电有限公司、上海浦东发展银行、国家开发银行	2014年5月	10亿元
碳资产质押融资	深圳市富能新能源科技有限公司	2015年11月	约4万吨
境内外碳资产回购式融资	新加坡联合环境技术有限公司	2014年9月	1万吨
碳基金	深圳嘉碳资本管理有限公司	2014年10月	嘉碳开元投资基金4000万元；嘉碳开元平衡基金1000万元
碳配额托管	超越东创碳资产管理（深圳）有限公司、深圳市芭田生态工程股份有限公司	2015年1月	—
绿色结构性存款	兴业银行股份有限公司深圳分行、惠科电子（深圳）有限公司	2014年12月	约20万元
跨境碳资产回购	深圳妈湾电力有限公司、英国石油公司	2014年4月	400万吨

资料来源：http://www.cerx.cn/.

4.1.5　全方位发展的交易平台

深圳碳市场的实际交易场所是深圳排放权交易所。深圳排放权交易所成立于2010年9月30日，注册资本为3亿元，是七大试点交易所中唯一从联合产权交易所中独立出去、自负盈亏的交易平台。作为一家全资类型的企业，2017 年深圳排放权交易所的九名股东分别为深圳市远致投资有限公司（最大的股东）、中广核风电力有限公司、深圳能源集团股份有限公司、深圳市盐田港集团有限公司、深圳国家高技术产业创新中心、大唐华银电力股份有限公司、普天新能源有限责任公司、深圳联合产权交易所和深圳市特区建设发展集团有限公司。与股东多为能源类利益相关主体机构的交易平台不同的是，深圳排放权交易所的股东以投资机构为主，深圳排放权交易所的业务主管部门为深圳市发展和改革委员会，业务监管部门为深圳市地方金融监督管理局、中国银行保险监督管理委员会深圳监管局等。目前，深圳排放权交易所已经是国内同类交易所中注册资本金额最大的交易平台，同时也是唯一一个全方位以碳排放权作为主营业务的交易平台。2012 年深圳排放权交易所顺利通过国家交易所清理整顿验收，同年获得国家发改委自愿减排交易机构资格。

2016 年，深圳排放权交易所有 1974 户会员，会员数量位居七大试点数量之最。其中，控排企业会员 635 户（在北京碳市场未执行 2016 年新准入门槛之前，深圳碳市场的控排企业数量位居七大试点之最）。深圳排放权交易所采用会员制的管理方式，主要分为交易类会员和服务类会员，交易类会员实质是在交易所内从事各类排放权产品交易和投资的机构或自然人；服务类会员即为排放权交易市场提供专业服务的机构。深圳排放权交易所的会员遍布全国的 16 个省区市并辐射中国香港、中国台湾等地区和新加坡、法国、德国等海外地区，海外会员以个人和投资企业为主。在金融机构合作方面，深圳排放权交易所在七家交易平台中拥有的结算银行数量最多，分别是中国银行、中国建设银行、中国工商银行、兴业银行、上海浦东发展银行、广东南粤银行，这为全国各地交易主体开户与交易结算提供了极大便利，但同时也为深圳排放权交易所的每日结算带来了极大工作量。

在交易产品方面，深圳排放权交易所推出的交易产品以配额现货与 CCER 现货为主。由于国务院办公厅发布的《关于清理整顿各类交易场所的实施意见》和国务院发布的《国务院关于清理整顿各类交易场所切实防范金融风险的决定》的限制，包括深圳排放权交易所在内的七大试点交易平台均不得推出期货类金融产品。在现货产品方面，配额现货又分为 SZA-2013、SZA-2014、SZA-2015、SZA-2016、SZA-2017 等多类产品。据深圳排放权交易所介绍，这五种产品在交易中除可存不可贷这一区别外，在实际交易层面并无真正意义上区别，设立这五种产品的目的主要在于提高交易活跃度从而提升整个市场的活力。在交易结算模式方面，同样受上述两个文件的影响，各类试点交易平台也不得推出风险较高的连续性交易方式，但深圳排放权交易所仍推出了较为高效的“$T+1$”（T 代表某参考交易日，“+1”代表该交易需在 1 个交易日后得到确认，下同）结算模式，即买入的碳排放权当日结算并进行权属变更，下一个交易日划入账户，这对整个市场交易流动性的提高起到了极大作用。

2016 年 3 月 19 日“全国碳市场能力建设深圳中心”揭牌，深圳排放权交易所成为首个全国碳市场能力建设中心，为非碳交易试点省区市提供了充分的智力支撑和实操技能培训，全力协助国家发改委建设全国碳市场。

4.1.6 减排潜力约束

深圳碳市场在发展过程中实施了许多大胆的创新制度，同时也遇到了其自身所特有的问题，即市场规模极大地制约了碳市场的总体发展。这也是深圳碳市场积极开展对外合作的重要原因之一。除此之外，在 MRV 设计方面，深圳碳市场只公布了 MRV 总则和建筑物报告指南，对 MRV 进行了原则和方向性的指导，缺少技术层面和具体操作层面的明确规定；与此同时，坚持使用市场化手段引导第三方核查机构发展，除了让企业自主选择核查机构，以市场议价的方式确定核查机构的核查费用在一定程度上也可能增加控排企业的履约成本。

在市场运行方面，深圳碳市场因为市场化的操作引入了大量的个人投资主体，因此目前交易量大都是由个人参与主体所推动，而控排企业因对碳市场制度不确定而抱以观望的态度，导致碳价在市场建设初期大幅波动；虽然个人投资者对深圳碳市场抱有极大兴趣，但由于受到交易总量、交易规则和交易品种的约束，大型投资机构对深圳碳市场并未表现出足够的兴趣，这既影响了投资主体对碳市场融资功能的发现，又在一定程度上限制了深圳碳市场的活跃度。

4.2 上海碳市场

根据《2016 年上海市国民经济和社会发展统计公报》，2016 年上海市地区生产总值约为 27 466.15 亿元，人均生产总值约为 11.36 万元，第三产业比重 70.50%，略低于北京第三产业 80.30%的比例。上海市能源消费总量一直保持着快速增长态势，年均增速约为 5.60%，单位能耗不断下降。一次能源消费中，煤炭占比下降至 49.90%，天然气消费占比上升至 6.30%，可再生能源占比达到 6%。

2012 年 7 月 3 日，上海市政府发布了《关于本市开展碳排放权交易试点工作的实施意见》，对上海开展碳交易提出了具体实施意见，构成了整个市场建立的法律基础；2013 年 11 月 18 日，上海市人民政府令第 10 号公布了《上海市碳排放管理试行办法》，对上海碳市场从制度层面进行了规定；2013 年 11 月 26 日上海碳市场正式启动，这是继深圳碳市场后第二个正式启动的试点市场。本节从发展现状与市场发育特点等方面对上海碳市场的发展案例进行了分析。

4.2.1　上海碳市场发展状况分析

上海碳市场覆盖了全市 50%的碳排放，除纳入重工业行业外还创新性地纳入了航空业与水运行业。上海碳市场作为全国唯一将三年配额一次性免费发放的试点市场，同时也是唯一三个履约期履约率均达到 100%的试点市场。在三个履约期的试运行过程中已形成了履约率高、全国 CCER 交易中心功能凸显、碳市场产业集群效应突出等一系列特点。

1. 监管机构框架

《上海市碳排放管理试行办法》对上海碳市场从规章制度层面进行了详细规定，特别是对上海碳市场的监管机构框架进行了详细规定。在碳市场监管机构框架方面，由市碳排放交易试点工作领导小组负责试点工作总体的指导和协调，领导小组办公室设在上海市发展和改革委员会；上海市发展和改革委员会作为碳市场的主管部门，对碳市场实际运行中的各种细则层面的问题进行监管；碳排放交易专家委员会则是为碳市场的制度设计与实施进行监督与建议，成员为上海市及国内其他城市低碳和应对气候变化等领域及相关行业的专家；上海环境能源交易所作为碳市场的实际交易平台，主要是对各方主体的交易行为进行监管。图 4-3 为上海碳市场的监管机构框架。

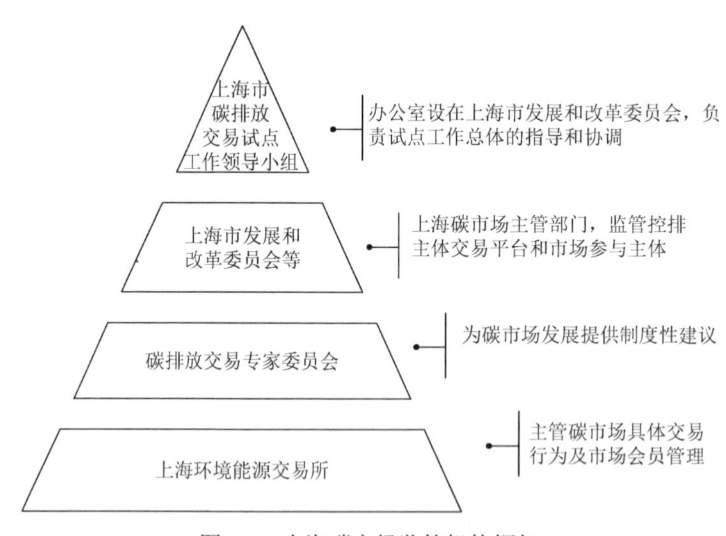

图 4-3　上海碳市场监管机构框架

2. MRV 与履约管理制度

在 MRV 制度方面，2012 年 12 月上海碳市场制定并正式发布了《上海市温室气体排放核算与报告指南（试行）》和钢铁、电力、热力、化工等九个行业的具体碳排放核算方法，形成了体系化的核算方法与报告制度。温室气体核算可采用基于计算的方法和基于测量的方法等两大类，由于获取活动数据和相关参数存在不确定性，因此如果采用测量方法则需要基于计算的方法进行验证。试点阶段，钢铁和化工行业主要使用物料平衡法计算其碳排放量，其他行业主要使用排放因子法。控排企业根据相关规定实行碳排放报告制度，并于每年3月31日前以书面形式向上海市发展和改革委员会提交年度排放报告，并对所报数据和信息的真实性、完整性负责。此外，年碳排放量在1万吨以上但尚未纳入配额管理的报告企业也应该于每年3月31日前向上海市发展和改革委员会报告上一年度的碳排放信息。报告内容除排放主体的基本信息、排放边界、相关工业流程和监测情况外，主要内容是温室气体排放量的核算。第三方核查机构会对控排企业提交给上海市发展和改革委员会的核查报告进行核查认证。第三方核查机构于每年4月30日之前向上海市发展和改革委员会提交核查报告，根据第三方核查机构出具的核查报告并结合控排企业提交的年度排放报告，上海市发展和改革委员会审定控排企业年度排放量，并将审定结果通知控排主体。

在履约周期方面，上海市发展和改革委员会在收到第三方的核查报告之日起30日内审定企业的年度碳排放量并通知企业审定结果，每年6月1日至6月30日控排企业需要上缴足额配额来完成履约。试点期间，控排企业的配额不可预借但可跨年度储存使用。关停和迁出的企业不能立刻解除清缴义务，需要向上海市发展和改革委员会提交当年度碳排放报告，并由第三方核查机构完成核查，最后由上海市发展和改革委员会审定结论完成配额清缴，企业无偿获得的年度配额的50%将被收回。在灵活履约机制方面，控排企业可以使用CCER作为履约义务的补充，前两个履约年度CCER的抵消比例最高不超过该年度企业通过分配获得的配额量的5%，第三个履约年度抵消比例降至不得高于年度核发碳排放配额的1%，但就CCER交易的时间、地区来源等方面，上海碳市场的限制相对较少。积极完成履约的控排企业将享受上海市节能减排相关政策扶持，纳入配额管理的单位还可以享受国家节能减排相关扶持政策，优先申报预算内投资的资金支持项目；对于未完成履约义务的控排企业，除了责令其履行清缴义务，还将处以5万元以上10万元以下的罚款，并将其违法行为记入信用信息记录，取消其享受当年度及下一年度上海市节能减排专项资金支持政策的资格。

4.2.2 循序渐进的市场覆盖范围

上海碳市场配额总量是根据国家控制温室气体排放的约束性指标，并结合上海经济增长目标和控制能源消费总量的目标确定的。上海碳市场共纳入了17个行业共 191 家企业，覆盖上海温室气体排放总量的 50%。纳入工业企业包括钢铁、石化、化工、有色、电力、建材、纺织、造纸、橡胶、化纤等行业年排放 2 万吨以上的企业；非工业企业包括航空、港口、机场、铁路、商业、宾馆、金融等行业年排放在 1 万吨以上的重点企业。试点运行阶段的温室气体控排主要以二氧化碳排放为主。

上海碳市场 2016 年重点用能（排放）单位纳入配额管理标准为：工业领域中年综合能源消费量 1 万吨标准煤以上（或年二氧化碳排放量 2 万吨以上），以及参加 2013～2015 年碳排放交易且年综合能源消费量在 5000 吨标准煤以上的（或年二氧化碳排放量在 2 万吨以上的）重点用能（排放）单位；交通领域中航空、港口行业年综合能源消费量在 5000 吨标准煤以上（或年二氧化碳排放量在 1 万吨以上），以及水运行业年综合能源消费量在 5 万吨标准煤以上的（或年二氧化碳排放量在 10 万吨以上的）重点用能（排放）单位；建筑领域（含酒店、商业）年综合能源消费量在 5000 吨标准煤以上（或年二氧化碳排放量在 2 吨以上）且已参加 2013～2015 年碳排放交易试点的重点用能（排放）单位。相较于初始运行阶段，上海碳市场在 2016 年中将航空业与水运行业也纳入了控排范围，对未来全国碳市场纳入航空业和水运行业将起到一定的经验借鉴作用。

在市场参与主体方面，2015 年上海碳市场新开户 67 家参与主体，开户数相较于 2014 年增加 37.20%。参与交易的账户数从 2014 年的 93 个增加到 2015 年的 112 个，主要增长来自机构投资者与 CCER 项目；2014 年参与交易的控排企业数量 87 家，机构投资者 6 家；2015 年有 72 家控排企业参与交易，26 家机构投资者参与交易，14 家 CCER 项目业主。目前，上海碳市场尚不允许个人投资者参与交易，这是上海碳市场在市场参与主体方面相较于其他试点最大的区别。2016 年，上海碳市场将水运行业纳入控排体系后，控排企业数量上升到 368 家，相较于上一履约期新增 178 家企业，其中水运行业 15 家。

4.2.3　配额发放频率创新

上海碳市场的配额分配是基于 2009～2011 年控排企业碳排放水平，兼顾行业发展阶段性，适度考虑合理经济增长和企业先期节能减排行动，按各行业配额分配方法一次性分配控排企业 2013～2015 履约年度的配额，但控排主体仍然只能使用当年度的配额，不可跨期使用下一履约年度的配额。虽然这并不会对控排主体的配额总量与使用造成实质性的影响，但由于控排主体对于未来的配额总量已经有了一定掌握，可以更好地根据生产情况进行碳资产管理。

同时，上海碳市场的配额初始分配全部免费发放，通过配额登记注册系统向控排企业分发配额，将在适当时候推行拍卖等有偿配额分配方式，但目前官方尚未公布具体时间。根据控排企业类型的不同分别采用历史法与基准线法来确定控排企业的年度排放配额，对采用历史法分发配额的企业一次性向其发放 2013～2015 履约年度的配额，对于采用基准线法分发配额的企业根据其各年度排放基准按照其正常运行年份平均业务量确定并发放其 2013～2015 履约年度的配额。每年 6 月 30 日前，上海市发展和改革委员会都将根据企业上年度的实际业务量对其预发配额进行调整，预发配额和调整后的配额差额部分将予以收回或补足。

采用历史法分发配额的行业主要包括工业（电力除外）、商场、宾馆、商务办公等建筑，配额确定主要考虑了历史排放基数、前期减排配额和新增项目配额等。其中，工业行业包括钢铁、石化、化工、有色、建材、纺织、造纸、橡胶、化纤等是在综合考虑企业的历史排放数据、前期减排行动和新增项目因素后确定年度配额；非工业行业包括商场、宾馆、商务办公建筑及铁路站点的年度排放配额则是考虑了企业的历史排放数据、前期减排行动等因素。历史排放基数是按照控排企业 2009～2011 年排放边界和碳排放量确定的。

采用基准线法分发配额的行业包括电力、航空、港口、机场等，基准线法主要考虑控排企业的碳排放基准和年度实际业务量。在配额确定过程中，除了排放基准和年度业务量，电力行业还需要电力符合率修正系数，航空、机场行业的配额中还需要包括前期减排配额。除港口业外，其他采用基准线法分发配额的企业以 2009～2011 年的平均排放强度为标准，港口业年度单位吞吐量排放基准是以 2012 年排放数据为基础。表 4-6 为上海碳市场不同行业的配额分发方案。

表 4-6　上海碳市场配额分配方案

行业	分配计算方法
工业（电力除外）	企业排放配额＝历史排放基数＋新增项目配额＋先期减排配额
宾馆、商场、商务办公及铁路站点	企业排放配额＝历史排放基数＋先期减排配额
电力	配额总量＝年度单位综合发电量碳排放基准×年度综合发电量×负荷率修正系数 年度综合发电量＝实际发电量＋供热折算发电量 供热折算发电量＝年度供热量/热电折算系数
航空、机场	企业排放配额＝年度单位业务量碳排放基准（年度实际业务量＋先期减排配额）
港口	企业排放配额＝年度单位吞吐量碳排放基准（年度吞吐量＋先期减排配额）

资料来源：http://shanghai.tanjiaoyi.com/.

4.2.4　交易平台各项机制创新

上海环境能源交易所是全国首家股份制环境交易所，其股东包括中国清洁发展机制基金管理中心、上海联合产权交易所有限公司、中国宝武钢铁集团有限公司、申能集团有限公司、上海联和投资有限公司、国网英大国际控股集团有限公司、中国石化集团资产经营管理有限公司、华能碳资产经营有限公司、上海市节能减排中心有限公司、国网上海市电力公司、南南全球技术产权交易所等。股东分布与能源行业最为密切，注册资本总量为 3 亿元人民币，业务覆盖范围包括碳交易、CCER 交易、碳排放远期产品交易、排污权交易、碳金融和碳咨询服务等。碳交易业务的主管部门为上海市发展和改革委员会。由于香港金融产业发达有利于碳金融创新，2013 年上海环境能源交易所授权宝碳资产管理有限公司成立了上海环境能源交易所香港分所。目前，上海环境能源交易所设有交易所办公室、综合管理中心、财务部、结算中心、法律监督部、网络信息部、研究与发展中心、交易部、会员部、国际合作部、市场服务部、创新业务一部、创新业务二部、创新业务三部等 14 个部门。

上海环境能源交易所的交易方式主要包括公开竞价、协议转让，以及符合国家和上海市规定的其他方式，主要采用了协议转让和挂牌交易等两种交易方式。协议转让是指交易双方通过上海环境能源交易所电子交易系统进行报价、询价达成一致意见并确认成交。当单笔交易超过 10 万吨时应通过协议转让完成，协议转让的成交价需在当日收盘价的 30%上下协商确定。

在交易机制方面，上海环境能源交易所也进行了大胆的创新。例如，上海环境能源交易所推出了交易服务商的合作模式。交易服务商可根据上海环境能源交易所的业务范围，拓展有意愿参与配额和 CCER 交易的投资者，并通过履行交易义务获得服务费。目前，上海宝碳新能源环保科技有限公司、环保桥（上海）环境技术有限公司、北京碳诺科技有限公司、上海宇博投资咨询有限公司、绿信碳资产管理（上海）有限公司、上海本颐投资有限公司等六家企业已成为上海环境能源交易所的交易服务商。同时，上海环境能源交易所在 CCER 质押融资机制方面也进行了创新，控排企业将 CCER 在上海环境能源交易所质押登记并从金融机构获得贷款，这可以帮助企业盘活存量碳资产、拓宽企业融资渠道。2015 年上海浦东发展银行和上海置信碳资产管理有限公司完成第一笔业务。上海环境能源交易所还推出了预借碳交易机制，符合条件的配额借入方存入一定比例的初始保证金后，向符合条件的配额借出方借入配额并在上海环境能源交易所进行交易，待双方约定的借碳期限届满，由借入方向借出方返还配额并支付约定收益。

2015 年壳牌能源（中国）有限公司、碧辟（中国）投资有限公司等国际碳排放权交易商在上海开户，睿也德资讯（上海）有限公司、上海碳道信息科技有限公司等中介服务机构也进入了上海碳市场，这对上海碳市场金融产品创新起到了极大的推动作用。表 4-7 为上海环境能源交易所参与促成的碳金融产品。

表 4-7　上海碳市场碳金融产品

碳金融产品	合作机构	时间	规模
碳基金	上海海通证券资产管理有限公司、海通新能源私募股权投资管理有限公司、上海宝碳新能源环保科技有限公司	2015 年 1 月	2 亿元（国内最大规模的中国核证自愿减排碳基金）
CCER 质押贷款	上海宝碳新能源环保科技有限公司、上海银行	2014 年 12 月	500 万元
	上海浦东发展银行与上海置信碳资产管理有限公司签署了 CCER 质押融资贷款协议	2015 年 5 月	—
碳排放信托	中建投信托股份有限公司、招银国际金融有限公司、北京卡本能源咨询有限公司	2015 年 4 月	5000 万元
借碳交易	申能集团账务有限公司和上海外高桥第三发电有限责任公司、上海外高桥第二发电有限责任公司、上海吴泾第二发电有限责任公司、上海申能临港燃机发电有限公司分别作为借碳双方签署借碳合同	2015 年 8 月	—
	中碳未来（北京）资产管理有限公司和上海吴泾发电有限责任公司	2016 年 1 月	200 万吨
	国泰君安证券股份有限公司与上海吴泾发电有限责任公司	2016 年 2 月	—
碳配额卖出回购	兴业银行、春秋航空股份有限公司、上海置信碳资产管理有限公司	2016 年 3 月	50 万吨

资料来源：http://shanghai.tanjiaoyi.com/.

2017 年 1 月，上海碳配额远期交易中央对手清算业务正式上线。中国人民银行领导潘功胜，上海市委常委、副市长周波出席了碳配额远期交易中央对手清算业务上线仪式。上海碳配额远期是指以上海碳排放配额为标的、以人民币计价和交易、在约定的未来某一日期清算、结算的远期协议。上海环境能源交易所为上海碳配额远期交易提供交易平台，银行间市场清算所为上海碳配额远期交易提供中央对手清算服务。上海碳配额远期交易中央对手清算业务上线填补了中国绿色金融市场的空白。从环保角度来说，该业务的研发和推出是积极落实国家关于发展低碳经济、推动节能减排战略目标的重要举措，能够逐步影响和形成环境成本定价，助力实现中国的国际减排承诺，引导实体经济开展节能减排、绿色生态等高新技术的研发和应用；从创新角度来说，现阶段中国碳市场以现货交易为主，缺乏风险对冲和套期保值工具，价格发现功能未能充分发挥，该业务进一步发挥了市场机制对环境容量资源的优化配置作用，充分满足实体经济多样化需求，促进上海碳配额现货及衍生品市场的共同发展；从实用角度来说，推动建立碳市场统一的清算体制能够从制度上保障市场发展的规范性。

除了上述作用，上海环境能源交易所位于上海花园坊节能环保产业园，有着极为便利的产业集聚优势。上海置信碳资产管理有限公司、上海益清环境技术有限公司、绿信碳资产管理（上海）有限公司、上海宝碳新能源环保科技有限公司等众多的碳管理咨询公司和相关金融服务公司以上海环境能源交易所为依托，办公区均集中于上海节能科技展示园。目前，上海碳市场低碳产业群已逐渐形成，为促进上海碳市场的发展提供了极大的便利。

4.2.5　CCER 交易中心与连续多年圆满履约

上海碳市场一次性将三个履约年度的配额总量发放给控排企业，虽然在一定程度上有助于控排企业的碳资产管理，但由于试运行阶段的配额发放都相对宽松，在一定程度上也造成上海碳市场的二级市场交易较为惨淡。同时，虽然上海碳市场针对 CCER 抵消比例设置较低，但其针对 CCER 抵消来源限制相较于其他试点较少，在一定程度上刺激了上海碳市场的 CCER 交易，进一步加剧了上海碳市场二级市场交易的惨淡情况。

图 4-4 为上海碳市场自 2013 年 12 月 19 日开市至 2018 年 12 月 31 日的交易状况。上海碳市场第一个履约期配额成交总量约为 123 万吨，成交金额约为 4861 万元，平均碳价为 37 元/吨，拍卖量 7220 吨，拍卖金额约 34.66 万元；第二个履约期配额成交总量约为 200 万吨，成交金额为 5348 万元，平均碳价为 33 元/吨，较第一期交易量和交易额都有所上升，价格略有下降。CCER 交易量约为 201 万吨，交易金额超过 2.78 亿元，是七大试点中 CCER 交易量和交易额最高的市场；第三个履约期配额成交总量约为 423 万吨，成交金额为 2632 万元，平均碳价为 10 元/吨，较前两期交易量成倍上升，但由于碳价大幅下跌交易额也大幅下跌。CCER 交易量约为 3288.30 万吨，仍高居七大试点首位。三期运行中，上海碳市场是七大试点中 CCER 交易量最大的试点市场，全国 CCER 交易中心功能逐渐凸显。上海碳市场自 2013 年 12 月 19 日开市以来碳价整体波动幅度较大，呈现大起大落态势。

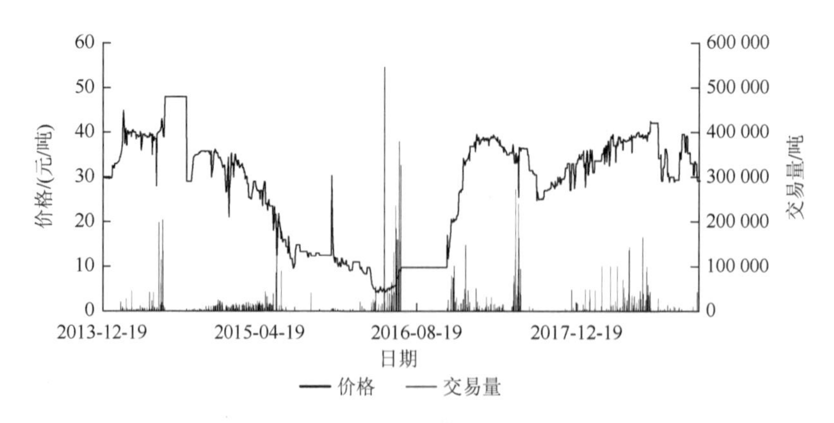

图 4-4　上海碳市场交易状况

资料来源：根据 http://k.tanjiaoyi.com/相关数据绘制

上海碳价在经历了市场建设初期的短暂稳定之后在第一个履约期末呈现大幅下降趋势，碳价水平一度在 10 元/吨之下且长期保持低位运行。但在第三个履约期运行结束之后，上海碳价又呈现上升态势，在短时间内飙升至 30 元/吨价格水平且之后价格长期保持在这一水平，这与上海碳市场推出了远期交易产品有着较大关联。同时，从交易量的角度来看，上海碳市场的配额总量设置在七大试点碳市场处于中等水平，但交易总量却相对较低，市场不但长期出现交易中断现象且交易长期集中于履约期前后。同时，由于排放量占比较高的电力和工业行业是最主要的交易者，电力、热力生产和供应占据了控排企业交易总量的 50%以上。这表明上海碳市场的交易集中不但表现在交易时间层面，还表现在交易对象层面。

截至 2017 年 6 月底，上海碳市场所有品种累计成交量约 6800 万吨，累计成交金额达到 5.56 亿元。其中，配额累计成交量 1017 万吨，成交金额达到 2.14 亿元。在 CCER 交易方面，上海碳市场 CCER 交易量从 2014 年的 197.30 万吨增至 2837.10 万吨，约占全国总量的 41.90%，在七大试点碳市场中位居首位。因为上海碳市场对 CCER 抵消限制条件相对较少，吸引大量 CCER 入市，控排企业对使用 CCER 抵消的接受程度较高，交易量和抵消量在全国都处于领先地位，但也导致上海碳市场出现了 CCER 价格高于配额价格的现象，而上海碳市场 CCER 价格高于配额价格的根本原因是全国碳市场未来政策的不确定性。一方面，未来全国碳市场建立后地方配额如何与全国配额进行兑换及兑换比例不明确；另一方面，地方市场配额的流动性相对于 CCER 而言较差，CCER 在未来全国碳市场的发展前景比较稳定。最终导致上海碳市场的 CCER 交易价格高于配额价格。

上海碳市场第一个履约期共 115 个有效交易日，无交易日仅 13 天，有效交易日比例高达 89.84%，但交易量集中度与交易额集中度分别为 84.34%和 84.56%，交易集中于履约期前几个月，履约率达到了 100%；第二个履约期共 179 个有效交易日，无交易日大幅上升到 67 天，但交易量集中度与交易额集中度大幅下降仅为 51.09%与 45.24%，第二个履约期的交易集中度在七大试点市场中相对最低，履约率仍为 100%；到第三个履约期，上海碳市场共有 117 个有效交易日，无交易日期数量达到了 128 天，市场交易活跃度进一步下降，交易量与交易额集中度又大幅度飙升至 89.43%与 87.50%，但履约率仍为 100%。因此，上海碳市场也就成了七大试点碳市场唯一三个履约年度市场履约率均达到 100%的试点。

上海碳市场三个履约年度的市场履约率均达到 100%，这在一定程度上与上海环境能源交易所大量的市场培养工作有关。同时，上海碳市场主管部门对上海碳市场的行政干预很少，只有在第一个履约期有一次 7220 吨配额的有偿发放行为，此后再没有其他市场行政干预的相关行为，在一定程度上有助于上海碳市场的市场化建设。同时，上海碳市场相关咨询衍生产业的发展在七大试点中也是相对较快的，目前上海碳市场已有几十家碳管理咨询公司和相当数量的券商，各类会员数量约 400 多家。

4.2.6　节能减排与碳市场发展的矛盾

上海碳市场在实际发展过程中也存在许多问题，减排目标和节能目标的不挂钩是当前碳市场发展所面临的最大问题。相对于碳市场交易，大部分控排企业更愿意完成国家节能减排目标以寻求更高的补贴，而对于碳交易工作的积极性并不高。相对于已经开展多年并拥有大量资金扶持的国家节能补贴政策，碳市场发展尚处于探索和学习阶段，许多新进入企业无法确定节能目标与减排目标之间的关系，因此许多企业在面对两大目标时更愿意选择前者去获得更高的补贴效益，这使得碳市场的活跃程度大打折扣。同时，节能减排与碳市场发展工作在国家层面上由两个不同的主管部门分管协调，而碳市场发展与节能工作都有着极强的政策依赖性，应尽快明确两个目标之间的联系，以进一步发展控排主体的交易积极性。除此之外，目前上海碳市场建设还存在着诸如流动性较低、部分企业缺乏积极性、法律效力不足、试点市场与全国碳市场建设之间存在矛盾等一系列问题。

4.3　北京碳市场

根据《北京市 2016 年国民经济和社会发展统计公报》，2016 年北京市地区生产总值达到了 24 899.30 亿元，人均地区生产总值为 11.50 万元，经济总量仅次于上海，是我国经济最为发达的城市之一。目前，北京市产业结构以第三产业为主，2016 年第三产业比重达到了 79.70%且第三产业增速仍在稳步增长，产业结构优化明显。同时，北京市工业能耗在逐步下降，但由于工业企业能耗基础大，能耗集中度仍相对较高，能耗 7 万吨标准煤以上的重点用能单位均为工业企业，其中航空、石化、电力等五大行业能耗占比达到 66.80%，非工业企业年耗能在 0.50 万～3 万吨标准煤。

2012 年 10 月《北京市碳排放权交易试点实施方案（2012～2015）》率先获得国家发改委批复，2013 年 11 月北京市发展和改革委员会又发布了《关于开展碳排放权交易试点工作的通知》，标志着北京碳市场的体系设计已基本完成。2013 年 11 月 28 日北京碳市场正式启动，这是中国第三个正式启动的碳市场，同年 12 月 27 日北京市人民代表大会常务委员会发布了《关于北京市在严格控制碳排放总量前提下开展碳排放权交易试点工作的决定》，表明北京碳市场建设已从人民代表大会（以下简称人大）层面获得了法律支持。本节从市场机制体系设计、市场运行状况及发育特色等三个方面力求对北京碳市场的发育状况进行全面剖析。

4.3.1　北京碳市场发展状况分析

截至 2018 年底，北京碳市场是七大试点市场中控排企业数量最多的试点。2016 年，北京碳市场将控排主体准入门槛由年排放量 1 万吨下调至年排放量 5000 吨以上的单位，导致北京碳市场的控排企业数量达到千余家，控排主体数量远超其他试点。同时，由于北京碳市场并未对覆盖行业做限制，因此北京碳市场也是七大试点中控排主体最为多元的试点，包括了高校、旅游景点、机关事业单位等众多不同类型的控排主体。由于控排主体类型多元，为了保证环境履约效率，北京碳市场专门设立了相应的执法大队以督促碳市场各项政策的落实与履约管理，对未能完成履约的企事业单位将执行严格的处罚，这在七大试点市场中是绝无仅有的。同时，北京碳市场也是七大试点中唯一已经实现跨区域合作的试点，2015 年北京碳市场纳入承德六家水泥企业，2016 年又与内蒙古签订跨区域合作协议纳入了呼和浩特与鄂尔多斯 26 家重点排放企业。总体而言，北京碳市场经过三个履约年度的试运行，目前已经形成了控排主体类型多元、执法管理严格和积极对外合作等诸多特点。

1. 总量设置与配额管理

北京以 2005～2010 年温室气体排放清单为基础，结合“十二五”节能减排整体目标，设定了北京所有控排主体的排放总量。目前，北京碳市场并未对外公开履约年度配额总量，按照现有相关数据估算，北京碳市场在试运行阶段的免费配额总量每年下降 1%～2%，因此北京碳市场 2013～2014 履约年度、2014～2015 履约年度的配额总量约为 0.50 亿吨与 0.47 亿吨。

北京碳市场的配额总量构成包括既有设施配额、新增设施配额、调整配额等三个部分。配额分配以历史法和基准线法为基础，采用一定的配额调整系数以体现行业水平差异，同时对先期减排行动可以获得基于总量 2%以内的配额奖励。既有设施的配额分配均采用历史法，新增设施配额分配采用行业先进值法。调整配额由控排主体提出配额变更申请，主管部门核实后在次年履约期前参考第三方核查机构的审定结论，按照多退少补原则对控排主体配额进行调整。

配额分配方法按行业类别不同可具体分为四类：①能源生产与供应类行业配额计算采用企业能源供应量乘以碳排放强度的方法。对于既有设施，碳排放强度为该单位在 2009～2012 年平均排放强度乘以调整系数；对于新增设施，碳排放强度为行业先进值。②电网企业不区分既有设施与新增设施，按照年度销售电量计划一次性分配其配额，配额等于相应年份的销售电量乘以该企业在 2009～2012 年平均单位销售电量的碳排放强度，再乘以调整系数。③制造行业既有设施配额为企业在 2009～2012 年平均排放量乘以调整系数，新增设施配额使用产量或产值乘以行业先进设施碳排放强度标准值。④其他行业设施配额为企业在 2009～2012 年平均碳排放量乘以调整系数，新增设施配额计算采用先进值强度计算。

2. 覆盖范围

在覆盖温室气体种类方面，由于北京的温室气体排放以二氧化碳为主，因此试点期间北京碳市场的覆盖气体仅包括了二氧化碳，原计划在 2016 年后将六种温室气体均纳入控排体系，但由于核算难度仍只纳入了碳排放；在覆盖行业范围方面，北京碳市场根据企业能源消耗和排放情况，规定碳市场主要覆盖包括热力生产和供应、火力发电、水泥制造、石化生产、服务业和其他工业（除热力生产和供应企业、火力发电企业、水泥生产企业、石化生产企业之外的其他工业企业）等六大类行业；在行业准入门槛方面，北京碳市场在第一个和第二个履约期的控排主体准入门槛为年排放量为 1 万吨以上，控排企业数量 490 家左右。

在第三个履约期制度改革过程中，北京碳市场将控排主体类型扩大到了所有企业及公共事业单位，准入门槛也下降为年排放量 5000 吨以上。控排主体覆盖范围扩大后，北京碳市场覆盖了整个北京的近千家企业，控排主体数量增长近两倍，覆盖了北京 50%以上的碳排放。同时，第三产业占据主导地位的产业结构导致北京大型重点排放企业数量较少，因此需要通过降低准入门槛以扩大温室气排放覆盖规模，这就导致诸如事业单位、医院、高校、政府机关部门等均被纳入了控排体系。降低控排主体准入门槛虽然在一定程度上扩大了市场规模，但同时也为北京碳市场的环境履约带来了极大困难。

3. MRV 制度

目前，北京市已建立起较为完备的 MRV 制度。其中，在测量方法和报告制度方面，针对覆盖行业制定了《北京市企业（单位）二氧化碳排放核算和报告指南（2016 版）》和《北京市温室气体排放报告报送流程》，明确了企业碳排放数据的核算范围、核算方法和数据获取来源要求等，并进一步规定了报告企业门槛、报送程序等细则。

在温室气体排放核查方面，北京市出台了《北京市碳排放权交易核查机构管理办法（试行）》，规定了核查机构的备案条件、监督管理等内容，并要求重点排放单位必须委托第三方核查机构对其排放报告进行核查；在核算范围方面，北京碳市场控排主体温室气体排放的核算范围为行政区域内固定排放设施的化石燃料燃烧、工业生产过程、制造业协同废弃物处理及北京市行政区域内固定设施电力消耗隐含的电力生产时的碳排放；在核算方法上，北京碳市场根据控排企业的特点，建立了热力生产和供应、火力发电、水泥制造、石化生产、服务业和其他行业等六大行业的碳排放核算方法，采用基于物料平衡的方法学和基于排放因子的方法学。控排主体可自愿采用实时监测方法测量碳排放，但其测量结果的不确定性不能高于采用基于物料平衡或基于排放因子的方法学的计算结果。

在温室气体排放报告制度方面，北京碳市场的报告门槛为行政区域内年能耗 2000 吨标准煤以上的企业，目前已超过 1000 家。工业企业的报告主体应为企业法人，大型公共建筑为直接和间接排放二氧化碳的固定设施的运营企业，并规定大型公共建筑的出租方有义务敦促承租方履行其报告责任。报告内容包括企业基本信息情况，控排主体的设备信息，二氧化碳直接和间接排放、不确定性分析和二氧化碳排放控制措施等。控排主体于每年 3 月底前通过“北京市节能降耗及应对气候变化数据填报系统”报送上年度碳排放报告。

4. 北京环境交易所

北京环境交易所（2020 年更名为北京绿色交易所有限公司）是由北京产权交易所有限公司、中海油能源发展股份有限公司、中国国电集团公司、中国光大投资管理有限责任公司、中国石化集团资产经营管理有限公司、中国节能环保集团公司、鞍钢集团资本控股有限公司等共同出资建立，提供碳排放权、排污权、节能量交易的第三方交易平台，同时也为企业提供低碳转型咨询、培训等相关服务。目前，北京环境交易所共有 10 个运营部门，包括碳交易中心、排污权交易中心、节能中心、低碳转型服务中心、国际项目办公室、会员与机构合作部、研究发展部、风险控制部、财务结算部、综合管理部等，员工数量在七大试点交易平台中最多。北京环境交易所已与五家金融机构签订合作协议，但交易结算银行目前只有中国建设银行、中国工商银行，其他银行也正在积极申请成为北京碳市场的结算银行，中国光大银行、中信银行与北京能源集团有限责任公司以交易会员形式入驻北京环境交易所。在碳金融产品创新方面，北京环境交易所已积极推出了碳配额场外掉期交易、碳配额回购融资等两类金融产品，但还尚未推出碳基金。

4.3.2　严格的监管体系与履约管理制度

当前，北京碳市场已形成了由北京市发展和改革委员会综合协调、专家委员会咨询、信息中心技术支撑、监察大队执法的碳市场监督管理体系。其中，北京市发展和改革委员会是北京碳市场的主管部门，下设应对气候变化处具体负责碳市场的研究与建设相关工作，应对气候变化处下设应对气候变化战略研究中心具体负责碳市场的相关管理工作；北京市经济信息中心负责开发和维护碳排放注册登记簿系统，监督碳市场报送与交易过程中的异常现象。北京市节能监察大队主要负责督促碳市场相关政策落实情况，并对未能完成履约的控排主体进行惩罚；

同时，北京碳市场成立了应对气候变化专家委员会定期对应对气候变化相关战略规划、政策法规等提供咨询和建议；北京环境交易所主要是对交易主体的交易行为和会员进行管理。目前，北京碳市场是七大试点碳市场中法律体系相对完备且执法力度最为严格的试点。图 4-5 为北京碳市场的监管机构体系。

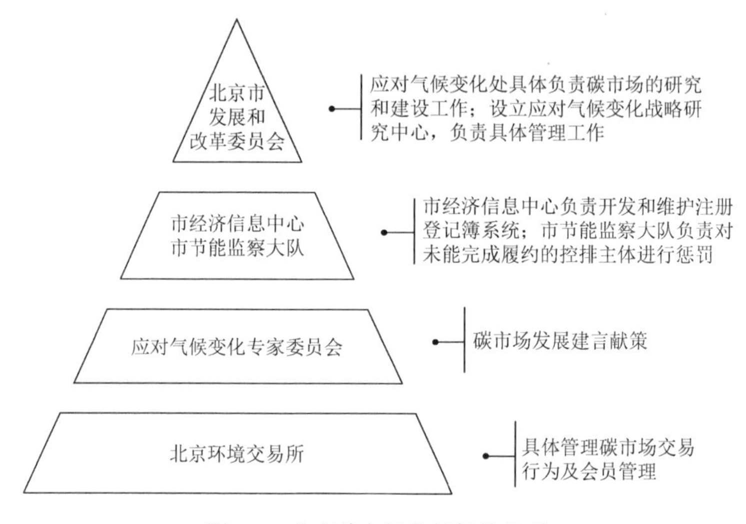

图 4-5　北京碳市场监管机构体系

在配额分配前，北京市要求控排主体一次性提交 2009～2012 年的历史碳排放报告，报告单位在线提交报告后需在 5 个工作日内提交纸质版排放报告。控排主体须委托第三方核查机构对排放报告进行核查，并根据核查结果调整排放报告，于每年 4 月 5 日前向主管部门提交纸质排放报告和核查报告。每年 5 月 31 日前主管部门需要完成排放报告和核查报告的审核及抽查工作，未通过审核的控排主体按审核结果要求调整排放报告和核查报告内容。核查报告两次审核不通过的，由主管部门指定核查机构重新核查，并以此核查结果作为最终结论。

在履约管理方面，控排主体和报告单位于每年 3 月 20 日前通过电子报送系统向主管部门报送上年度碳排放报告；之后，控排主体应于 4 月 5 日前提交核查报告并申请上年度新增设施配额和调整配额，主管部门于 4 月 30 日前核发上年度新增设施配额和调整配额；每年 6 月 30 日前，北京市发展和改革委员会根据碳排放年度报告与核查报告，按照配额分配方案核定控排主体年度排放配额，并发放企业本年度既有设施碳排放配额。控排主体于次年 6 月 15 日前向注册系统所开设的履约账户上缴与其本年度经核查的排放总量相等的配额，以抵消该年度碳排放量，并在注册系统中予以注销，次年所上缴的配额须为本年度或此前年度的配额，注销后的剩余配额可存储使用。控排主体可用 CCER 抵消不超过当年配额数量 5%

的碳排放。全市每年抵消的总排放量中，市内开发项目获得的 CCER 必须达到 50%以上，市外开发项目的开发地优先考虑西部地区。

在奖励措施方面，北京市在安排节能减排、环境保护及清洁生产等财政性专项资金时，优先支持积极参与交易并按时履约的控排主体；惩罚性措施方面，北京碳市场针对未按规定报送碳排放报告或第三方核查报告的控排主体，由主管部门责令限期改正，限期未改正的可处 5 万元以下的罚款。控排主体超出配额许可范围的碳排放量，按照市场均价 3～5 倍予以惩罚。

4.3.3　市场运行稳定

与深圳碳市场相类似，北京碳市场由于产业结构等，市场规模相对偏小，控排主体以中小型私营企业为主。但与深圳碳市场不同的是，北京碳市场的个人与机构投资主体入市交易门槛相对较高，因而只吸引了极少量的投资主体入市交易。因此，北京碳市场的价格水平虽然在七大试点中相对较高，但市场交易规模却不容乐观。

图 4-6 为北京碳市场自 2013 年 11 月 28 日开市至 2018 年 12 月 31 日的交易状况。北京碳市场在第一个履约期内的成交总量约为 57.80 万吨，成交额约为 3159 万元，平均碳价为 53.10 元/吨，是碳价最高的试点市场之一；第二个履约期内，北京碳市场的成交总量约为 170 万吨，成交额约为 8861 万元，较第一个履约期有了大幅提升，平均碳价为 53 元/吨，与第一个履约期内碳价基本持平。由于第二个履约期内 CCER 产品上线交易，北京碳市场的 CCER 交易总量约为 197.80 万吨，交易额达 2472.20 万元，交易规模仅次于上海碳市场；第三个履约期内，北京碳市场的配额成交总量约为 220 万吨，成交额为 1.06 亿元，交易量上涨幅度有限，平均碳价相较于前两个履约期也有了大幅下滑，市场均价仅为 43 元/吨。CCER 交易量持续上涨到 653 万吨，交易额达 8194 万元，CCER 的市场规模超过了配额

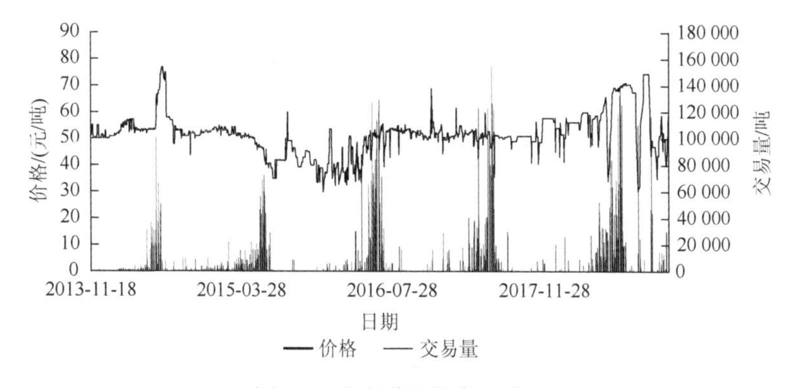

图 4-6　北京碳市场交易状况

资料来源：根据 http://k.tanjiaoyi.com/相关数据绘制

现货交易。之后，随着全国碳市场即将开市，2016～2018 年北京碳市场的价格波动幅度增加，最高交易价格接近 80 元/吨。

由于控排主体的市场参与意愿相对较低，投资主体的准入门槛却相对较高，因而北京碳市场的交易活跃度在七大试点中相对偏低。第一个履约期中，北京碳市场共 119 个有效交易日，无效交易日 27 天，价格波动相对平稳，但交易量集中度与交易额集中度分别达到了 86.00%与 86.30%，履约率为 100%；第二个履约期中，北京碳市场共有 176 个有效交易日，无交易日数量大幅升高至 65 天，价格波动幅度也略有上升，交易量集中度与交易额集中度分别为 72.79%与 72.91%，相较于第一个履约期有所下降，履约率为 97.10%；第三个履约期中，北京碳市场共有 135 个有效交易日，无效交易日数量大幅升高至 116 天，交易集中度也再次攀升至 80%的水平以上，由于控排主体数量骤增履约率下降到 80%左右。

总体来看，从碳价水平方面来看，北京碳市场的价格波动幅度在三个履约年度当中非常平稳，碳价水平基本在 40～60 元/吨，在七大试点中相对较高；从交易量方面来看，北京碳市场同样也存在严重的有市场无交易现象，交易主要集中在履约期前后，非履约期间的交易相对较低。截至 2016 年 6 月 30 日北京碳市场的配额累计成交量达到了 1000 多万吨，交易总金额达 3.44 亿元；CCER 交易量为 1928 万吨，其中林业碳汇交易 7 万多吨。总体而言，目前北京碳市场是中国七大试点碳市场中碳价水平最高、价格水平最平稳，CCER 交易量最大的试点之一。

4.3.4　积极对外扩张与衍生产业发展

由于北京碳市场第二产业占比相对较小，因此也面临着市场规模过小的难题。与深圳碳市场做法相类似，北京碳市场也一直致力于积极对外进行区域碳市场合作。北京碳市场在试运行阶段，已与包括承德、呼和浩特、鄂尔多斯在内的多个非试点地区达成了诸多合作。其中，2015 年 6 月北京碳市场纳入了承德六家水泥企业且承德市区范围内各种减排项目可以视同为北京的减排项目用于控排主体的履约管理。2016 年 3 月纳入呼和浩特和鄂尔多斯的 30 多家重点排放企业以扩展其市场规模。在全国碳市场建立之际，北京碳市场已与包括河北、山东、山西、内蒙古等多个非试点地区签署了战略合作协议。除了国内区域合作，北京碳市场虽然尚未向国外投资主体开放交易，但一直与其他国际碳市场保持紧密联系、积极合作。在中美气候智慧型/低碳城市峰会上，北京环境交易所与北美气候注册署、北美气候行动储备中心和美国能源与交通创新中心正式签署了战略合作谅解备忘录；2015 年 12 月，北京碳市场和韩国碳市场正式签署战略合作谅解备忘录，共同致力于推动中韩碳市场合作发展；同时，北京环境交易所也与非洲碳交易所建立了长效沟通机制，共同推动碳市场发展。

在碳市场相关衍生产业发展方面，北京是我国的政治中心、文化中心、国际交往中心、科技创新中心，因而碳市场咨询产业发展环境相对较好。目前，北京试点范围内拥有碳管理咨询公司百余家，总体数量远超其他六大试点；同时，由于北京碳市场在第二个履约期内也采用了企业自主选择核查机构的方式，核查机构数量大幅增加，由第一个履约期内的 15 家增长到 26 家。然而，由于北京地处中国金融监管核心地带，因此相关碳金融创新产品开发较为慎重，碳金融产品开发的数量略低于深圳、湖北等试点。表 4-8 为北京碳市场开发的相关碳金融产品。

表 4-8　北京碳市场开发的相关碳金融产品

碳金融产品	合作机构	时间	规模
碳配额质押	中国建设银行北京分行	2015 年 7 月	—
碳配额回购	中信证券股份有限公司、北京华远意通热力科技股份有限公司	2014 年 12 月	1330 万元
碳配额场外掉期	中信证券股份有限公司、北京京能源创碳资产管理有限公司	2015 年 6 月	1 万吨
碳配额场外期权交易	深圳招银国金投资有限公司、北京能源创碳资产管理有限公司	2016 年 6 月	2 万吨
中碳指数	北京绿色金融协会	2014 年 1 月	—

资料来源：http://www.cbeex.com.cn/.

总体来看，北京碳市场在市场机制建设方面进行了大量的创新与探索，然而实际运行过程中也存在一些问题，如学校、医院、行政机关等公共机构纳入碳市场范围内的合理性；缺少相应的监测计划来具体指导各报告单位的数据监测；市场规模过小，减排潜力难以挖掘等问题。

4.4　广东碳市场

根据《2016 年广东国民经济和社会发展统计公报》，2016 年广东省地区生产总值为 79 512.05 亿元，是中国经济第一大省，约占 GDP 总量的 11%，人均生产总值为 72 787 元，已达到中等发达国家收入水平；三次产业结构比重分别为 4.7∶43.2∶52.1，第二产业仍是经济发展的主要驱动力；全省一次能源消费总量达 2.91 亿吨标准煤，约占全国能耗总量的 8.06%。单位生产总值能耗为 0.53 吨标准煤/万元。“十二五”期间，广东省能耗强度下降目标为 18%，碳强度下降目标为 19.50%，节能减碳任务在全国各省区市中最高。

2012 年 9 月，广东省政府发布了《广东省碳排放权交易试点工作实施方案》对碳排放交易试点的框架制度进行了规定，这标志着广东省建立碳市场已经从政府层面获得了认可，但这也表明广东碳市场的建立基础仅为政府规章尚未上升到人大立法层面；2013 年 11 月，广东省政府发布了《广东省碳排放权配额首次分配及工作方案（试行）》，对碳市场配额的分配方法与相关原则进行了规定；2013 年 12 月，广东碳市场成为继北京、上海、深圳之后第四个正式启动的试点；之后，2014 年广东省人民政府又再次颁布了《广东省碳排放管理试行办法》《广东省企业碳排放信息报告与核查实施细则（试行）》《广东省碳排放配额管理实施细则（试行）》等规章文件，从制度层面对碳市场的制度体系进行了规定。本节将从市场制度建设与运行特点两个方面对广东碳市场进行案例分析。

4.4.1 广东碳市场发展状况分析

根据广东碳市场相关管理人员透露，目前广东碳市场控排主体平均碳排放下降比例约为 1.45%，有六成企业碳排放量不断下降。在试运行阶段，广东碳市场已经形成了以下三个特点：①体量大且有利于市场机制发挥作用，同时也为发展碳期权、碳期货等金融衍生品提供了良好基础。②广东是首个尝试采用有偿拍卖方式分发配额的试点地区，在市场运行初期通过有偿拍卖方式能够发挥政府引导作用，可以形成合理、有效的价格信号。同时，有偿配额加大了控排主体的履约成本能够刺激企业加大技术创新方面的投入，加快企业推进节能减排方面的工作。③广东碳市场试行省市两级管理体制，充分发挥了地级市发展和改革委员会的作用，通过将地级市发展和改革委员会部门纳入 MRV 管理体系调动地级市发展和改革委员会的积极性，同时也提高了 MRV 工作的效率。

1. 监管机构体系

为保证碳市场平稳有效运转，目前广东碳市场已经形成了三级政策法规监管体系。其中，一是广东省人民政府发布的政府指导性文件，二是以政府令签发的具有一定法律效力的政府规章，三是由广东省发展和改革委员会等单位和机构公布的相关配套政策文件。根据广东省人民政府颁布的《广东省碳排放管理试行办法》，为保证碳市场顺利运行，广东建立完善的碳市场监管机构管理体系。首先，成立应对气候变化及节能减排工作领导小组并负责总体统筹指导审议包括碳交易在内的省应对气候变化工作和低碳工作，由省长担任组长；其次，成立广东碳交易试点专责协调领导工作小组，由广东省发展和改革委员会主任任组长负责统筹协调广东碳市场相关重大工作；最后在广东省发展和改革委员会成立应对气候变化处，省财政厅、经济和信息化委员会、质量技术监督局、地市发展和改革委员会、行业协会等部门各司其职，全力配合应对气候变化处开展碳交易相关工作。同时，广州碳排放权交易所主要对碳市场参与主体及相关会员的交易过程与行为进行监管。图 4-7 为广东碳市场监管机构体系。

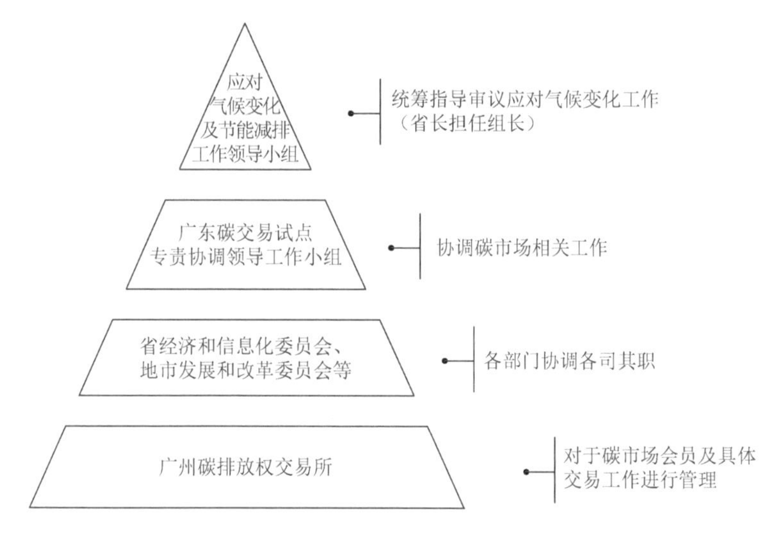

图 4-7　广东碳市场监管机构体系

2. 配额管理

根据行业 MRV 基础和各行业生产特点，广东碳市场对控排主体采用基准线法和历史法相结合的配额分配方法，对新建项目企业采用基准法和能耗法相结合的配额分配方法。其中，电力、水泥行业主要采用基准线法，石化、钢铁行业主要采用历史法/能耗法。采用基准线法确定控排主体配额总量时，广东碳市场依据行业基准年相关数据确定行业基准水平，结合企业历史平均产出确定控排主体 2013～2015 年度配额总量。采用基准线法确定新建项目企业配额时，主要根据行业基准水平和项目设计产能来确定新建项目企业当年配额；采用历史法确定控排主体配额总量时，依据基准年平均碳排放水平一次性确定控排主体 2013～2015 年度配额总量；采用能耗法确定企业新建项目配额时，将根据年能源消耗量来确定新建项目企业当年配额。表 4-9 为广东碳市场配额分配办法。

表 4-9　广东碳市场配额分配办法

配额分配方法	控排企业、新建项目企业	配额计算方法
历史法/能耗法	石化行业和电力、水泥、钢铁行业部分生产流程	控排企业配额＝历史平均碳排放量×当年度下降系数 新建项目企业配额＝预计年综合能源消耗量×碳排放折算系数
基准线法	电力大部分生产流程（纯发电机组） 水泥大部分生产流程(水泥磨粉和熟料生产) 钢铁大部分生产流程（长流程钢铁企业）	控排企业配额＝上年度实际产量×当年度产量修正因子×基准值 新建项目企业配额＝设计产能×基准值

资料来源：http://www.cnemission.com/.

3. MRV 制度与履约管理

截至 2018 年底，广东碳市场已经形成了比较完善的 MRV 制度与碳排放数据电子报送系统。在温室气体排放报告细则方面，广东碳市场发布了包括火力发电、钢铁、石化、水泥等四个行业的报告指南细则；在排放量测量方面，广东碳市场控排主体需要编制排放监测计划以作为企业日常监测和核查的重要依据。监测计划内容主要包括企业采用的监测设备和方式、数据记录、处理、存储方式等。在提交主管部门核定后，监测计划将作为控排主体日常监测和核查的重要依据；在监测方法方面，广东碳市场采用计算法来计算控排主体的年度碳排放量，根据企业活动水平数据和相应排放因子来计算年度碳排放量。相关参数因子取值分为缺省值和企业实测值等两个层次，其中缺省值主要采用国家/地方公布的排放因子；在报送方式方面，广东碳市场开发了电子化的信息报告系统，实现了碳排放报告在线电子报告和纸质报告的共同提交；在核查机构方面，广东碳市场要求核查机构须有 1000 万元注册资金、必须在广东拥有实地办公场所和 10 名以上具有相关经验的核查人员，允许全国性机构抽调外省有经验的核查人员参与广东碳交易核查工作，核查机构准入门槛的提高在一定程度上保证了核查数据的质量。

在灵活履约机制方面，广东碳市场控排主体可用 CCER 抵消企业实际碳排放量，抵消比例最高不超过企业上年度碳排放量的 10%且至少 70%的 CCER 来自广东省温室气体自愿减排项目。为避免出现重复计算，广东碳市场规定控排主体在其排放边界范围内产生的 CCER 不得用于抵消广东省控排主体的碳排放。对积极履约的企业，广东将定期向社会公布其名单，并给予更多政策性支持，包括同等条件下支持积极履约的企业优先申报国家相关资金项目，优先享受省财政有关专项资金支持。同时，广东碳市场将履约情况和企业的诚信体系相挂钩，及时向社会曝光违约企业的相关信息，并通过行政罚款和扣除配额等方式来对未履约企业进行处罚。对于不履行报告义务的企业处以 1 万～3 万元的罚款，不履行核查义务控排主体处以最高不超过 5 万元的罚款，未足额上缴配额履约的控排主体处以 5 万元罚款并扣除来年未足额部分双倍配额。

4. 广州碳排放权交易所

广州碳排放权交易所是广东碳市场官方指定的实际交易场所，允许包括控排主体、个人与投资主体和自愿参与交易企业参与配额现货与 CCER 交易。目前，广州碳排放权交易所共推出了挂牌竞价、挂牌点选、单向竞价、协议转让及经省发展和改革委员会批准的其他交易方式，但挂牌竞价和单向竞价这两种方式实际上并未使用。同时，广州碳排放权交易所也是最早推出远期产品的交易平台，目前提供了碳排放权现货产品、CCER、碳排放权远期等三种交易产品。在交易时长方面，广州碳排放权交易所的正常交易时间为每个交易日的 9:30 至 11:30 与 13:30 至 15:30，共四个小时的正常交易时间，这与其他六大交易平台的交易时长基本相同。目前，广州碳排放权交易所的合作银行共有 4 家，其中上海浦东发展银行在广东碳市场建立之初就以结算银行的身份入驻，2015 年兴业银行也以结算银行身份入驻。中国农业银行、中国银行则是以战略会员的身份入驻，但也正在积极申请成为广东碳市场结算银行。广州碳排放权交易所针对交易主体会员双向收取交易额5‰的交易费用，这在七大试点交易平台中相对偏高。广州碳排放权交易所注册控排主体共 202 家，新建项目企业 40 家，非控排企业会员 70 家左右且主要集中在电力行业。同时，据广州碳排放权交易所透露，由于个人投资主体参与相对较少，机构投资主体占据了广东二级市场较大的交易比例。

2013 年以来，广州碳排放交易所积极推进各项能力建设培训工作，通过定期举办碳交易培训持续普及低碳理念、提高参与主体的各项能力，从而促进碳市场的良好发展。同时为了借鉴国外成熟市场的经验，广州碳排放交易所与加利福尼亚州碳市场、EU ETS 在碳市场建设等方面都有着积极的交流与合作。

4.4.2　最少的覆盖行业与最大控排总量

广东省根据"十二五"控制温室气体排放总目标，综合考虑控排主体历史排放水平、行业技术水平及减排潜力等因素，采用"自下而上"计算和"自上而下"验证相结合的方法，确定了广东碳市场的配额总量，广东碳市场也是七大试点中唯一公布市场配额总量的试点。其中，2013～2014 履约年度配额总量约为 3.88 亿吨，2014～2015 与 2015～2016 履约年度的配额总量为 4.08 亿吨。广东碳市场配额总量包括既有控排主体配额、新建项目配额及调整配额等三个部分。以 2013～2014 履约年度为例，广东碳市场控排主体免费分发配额总量 3.5 亿吨，储备配额 0.38 亿吨，储蓄配额包括新建项目企业配额 0.20 亿吨和调节配额 0.18 亿吨。

在覆盖范围方面，广东碳市场在试运行阶段的覆盖行业范围包括钢铁、石化、水泥及电力等四大高能耗行业年排放量 2 万吨以上的企业，共覆盖了广东省 58%以上的碳排放。因此，广东碳市场是七大试点中纳入行业数量相对最少但覆盖碳排放比例相对最高的试点。随着碳市场的逐步发展和完善，2017 年度广东碳市场将民航和造纸行业也纳入控排体系，并择时在未来纳入有色、纺织和陶瓷行业，届时广东碳市场的碳排放覆盖比例将达到 70%以上。由于二氧化碳排放在广东省温室气体排放中占据主要比例，目前广东碳市场只纳入了二氧化碳排放。

4.4.3　配额拍卖制度创新

在配额分配方式方面，广东碳市场将有偿拍卖和免费分配相结合，对纳入交易体系的控排主体和新建项目企业进行配额分配。在第一个履约年度内，按照配额分配总体方案，广东省发展和改革委员会每季度末组织一次有偿配额竞价发放，发放对象为控排主体和新建项目企业，控排主体必须购买足额有偿配额，若累计购买有偿配额数量未能达到规定，前期免费配额将不可流通且不能用于履约；在第二个、第三个履约期内，广东碳市场取消了强制购买有偿配额的规定，控排主体可根据需求自由决定是否进行购买。

广东碳市场的配额发放采用“一次定三年、逐年调整发放”的原则，即一次性确定控排主体 2013～2015 履约年度的配额总量，但根据实际生产情况调整当年配额发放量。广东碳市场第一个履约年度四大控排行业的免费配额比例均为 97%，第二个履约年度中电力行业免费配额比例下降至 95%，其他三大行业仍保持 97%的比例；第三个履约年度继续沿用第二个履约年配额分配比例。这与广东碳市场建市之初拟定的 4.13%免费配额下降比例存在一定差距，这主要是考虑到当前中国经济发展进入新常态阶段且部分行业的产能严重过剩，因而广东碳市场的配额发放并未严格执行相关规定。广东碳市场针对配额实行“可存不可借”的政策，即当控排主体当年存在盈余配额时可在第二个履约年度内继续使用，但不允许控排主体预借下一年度配额用于当期交易或履约。从广东碳市场在试运行阶段的配额供需平衡度来看，据广东碳市场相关管理人员透露，四大控排行业中仅电力行业配额相对从紧，因而电力企业是一级、二级市场配额的主要购买者。

4.4.4　省市两级的履约管理制度

在排放信息报告方面，广东碳市场在试运行阶段逐步扩大了报告企业的覆盖范围。在第一个履约期内，强制报告碳排放信息的控排主体包括水泥、钢铁、石化、电力等四大行业和 2011 年、2012 年中任意一年排放量 1 万吨以上（或年能耗 5000 吨标准煤以上）的企业，2017 年民航和造纸两大行业也被纳入了控排体系。自 2014 年起，广东碳市场逐步扩大了强制报告碳排放信息企业的覆盖范围，年排放量 5000 吨以上的工业企业和宾馆、饭店、金融、商贸、公共机构在内的相关单位也需上报年度碳排放；在报告指南方面，广东碳市场采取通则加行业细则的形式规定了控排主体排放信息报告。其中，通则规定了排放信息报告的基本框架和通用内容，行业细则是根据行业差异进行针对性编制的相关信息细则；在核查机构方面，为确保控排主体碳排放报告的质量，广东碳市场实行碳排放信息核查制度。相比其他试点，广东碳市场充分发挥地市发展和改革委员会（或发展和改革局）在核查工作中的作用。核查机构在对控排主体的排放报告完成核查后将出具核查报告并提交给地市发展和改革委员会（或发展和改革局），地市发展和改革委员会（或发展和改革局）在汇总本行政区域内的控排主体和核查机构提交的书面年度碳排放信息报告和核查报告后于每年5月15日前统一提交给广东省发展和改革委员会。

广东碳市场的控排主体需要在3月15日前通过信息系统提交上一年度的企业排放信息报告；核查机构在4月30日前通过信息系统提交企业核查报告，并向控排企业出具书面核查报告；报告企业则需要在5月5日前通过信息系统提交经过核查的碳排放信息报告，同时还需要向地市发展和改革委员会（或发展和改革局）提交纸质版的排放报告与核查报告；地市发展和改革委员会（或发展和改革局）在汇总本行政区域内企业和单位提交的书面年度碳排放信息报告和核查报告后于5月10日前统一上报省发展和改革委员会，省发展和改革委员会于5月20日前向控排主体反馈核定后的年度排放量，控排主体于6月20日前按省发展和改革委员会认定后的实际排放量上缴足量配额以抵消上年度的实际碳排放量；同时，省发展和改革委员会于6月30日前核实注销控排主体上缴的配额并在7月1日前发放下一履约年度的免费配额。

4.4.5　全国最大的一级交易市场

广东碳市场是我国七大试点碳市场中配额总量最大的市场，同时也拥有七大试点碳市场中交易量最大的一级市场。相较于其他试点主要通过免费方式来发放配额，广东碳市场虽然在制度设计中提及尝试配额拍卖或有偿发放制度，但通常只是在第一个履约期内进行一定的尝试之后再未尝试配额有偿拍卖制度，广东碳市场在试运行阶段持续尝试有偿配额分发方案。从第一个履约期强制控排主体必须购买一定数量的有偿配额才能获得免费配额发放，到第二个、第三个履约期内控排主体可自主选择是否参与有偿配额拍卖。广东碳市场配额拍卖制度虽然在一定程度上对市场运行造成了影响，但这对未来全国碳市场的配额拍卖制度制定有着重要的借鉴意义。

图4-8为广东碳市场自2013年12月19日开市至2018年12月31日的交易状况。从开市到第一个履约期结束，广东二级市场成交总量约为57.80万吨，成交金额约为3470万元，广东碳市场第一个履约期内63元/吨的平均碳价是碳价最高的试点，这与广东碳市场在第一个履约期内强制所有控排主体参加底价60元/吨的配额有偿拍卖有较大关系。因此，广东碳市场在第一个履约期内的配额拍卖总量达到了1382万吨，拍卖金额达7.40亿元；第二个履约期内广东碳市场的二级

市场成交总量约为 251 万吨，成交金额为 6356 万元，交易规模相较于第一个履约期有所上升。但由于强制控排主体参与拍卖制度的取消，广东碳市场的碳价水平暴跌至 29 元/吨。拍卖量为 700 万吨，拍卖金额为 1 亿元，一级市场的整体规模大幅下滑但依然是七大试点中最大的一级交易市场。由于第二个履约期内开放了 CCER 交易，CCER 交易总量约为 101 万吨，交易金额达 905 万元，CCER 交易规模仅次于上海和北京；第三个履约期内的二级市场成交总量约为 1022.70 万吨，成交金额为 1.24 亿元，但平均碳价水平仅为 15 元/吨，交易量成倍上升的同时碳价大幅下跌，整个二级市场的成交总金额上涨有限。一级市场的拍卖规模进一步缩减至 110 万吨，拍卖金额下降至 1567 万元；CCER 交易量达 1306 万吨，成交规模进一步扩大。在三个履约期的试运行阶段结束后，广东碳市场已经成为七大试点中唯一拍卖制度日趋成熟的试点。之后，2016～2018 年，广东碳市场的交易价格基本稳定在 10～20 元/吨。

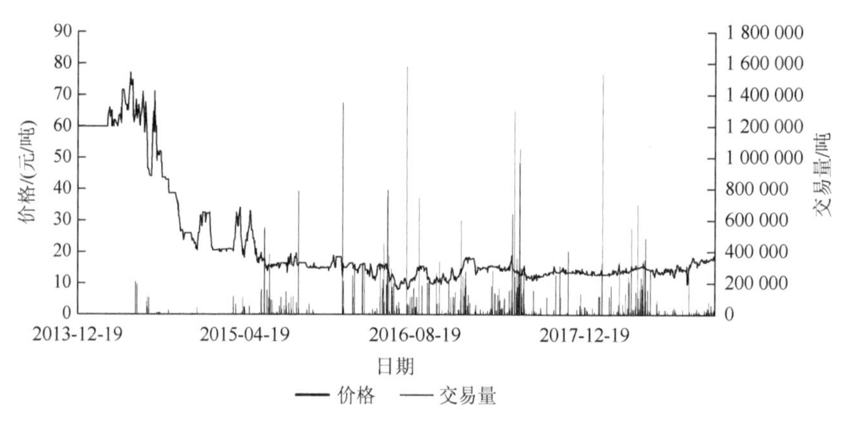

图 4-8　广东碳市场交易状况

资料来源：http://k.tanjiaoyi.com/相关数据绘制

然而，从交易量方面来看，广东碳市场配额总量在七大试点中相对最高，但二级市场交易状况却不尽如人意。二级市场交易总量不仅小于同为工业发展大省的湖北碳市场交易总量，也小于相毗邻的深圳碳市场交易总量。同时，从交易集中的情况来看，广东二级市场交易中的有市场无交易现象更为严重，交易主要集中于履约期间的现象也更为严重。在第一个履约期内，广东碳市场只有 70 个有效交易日，无效交易日数量达到 69 天，基本与有效交易日数量持平且二级市场的价格波动极为平稳。同时，交易量集中度与交易额集中度分别为 99.93%和 99.92%，履约驱动交易的现象十分突出，但第一个履约年度中广东碳市场圆满完成履约。第二个履约期内，广东碳市场的有效交易日数量升至 154 天，无效交易日数量为 83 天。由于受到拍卖制度变化的影响，广东二级市场的交易价格出现了极大波动，碳价崩盘式下跌，因而碳价离散程度高达 152.7。同时，二级市场碳价下跌在一定程度上也刺激了控排主体参与交易，因而广东碳市场的交易量集中度与交易额集中度分别下降至 93.47%和 93.05%，但这一交易集中度水平在七大试点中仍较高，第二个履约期的环境履约率也小幅下降至 98.90%；第三个履约期内，广东碳市场共有 157 个有效交易日，无效交易数量仍居高不下，达到 77 天，价格离散度为 3.35，几乎无任何波动，交易量集中度与交易额集中度进一步下降至 88.02%和 87.40%，环境履约率达到了 100%。从三个履约期二级市场的交易活跃度水平来看，广东碳市场的二级市场交易活跃度虽然持续保持低迷状态，但各项市场发育指标均处于不断好转的态势，这表明广东碳市场在三个履约期内市场运行处于不断成熟阶段。

从衍生产业发展来看，广东碳市场专职从事碳管理咨询的公司不超过 5 家，公司规模一般在 10～15 人，碳市场衍生产业发展落后于北京、深圳、上海等试点。但广东省政府却积极支持广东碳市场的金融创新。目前，广东碳市场拥有全国唯一一支利用政府配额拍卖资金所建立的碳基金，希望通过 1 亿元的碳基金来撬动更多的金融资本流入以支持控排主体的技术升级与节能改造，这为其他试点省区市及全国碳市场配额有偿出售资金的运用提供了很好的借鉴。同时，随着广东省政府对碳金融市场的促进与支持，目前广东金融机构也推出了一系列的碳金融服务产品。表 4-10 为当前广东碳市场推出的部分碳金融产品。

表 4-10　广东碳市场推出的部分碳金融产品

碳金融产品	合作机构	时间	规模
碳配额抵押融资	华电新能源有限公司与上海浦东发展银行	2014 年 12 月	1000 万元
碳交易法人账户透支	华电新能源有限公司	2014 年 8 月	500 万元
碳配额回购	壳牌能源（中国）有限公司、中国华能集团有限公司	2015 年 11 月	200 多万吨
碳排放远期交易	广州微碳投资有限公司、水泥企业	2016 年 5 月	7 万余吨的碳配额远期交易合同；8 万余吨的 CCER 远期交易合同
碳配额托管	广州微碳投资有限公司、深圳能源集团股份有限公司下属的两家电力公司——深圳市广深沙角 B 电力有限公司、深能合和电力（河源）有限公司	2016 年 6 月	350 万吨

资料来源：http://www.cnemission.com/.

4.4.6　政策冲突与部门冲突

广东碳市场在三个履约期的实践中进行了大量的经验探索，但是也发现了一些值得其他试点碳市场及全国碳市场借鉴的问题。主要集中在政策冲突与部门冲突等两大方面。

在政策冲突方面，由于广东省存在多种节能减排政策，除了依靠碳排放权交易来实现碳减排，广东省地级城市之间、企业之间还面临着节能量、降低碳强度等多方面的考核任务，碳交易、节能量考核、碳强度考核等三项政策同根同源、关系密切，但三者之间是何种关联还缺乏明确的规定。在碳排放权交易基础上的碳减排能否用于地级城市和企业碳强度、节能量考核还没有明确的政策规定。政策之间缺乏协调也导致地方政府和企业面临多种考核体系，加大了政策实施难度与企业负担；除了多种节能减排政策之间的冲突，目前广东碳市场还存在地方政策与国家政策之间的冲突。国家相继出台了一系列指导全国应对气候变化工作开展的政策和规则，但部分规则与试点政策存在一定的矛盾。例如，国家发改委于2014年1月下发《关于组织开展重点企（事）业单位温室气体排放报告工作的通知》，要求重点企事业单位按照国家发改委印发的行业温室气体核算和报告指南上报温室气体排放量，这就导致企事业单位需要分别根据广东碳市场温室气体核算指南和国家行业核算指南来计算温室气体排放。

在部门冲突方面，广东碳市场实际运行过程中还存在着不同部门之间的冲突，广东省节能和低碳工作目前由不同政府部门分管，节能工作由广东省经济和信息化委员会负责，而低碳工作则由广东省发展和改革委员会主管。一套减排体系涉及多个规制主体极易造成规制失效，并导致企业负担加重产生抵触情绪。从碳市场试点情况来看，静态权利结构配置不合理导致体制性障碍普遍存在，尤其是信息收集、监管执法、技术标准、第三方核查等问题亟待解决。

同时，当前广东碳市场还需要进一步明确如何管理配额有偿出售所得资金。广东配额有偿拍卖收入纳入省财政统一管理，实现收支两条线。统一财政管理虽然具有诸多的便利却难以专款专用，而EU ETS与RGGI将配额拍卖所得收入专用于鼓励和补贴新能源使用及推广先进节能减排技术。因此，未来广东碳市场还需要再进一步探索配额有偿出售资金的规范化用途，从而为其他试点和全国碳市场提供有益示范。

4.5　天津碳市场

根据《2016年天津市国民经济和社会发展统计公报》，天津市2016年地区生产总值为 17 885.39 亿元，同比上年增长 9.0%。其中，第一产业增加值为220.22亿元，同比增长3.0%；第二产业增加值为8003.87亿元，同比增长8.0%；第三产业增加值为9661.30亿元，同比增长10.0%，第一产业、第二产业、第三产业结构比重为1.2∶44.8∶54.0。天津市拥有包括航空航天、石油化工、装备制造、电子信息，生物医药、新能源新材料、国防科技、轻工纺织在内的八大优势支柱产业，年均地区生产总值贡献率超过10%。目前，天津市总体产业结构逐步优化，高耗能、高污染等第二产业比重逐年下降，金融、咨询等第三产业比重逐年上升。然而，自 2014 年起天津市能源消费总量高居 8000 万吨标准煤以上，工业能耗占全市能源消费量比例不断上升，第二产业在天津市能源终端消费量中占有绝对地位。

2013 年 2 月天津市政府办公厅印发《天津市碳排放权交易试点工作实施方案》，对天津碳市场的制度框架做出了原则性规定，并明确要求市发展和改革委员会、市人民政府法制办公室、市人民政府金融服务办公室、市财政局等有关部门研究制定相关配套措施；2013 年 12 月 20 日，天津市政府办公厅发布《天津市碳排放权交易管理暂行办法》，对天津碳市场的制度设计进一步做出了明确规定，这标志着天津碳市场的运行已经从政府部门层面得到了认可。2013 年 12 月 26 日天津碳市场正式启动，这是 2013 年最后一个正式启动的试点市场。本节从制度设计与市场运行等两个方面来对天津碳市场的发展进行案例剖析。

4.5.1　天津碳市场发展状况分析

天津碳市场是 2013 年最后一个正式启动的试点，覆盖了整个天津 60%以上的温室气体排放，是七大试点中温室气体覆盖比例最高的市场，而钢铁企业温室气体排放总量又占到天津碳市场控排总量的一半以上。因此，天津碳市场在制度设计上有着覆盖温室气体比例大、集中度高的特点。但天津碳市场毗邻北京、试点政府重视程度不足和控排主体多为大型高耗能国企等一系列原因，在一定程度上导致天津碳市场运行相对较为低迷。

1. 监管机构体系

天津碳市场虽然通过天津市办公厅出台了《天津市碳排放权交易试点工作实施方案》和《天津市碳排放权交易管理暂行办法》，但相较于其他试点，以省长令、市长令或政府文件的形式发布了管理办法，天津碳市场的建立文件仅为规范性文件，在七大试点中法律效力相对较低，这也体现了天津政府在试点推行过程中的重视程度不足。

图 4-9 为天津碳市场监管机构体系。在监管机构体系设计方面，天津市政府成立了碳排放权交易试点工作领导小组，由常务副市长担任组长统筹协同各部门配合碳市场开展相关工作；天津市发展和改革委员会、天津市人民政府金融服务办公室、天津市人民政府法制办公室、天津市经济和信息化委员会等部门对碳市场各方面工作的开展协调管理；碳排放权交易试点工作领导小组在市发展和改革委员会设立小组办公室，并由市发展和改革委员会主要负责人担任办公室主任，具体负责试点工作的推进与落实；天津排放权交易所作为碳市场的实际交易场所，主要是对交易主体与会员的相关交易行为进行监督管理。

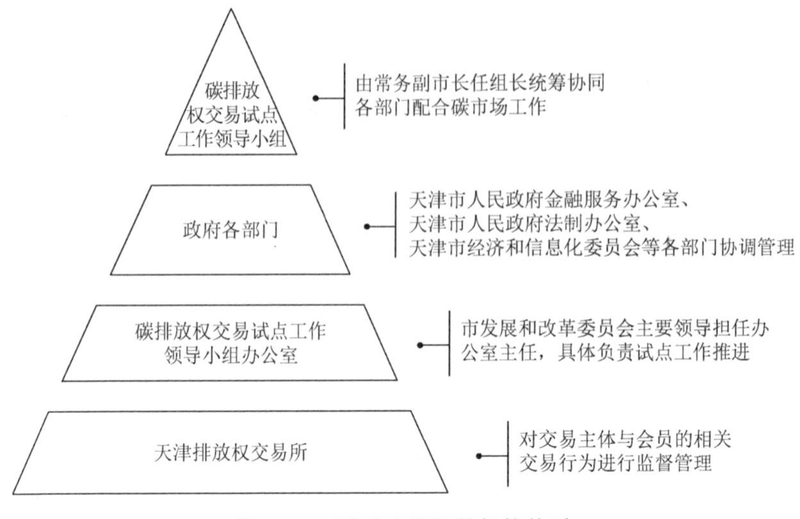

图 4-9　天津碳市场监管机构体系

2. 总量控制与覆盖范围

天津碳市场在总量确定过程中采用了“自上而下”和“自下而上”相结合的方法，通过 CGE（computable general equilibrium，可计算一般均衡）模型、LEAP（long-range energy alternative planning system，长期能源替代规划系统）设置了基准情景、无约束情况、宽松情景和低碳情景等不同情景估算设定了排放总量目标。“自上而下”是根据天津市“十二五”时期碳强度下降 19%的要求和 2010 年碳强度水平及《国民经济和社会发展第十二个五年规划纲要》提出的经济增速目标结合相关规划成果，确定全市 2015 年的碳排放总量。“自下而上”是指根据纳入行业企业发展规划、历史能源消费和新建项目情况确定行业排放控制目标。根据相关专家透露，试运行阶段天津碳市场的配额总量约为 1.60 亿～1.70 亿吨，占全市排放总量的 60%以上。

天津碳市场在六种温室气体中仅纳入了二氧化碳，覆盖行业包括电力、热力、钢铁、化工、石化、油气开采、民用建筑等，市场准入门槛为 2009 年以来碳排放 2 万吨以上的企业。天津碳市场第一个履约期共纳入 114 家企业，第二个履约期共纳入 112 家企业，第三个履约期共纳入 112 家企业，控排主体数量在七大试点中最少；在配额总量设计松紧程度方面，天津碳市场约 1.60 亿吨的配额总量松紧程度属于合理范围内，但第一个履约期内的配额总量可能相对宽松，第二个、第三个履约期参考了经济发展与控排系数配额总量进行了相应收缩，但大体上与第一个履约期持平；从纳入控排主体类型来看，与北京、深圳等覆盖了大量第三产业控排主体不同的是，天津碳市场的控排主体均为大型高能耗工业企业，这体现出天津温室气体排放相对集中的特点。其中，钢铁企业占控排主体总量的 45%，电力、化工企业则分别占到 26%与 21%。

3. 配额管理

天津碳市场于 2013 年 12 月正式发布了《天津市碳排放权交易试点纳入企业碳排放配额分配方案（试行）》，根据配额分配方案，天津碳市场按照年度排放总量目标，考虑行业竞争力、能源利用效率、企业先期减排行动、行业基准线水平等诸多因素，采用历史法和基准线法相结合的方法分配配额；天津碳市场控排主体配额总量包括基本配额、调整配额和新增设施配额三个部分，依据控排主体既有排放源活动水平分配基本配额和调整配额。因起用新的生产设施造成排放重大变化时须向控排主体分配新增设施配额。天津碳市场配额分配以免费发放为主，拍卖或固定价格出售等有偿发放方式为辅。采用有偿发放配额而获得的资金将专款专用，用于控制温室气体排放等相关工作。从 2017 年起，天津碳市场开始积极制定配额有偿发放的相关制度规则。

天津对电力热力、热电联产行业的控排主体依据基准线法分配配额，基准水平依据纳入控排主体 2009～2012 年正常情况下单位产出碳排放的平均值确定。对钢铁、化工、石化、油气开采等行业的控排主体采用历史法分配配额，以历史排放为依据综合考虑先期减碳行动、技术先进水平及行业发展规划等向控排主体分配基本配额。控排主体配额总量计算公式为：基本配额＝排放基数×绩效系数×行业控排系数。新增设施是指控排主体所属的、2013 年 1 月 1 日以来正式投入生产的、具备独立核算及统计条件的设施，控排主体因起用新增设施产生的排放可申请新增设施配额，新增设施将按照控排主体所属行业碳强度先进值及实际活动水平进行配额核定。

在配额调整方面，对于电力热力行业按照实际产量及已给定的履约年度配额基准发放调整配额，对于电力热力以外的其他行业，若履约年度企业碳强度较上一年度下降幅度大于或等于全市平均水平且碳排放量较 2012 年增长 20%以上的控排企业，可申请配额调整。满足上述条件的控排主体应于每年 4 月 15 日前通过自行申报的方式向主管部门提交年度调整配额申请报告及相关证明材料，主管部门根据控排主体提交的相关材料及核查报告进行审核，审核后满足要求的控排企业将发放调整配额。

4.5.2　相对落后的履约管理制度

在控排主体排放量核算方面，天津碳市场的行业排放核算指南采用《温室气体第一部分组织层次上对温室气体排放和清除的量化和报名的规范及指南》《2016 IPCC 国家温室气体排放清单指南》《省级温室气体清单编制指南（试行）》《中国温室气体清单研究》等国际、国内标准和指南作为编制依据，结合行业特点制定出了电力热力、钢铁、合成氨、甲醇、焦化、乙烯、炼油、碳酸盐脱硫等八个行业的碳核算方法。

在排放量监测方面，天津碳市场规定控排主体于每年 11 月 30 日前将企业下一年度碳排放监测计划报市发展和改革委员会，并严格依据监测计划实时监测。监测计划应明确排放源、监测方法、监测频次等；在排放信息报告方面，天津碳市场结合控排主体碳核算的重点环节和管理需求，制定发布了《天津市企业碳排放报告编制指南（试行）》。除了控排主体，天津规定钢铁、化工、电力热力、石化、油气开采等重点排放行业和民用建筑领域中 2009 年以来排放量 1 万吨以上的企事业单位须履行排放信息报告义务，每年第一季度编制本企业上年度碳排放信息报告，并于 4 月 30 日前报送市发展和改革委员会。报告内容应包括上年度碳排放及能源消耗情况、监测措施、本年度排放配额需求与控制碳排放的具体措施等。相较于其他试点已经采用了电子报送系统，目前天津碳市场仍采用的是纸质报送方式，排放信息报送电子系统开发相对较为落后。

在碳排放信息核查方面，天津碳市场建立了碳排放信息核查制度要求控排主体须提供相关资料、接受现场核查并配合第三方核查机构核查工作。在试点阶段，控排主体每年 4 月 30 日前将碳排放报告连同核查报告以书面形式提交市发展和改革委员会，市发展和改革委员会依据第三方核查机构出具的核查报告结合控排主体提交的年度碳排放报告审定控排主体年度碳排放量，并将审定结果通知控排主体。

天津碳市场控排主体被要求于每年 11 月 30 日前将企业下年度碳排放监测计划报市发展和改革委员会，次年 4 月 30 日前将碳排放报告连同核查报告以书面形式一并提交市发展和改革委员会，5 月 31 日前，通过其在登记注册系统所开设的账户注销至少与其上年度碳排放等量的配额以履行遵约义务，控排主体未注销的配额可结转至下年度使用。天津碳市场控排主体可使用一定比例 CCER 抵消其碳排放量，抵消量不得超过当年实际碳排放量的 10%，CCER 没有地域来源、项目类型和边界限制。天津碳市场规定控排主体如未按规定履行碳排放监测、报告、核查及遵约义务，将由市发展和改革委员会责令限期改正并在三年内不得享受节能减排优惠政策，但这对控排主体并不会形成实质性的约束，因而其惩罚力度在七大试点中最低。在市场奖励方面，天津碳市场鼓励银行及其他金融机构在同等条件下优先为信用评级较高的控排主体提供融资服务，并支持优先申报国家循环经济、节能减排等相关扶持政策。

4.5.3　具备 CCX 血统的交易平台

天津排放权交易所是由中国石油天然气集团公司与天津产权交易中心有限公

司合资建立的股份制有限公司，目前中国石油天然气集团公司是天津排放权交易所的第一大股东。天津排放权交易所曾在 2008 年建立之初就获得了 CCX 的知识产权入股并获得了 22%的股份，之后因为国家政策等相关原因该部分股权被回购。之后，天津排放权交易所又获得了亚洲开发银行 75 万美元的赠款项目专门用于开发天津碳市场各种交易服务软件和平台建设，因此天津排放权交易所在建立伊始就具备了与国际接轨的经验和比较完整的交易框架。

目前，天津排放权交易所的业务主管部门为天津市发展和改革委员会，业务监管部门为天津市人民政府金融服务办公室，主要业务包括配额 CCER、排污权和自愿减排量的交易，同时也提供节能减排产业链上的一系列咨询服务。随着全国碳市场的即将建立，虽然天津排放权交易业务工作人员需求较大，但因央企股东性质，在员工录入方面管制十分严格，天津排放权交易所员工数量严重不足。截至 2018 年底，天津排放权交易所拥有 50 多家会员单位，60 多家合同能源管理会员，20 多家战略合作会员，与 6 家银行具备合作关系，交易结算银行为上海浦东发展银行，中国建设银行、兴业银行、中国工商银行、招商银行、渤海银行等 5 家银行则以金融合作伙伴的身份入驻平台，金融机构入驻的主要作用在于为企业节能减排进行融资支持。同时，天津排放权交易所也正积极与多家基金公司商谈建立碳基金的相关事宜。因为与北京碳市场相毗邻，天津排放权交易所的金融服务机构仅限于已注册的 5 家银行。

天津排放权交易所拥有协议交易、拍卖交易、网络现货交易等 3 种交易方式。其中最常用的网络现货交易的交易数额须以 10 吨为单位，交易系统按照“价格优先，时间优先”的原则进行匹配，协议交易的单笔交易量须达到 20 万吨以上，虽然天津排放权交易所设计了拍卖交易，但在实际运行过程中并未进行配额拍卖。天津排放权交易所出于风险管控角度考虑，目前尚未批准个人投资者与国外主体参与碳排放权交易，但符合规定的投资主体可以参与市场交易且已占到了整个天津碳市场 15%的交易总量。

4.5.4　较为惨淡的市场交易状况

由于市场建立法律效力相对较低、政府重视程度相对不足，以及控排主体多为大型高耗能国企等诸多特点，天津碳市场的交易状况相对较为惨淡。除第一个履约年度的市场交易活跃度相对较高之外，第二个、第三个履约年度存在着严重的有市场无交易的现象且控排主体仅在临近履约期前后一段时间内参与市场交易，碳价水平也几乎不变。

图 4-10 是天津碳市场自 2013 年 12 月 26 日开市至 2018 年 12 月 31 日的交易状况。其中，第一个履约期内天津碳市场配额成交总量约为 15.60 万吨，成交金

额约为 507 万元，平均碳价约为 33 元/吨，价格波动幅度相对较大，碳价在达到 52.27 元/吨的最高值之后呈现阶段式下降趋势。同时，天津碳市场第一个履约阶段的交易活跃度较好，共 137 个有效交易日，无效交易日仅为 5 天。天津碳市场第一个履约期内的交易量集中度与交易额的集中度分别为 52.18%与 54.24%，是交易集中度相对最小的试点，第一个履约期天津碳市场的履约率达到了 99.10%。

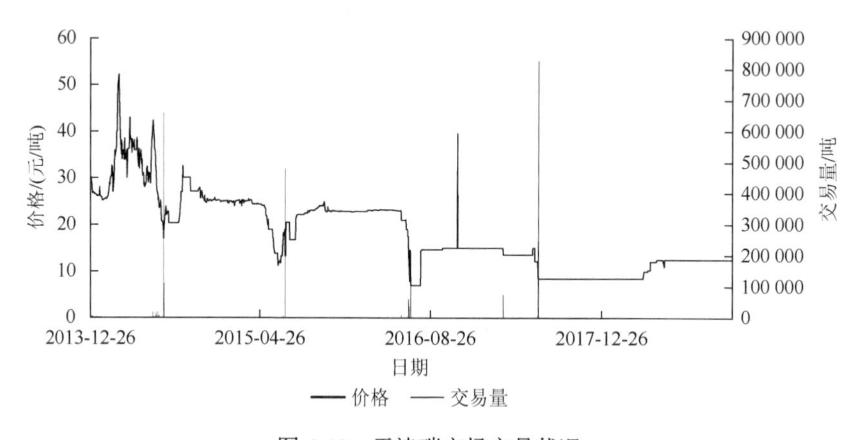

图 4-10　天津碳市场交易状况

资料来源：根据 http://k.tanjiaoyi.com/相关数据绘制

第二个履约期中天津碳市场配额成交总量约为 87 万吨，成交金额 1602 万元，CCER 成交量约为 125 万吨，平均碳价约为 23.7 元/吨，成交量相较于第一个履约期虽然有了大幅上升，但相较于其他试点的成交总量，天津碳市场的成交量仍最小。同时，第二个履约期内天津碳市场的交易活跃度水平大幅下降，虽然有 164 个有效交易日但无效交易日达到了 70 天，交易量集中度与交易额集中度也上升至 97.34%与 96.51%，成为交易集中度最高的试点市场之一。由于交易活跃度水平下降，碳价大幅下降，仅在履约期前后出现了一定波动，交易活跃度下降在一定程度上也影响了市场履约率其随之下降至 96.50%。

第三个履约期内天津碳市场的配额成交总量仅为 81 万吨，成交金额为 975 万元，CCER 交易量为 118.70 万吨，22 元/吨的碳价水平导致天津二级市场成交总额缩水为一半。同样受到全国碳市场建立的政策影响，天津碳市场的无效交易日数量进一步上升至 99 天，交易集中度仍保持在 98%的水平，但市场履约率却达到了 100%。

2016 年以后，天津碳市场的价格基本稳定在 10～20 元/吨，交易量也有所减少，这主要是受到全国碳市场即将开市的影响。总体来看，在 2013～2016 年度三个履约期的试运行阶段中，天津碳市场交易规模处于不断缩减的状态，同时，碳价水平也呈现出不断下滑的趋势，控排主体碳资产管理意愿与能力相对较低，这在一定程度上也加剧了履约驱动交易、市场交易惨淡的现象。

4.5.5 政府重视程度相对不足

天津碳市场在试运行阶段中主要存在三个突出问题：一是碳市场法律地位落后。七大试点碳市场中，仅天津碳市场的建立基础为政府办公厅文件，法律效力最低，这导致天津碳市场对控排主体的法律约束力相对较小且无法形成对市场发展的长远预期。二是市场惩罚力度相对较低。相较于其他试点针对市场违规与未能完成履约的控排主体进行经济处罚，天津碳市场针对上述主体并无实质性的惩罚措施，只是责令相应企业限期整改，这导致市场运行缺乏强制约束。而天津碳市场较高的市场履约率也主要得益于控排主体大多为国企、央企，企业履约意识相对较高。三是市场运行状况惨淡。相较于其他试点交易规模不断攀升，天津碳市场的整体交易规模相对较小甚至出现了不断缩水趋势，交易活跃度也呈现出连年下降的趋势，而市场主管部门针对这一现象却并未开展有效的补救措施。天津碳市场法律地位落后、市场惩罚力度相对较低、市场运行状况惨淡等三个问题虽然一定程度上存在互相影响，但根本原因在于政府对碳市场建设的重视程度相对不足，这在一定程度上又加剧了上述问题的严重性。

除了上述问题，天津碳市场还存在市场参与主体受限的问题，如天津碳市场规章制度中允许自然人参与市场交易，但在实际运行过程中却因为金融管制等原因而未对自然人开放；同时，金融管制也导致天津碳市场目前尚未开发出任何碳金融创新产品，从而难以为控排主体提供有效的融资支持。

4.6 湖北碳市场

湖北省是目前中国经济总量最大同时也是发展最快的省份之一。根据《湖北省2016 年国民经济和社会发展统计公报》，2016 年地区生产总值为 32 297.91 亿元，同比增长 8.1%。三次产业结构比重为 10.80∶44.50∶44.70，工业制造业是经济发展的重要引擎，而其中重工业在工业总产值中占比超过一半，占能源消耗总量的70%以上。湖北省高耗能产业占比过高，产业结构调整难度大，在未来相当长一段时间内经济增长仍将以资源消耗作为主要支撑。近年来，湖北省碳排放总量逐年增长且增速加快，2010 年碳排放总量约为 3.55 亿吨，工业部门年碳排放量超过 80%，而电力、化工、水泥、钢铁、汽车制造、有色金属等行业的碳排放量位居前列。

2013 年 2 月，湖北省政府印发《湖北省碳排放权交易试点工作实施方案》，对省碳排放交易试点工作的总体部署做出了原则性规定，标志着湖北碳市场的制度建设从政府层面得到了根本确立。2014 年 4 月 2 日湖北碳市场正式启动，这是中国第六个正式启动的试点，对未来中部、西部地区纳入全国碳市场具有极强的示范意义。本节将从制度建设与市场运行两个方面来展现湖北碳市场的总体发育状况。

4.6.1 湖北碳市场发展状况分析

湖北省重工业产值占比相对较高，能源消耗与温室气体排放量较大，区域内部经济发展也具有较大差异。因此，湖北碳市场在建市之初兼顾了经济发展与碳减排，将控排主体准入门槛设定为年消耗标准煤 6 万吨（折合碳排放为 15 万吨/年），纳入控排主体数量为 138 家，覆盖全省约 35%的碳排放，配额总量约为 3.24 亿吨，但初始仅发放 60%的免费配额。经过三个履约年度的试运行，湖北碳市场已经成为七大试点市场中交易规模最大、交易活跃度最高、市场价格最为平稳、碳金融创新最为突出的试点碳市场。

1. 监管机构体系

2014 年 4 月，湖北省人民政府颁布《湖北省碳排放权管理和交易暂行办法》对湖北省碳市场体制设计做出了制度性规定。之后，湖北省又出台了包括《湖北碳排放权交易中心碳排放权交易规则》《湖北省工业企业温室气体排放监测、量化和报告指南（试行）》《湖北省温室气体排放核查指南（试行）》在内的一系列规范性文件，以保证湖北碳市场平稳运行。上述规章制度文件虽然为湖北碳市场的平稳运行提供了重要保障，但目前湖北碳市场政策透明度还相对较低，多数政策文件尚未对社会公布。

图 4-11 为湖北碳市场监管机构的体系框架。在《湖北省碳排放权管理和交易暂行办法》的基础上，湖北碳市场设置了较为完整的监管机构体系框架：由省委主管副省长亲自督促碳市场相关工作的开展与落实；省发展和改革委员会作为碳市场主管部门，协调各部门开展碳市场建设的相关工作；湖北省经济和信息化委员会、湖北省财政厅、湖北省人民政府国有资产监督管理委员会等相关部门针对碳市场各方面工作进行监督管理；湖北碳排放权交易中心作为碳市场交易的实际场所，对各类主体的实际交易过程进行监管。武汉大学、华中科技大学、武汉光谷联合产权交易所、中国质量认证中心武汉分中心等四家单位作为技术支持单位对湖北碳市场的发展进言献策。

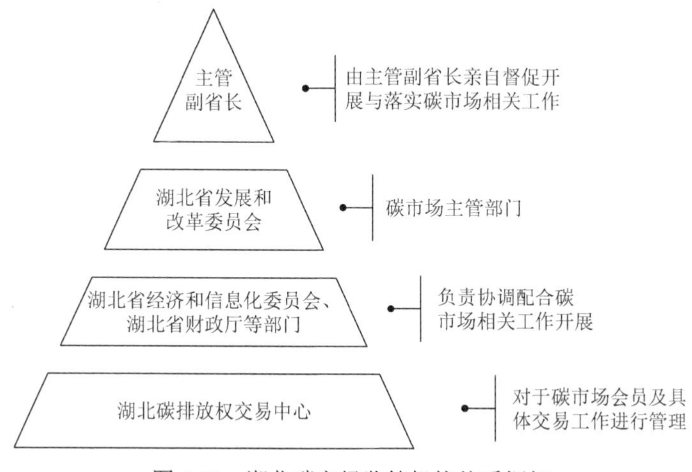

图 4-11　湖北碳市场监管机构体系框架

资料来源：根据相关资料绘制

2. MRV 制度

湖北碳市场规定控排主体应履行碳排放监测和报告义务，配合相关部门和第三方核查机构实施碳排放核查工作。中国质量认证中心武汉分中心受湖北省发展和改革委员会委托相继制定了包括《湖北省工业企业温室气体排放监测、量化和报告指南（试行）》、《湖北省温室气体排放核查指南（试行）》和 12 个行业温室气体排放量化指南等在内的一系列规范性文件。

湖北碳市场在确立控排主体排放边界时主要从组织和运行边界两个层面来考虑，在组织边界层面目前只考虑纳入碳市场和碳排放报告的法人企业。在运行边界层面，湖北碳市场覆盖了固定设施的化石燃料燃烧、生产用移动源排放和工业过程排放组成的直接排放，以及企业购买电力所包含的间接排放；湖北控排主体依据所在行业温室气体排放量化指南选择合适的排放核算或测量方法对碳排放进行监测，具体情况可以根据企业自身实际情况自行选择；湖北控排主体在监测期开始前编写并提交监测计划，监测计划应由第三方核查机构审定并报告主管部门备案。湖北规定年能耗 8000 吨标准煤以上和纳入碳市场的法人企业要提交年度碳排放信息报告，法人企业应依照上报的监测计划和报告模板于每年 2 月底前提交符合要求的排放报告。碳排放报告周期为覆盖完整监测期内的一个日历年排放，企业可选用纸质版或电子版形式报告。同时，湖北碳市场规定有资质的独立第三方机构在公证和独立的情况下对碳排放监测报告数据进行核查与核证，以确保排放信息数据的准确性与可信性。

3. 履约管理

控排主体于每年 9 月最后一个工作日前提交下一年度监测计划，2 月最后一个工作日前向主管部门报送上一年度碳排放信息报告，第三方核查机构于每年 4 月最后一个工作日前提交核查报告，主管部门于 5 月最后一个工作日前核发上年度既有、新增和电力企业的事后调整配额，控排主体于次年 6 月最后一个工作日前向注册系统开设的履约账户上缴与其本年度经核查的排放总量相等的配额，注销后的剩余配额可存储使用。湖北碳市场针对积极履约的控排主体，政府预留配额转让所得专项资金将用于支持此类企业碳减排，并优先支持送审申报国家、省节能项目和申请政策扶持；针对市场违规的控排主体的惩罚机制主要包括经济惩罚、配额扣发和行政处罚等三种手段。针对未能完成履约的控排主体将按照市场均价对差额部分处以 1～3 倍罚款但最高不超过 15 万元，并在下一年度配额分配中扣除双倍；对于未提交监测计划和报告的企业进行警告通报，严重者处以 1 万～3 万元的罚款；拒绝接受核查的企业将警告通报，逾期未改者将对下一年度配额减半发放。

4.6.2　宽范围与高门槛式的覆盖范围

湖北碳市场采取“自上而下”的方式来确定配额总量，在参考湖北省 2009～2011 年地区生产总值实际年增长率基础上，考虑“十二五”期间湖北碳强度下降 17%的目标，预测了湖北省未来的排放水平，通过计算得到 2014～2015 履约年度湖北碳市场的配额总量应为 3.24 亿吨，占全省排放总量的 44.30%。

湖北碳市场在选择覆盖范围时，主要是将行政区域内的化石燃料燃烧和法人单位境外购电所导致的直接或间接碳排放纳入控排体系，包括电力、热力、钢铁、水泥、石化、化工、汽车及其他设备制造、有色金属和其他金属制品、玻璃及其他建材、化纤、造纸、医药、食品饮料等 13 个行业。通过测算和比较不同市场准入门槛纳入的控排主体数量、温室气体覆盖比例和行业减排成本，最终确定将 2010 年、2011 年任何一年中年综合能耗在 6 万吨标准煤（折合碳排放为 15 万吨/年）以上的 138 家企业纳入碳市场，覆盖的温室气体排放量占到全省碳排放量 35%。湖北碳市场是中国七大试点中控排主体准入门槛与覆盖行业数量最高的试点，但湖北碳市场同时也是七大试点覆盖温室气体排放比例最低的碳交易试点。

4.6.3　考虑经济增长的配额分配方式

湖北碳市场在开市伊始的配额总量约为 3.24 亿吨，配额总量包括政府预留配额、年度初始配额、新增预留配额等三大部分。其中，向控排主体免费发放 60%的初始配额，新增预留 32%的配额。政府预留配额为总量的 8%（约 2592 万吨配额），其中的 30%（约 777 万吨配额）将采取公开竞价方式来进行拍卖，所得收益将用于市场调节、支持企业减排和碳市场能力建设，另外 70%将在碳价波动较大时用于市场调节。湖北碳市场 32%的新增预留配额比例主要是考虑到经济快速增长的现实，控排主体的年度排放量仍处于不断上升的趋势，因此需要在碳减排的同时为经济发展留足空间。因此，湖北碳市场设定新增预留配额的目的就在于为控排主体的新增项目预留发展空间，新增项目只要符合产业规划和主体功能区规划要求，企业就将得到足量配额。表 4-11 为湖北碳市场配额分配方案。

表 4-11　湖北碳市场配额分配方案

<table>
<tr><th rowspan="2">项目</th><th rowspan="2">年度初始配额</th><th rowspan="2">新增预留配额</th><th colspan="2">政府预留配额</th></tr>
<tr><th>有偿转让</th><th>其他</th></tr>
<tr><td rowspan="2">配额发放比例</td><td rowspan="2">60%</td><td rowspan="2">32%</td><td colspan="2">8%</td></tr>
<tr><td>30%</td><td>70%</td></tr>
<tr><td>说明</td><td>基于历史法与标杆法，无偿分配给控排主体</td><td>无偿发放给新增产能、设施配额需求的控排主体</td><td>控排主体公开竞价，用于价格发现，收益为支持企业减排和碳市场能力建设所用</td><td>碳价波动大时，用于市场调节</td></tr>
</table>

资料来源：http://www.hbets.cn/.

湖北碳市场的初始配额分配主要采用历史法和标杆法对控排主体进行无偿分配。配额分配方法因行业不同而存在一定差异，电力行业之外的工业企业配额分配采用历史法，电力行业的配额分配采用半数历史法和半数标杆法相结合的原则免费分配。针对碳排放大户的电力企业，新增超过基准年 50%的排放量时，湖北碳市场将以增发配额的方式来缓解电力企业减排压力。控排主体新增设施和产能变化导致当年排放量超过或低于初始配额 20%或 20 万吨时，主管部门经核实后将免费为企业追加或减少相应配额量。配额调整规则设定表明湖北碳市场综合考虑了未来经济增长以满足控排主体产量发生较大变化时的需求，同时不过分限制企业发展空间。

4.6.4　致力于建设全国碳金融交易中心的交易平台

湖北碳排放权交易中心由湖北省联合交易集团有限公司、中国水利电力物资集团有限公司、武汉光谷联合产权交易所江城产权交易有限公司、湖北省宏泰国有资本投资运营集团有限公司、湖北省农业生产资料控股集团有限公司、国电长源电力股份有限公司、中国建材检验认证集团股份有限公司、武钢集团有限公司、大冶有色金属集团控股有限公司共同出资创建注册资本 1 亿元。共有综合部、财务部、风控部、研发部、市场部、会员部、交易部、信息部等 10 个部门。主管部门为湖北省发展和改革委员会，业务覆盖范围包括了配额现货与 CCER 交易、碳资产管理、碳金融及其他相关低碳服务。目前，除推出碳排放配额现货、CCER两种产品外还推出了全国首个碳排放配额远期产品，推出首日成交量就达到了680万吨，成交额达1.5亿元。为保证碳排放配额远期交易产品能够健康平稳运行，湖北碳排放权交易中心制定了严格的风险控制管理体系，以确保碳排放权现货远期交易的规范运行。其中包括《湖北碳排放权交易中心碳排放权现货远期交易规则》《湖北碳排放权交易中心碳排放权现货远期交易风险控制管理办法》《湖北碳排放权交易中心碳排放权现货远期交易结算细则》《湖北碳排放权交易中心碳排放权现货远期交易履约细则》等一系列风险防控制度文件，为其他试点和全国碳市场推出新的交易产品提供了有益参考。

2016年4月，湖北碳排放权交易中心获批"全国碳交易能力建设培训中心"，是全国第二家正式获批全国碳交易能力建设培训中心的交易平台。为进一步提高碳市场建设能力与培训能力，湖北碳排放权交易中心正在打造"1+1+9"的能力建设服务体系，即1个实体培训中心——"碳汇大厦"，1个互联网培训中心——全国碳交易能力建设在线培训中心网络，9个行业培训示范基地［中国建筑材料集团有限公司、武汉钢铁（集团）公司、中国华能集团有限公司等9家典型控排主体］。其中，互联网培训中心免费向全国近万家控排主体提供五大类、100余个碳市场能力建设相关教学视频。2016年7月湖北碳排放权交易中心在非试点地区的碳市场能力建设工作刚刚起步，已经赴宁波、河南等多个地区完成了碳市场能力建设工作。

4.6.5　交易量最大与最活跃的试点市场

湖北碳市场配额总量仅次于广东碳市场，但截至2018年底湖北碳市场已经是七大试点中市场规模最大、交易活跃度最高、投资主体数量最多的试点。

图4-12为湖北碳市场2014年4月2日开市至2018年12月31日的量价交易状况。其中，第一个履约期中二级市场配额成交总量约652万吨，成交金额达1.60亿元，CCER交易量约为67万吨，平均碳价为24.50元/吨，市场交易规模位居七大碳交易试点榜首。同时，第一个履约期内，湖北碳市场以20元/吨的固定价格针对投资主体有偿出售了200万吨配额，交易金额达0.40亿元。湖北碳市场是唯一专门针对投资主体出售配额的试点，主要目的在于依靠投资主体来活跃市场并起到价格发现的功能。因此，第一个履约期中湖北碳市场共有337个有效交易日，无效交易日数量仅为6天，交易量集中度与交易额集中度分别为48.48%与49.00%，市场活跃度在七大试点中相对最高。然而由于湖北碳市场控排主体分布较为分散，履约意识较为薄弱，第一个履约期中湖北碳市场的履约率仅为81.20%。

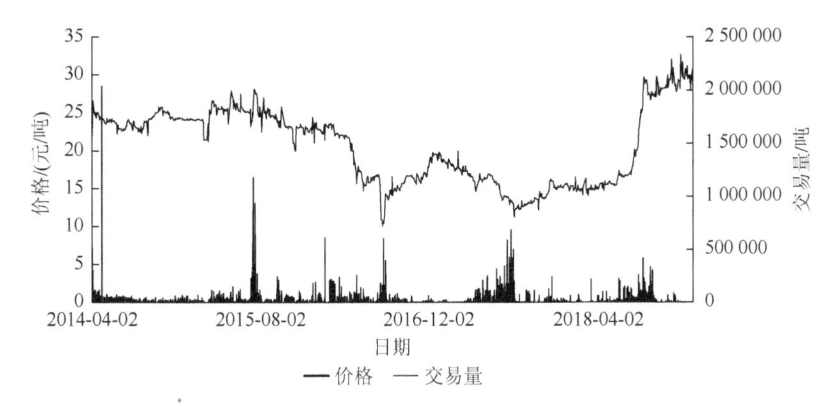

图 4-12　湖北碳市场交易状况

资料来源：根据 http://k.tanjiaoyi.com/相关数据绘制

在第二个履约期内，湖北碳市场成交总量约为1754万吨，成交金额为3.90亿元，CCER交易量为63万吨，平均碳价略微下降至22元/吨。二级市场成交总量上涨近三倍，这主要得益于市场各方参与主体对湖北碳市场的运行规则越发熟悉，碳资产管理能力逐步上升，也得益于湖北碳市场在第二个履约期内正式推出了碳排放权远期交易产品，交易产品创新在一定程度上也激励了市场交易规模大幅增长。同时，第二个履约期中湖北碳市场也再未针对控排主体与投机主体进行有偿出售。在市场活跃度方面，湖北碳市场第二个履约期内的活跃度水平有所下降但基本与第一个履约期持平，依然是七大试点中交易活跃度最高的市场。其中，湖北碳市场共有225个有效交易日，无效交易日数量仅为2天，交易量集中度与交易额集中度上升至69.43%与71.32%，市场履约率也仅为80%左右。

2016 年度湖北碳市场价格遭遇了一次大幅下跌，原因在于全国碳市场开市的政策对湖北碳市场造成了巨大冲击，后续国家发改委再次发布了相关文件表明未来七大试点将在全国碳市场建成后继续运行，市场价格才逐步回升。同时，2018年湖北碳市场成了全国碳市场注册登记系统的承建试点，湖北碳市场的交易价格一路飙升至 30 元/吨以上。从市场交易规模来看，湖北碳市场是中国七大试点碳市场中交易量与交易额最大的试点。如果按照交易规模计算，湖北碳市场是继EU ETS、中国碳市场之后的全球第三大碳市场。湖北碳市场开市时间晚而交易量与交易金额在七大试点市场中位居首位，除了与本身配额量巨大有关，与其拥有活跃的交易、数量众多的个人投资者与机构投资者，以及多样化的碳金融创新产品也有较大关联。由于湖北碳市场的个人与机构投资主体市场准入门槛相对较低且投资主体可参与一级市场拍卖，极大程度地调动了投资者积极性，因此目前湖北碳市场拥有5000余名个人投资主体、近百家机构投资主体，投资主体数量在七大试点市场中位居首位。众多投资主体参与市场交易不但促使整个市场的交易规模上升，在一定程度上也提高了整个市场的交易活跃度。而湖北碳市场交易活跃度高最根本的原因在于其配额具有时效性的规定，即未经交易配额在履约期结束后将予以注销不能存储至下一履约期，这一制度性规定意味着湖北碳市场控排主体将不得不参与市场交易。

4.6.6　碳金融产品创新最多的试点

湖北碳排放权交易中心的结算银行为中国建设银行、中国民生银行、上海浦东发展银行，另外湖北碳排放权交易中心与中国进出口银行、兴业银行、中国光大银行等多家金融机构也存在合作。目前市场已经推出的碳金融创新产品包括碳金融授信、国内首单碳资产质押贷款、首笔碳配额托管、首个碳众筹项目红安县农村户用沼气项目 CCER 开发等。2016 年 5 月 12 日全国首单钢铁行业碳资产托管业务在湖北碳排放权交易中心协助下完成，合作方为湖北新冶钢有限公司和优能联合碳资产管理（北京）有限公司。在碳基金开发方面，目前湖北碳市场有两支碳基金，分别为 2014 年 11 月中国华能集团有限公司与诺安基金管理有限公司发行的 3000 万元的碳基金和 2015 年 4 月招银国际金融有限公司发行招金盈碳一号碳排放投资基金一期 5000 万元、二期 6000 万元。中国华能集团有限公司与诺安基金管理有限公司在武汉又共同发布了全国首支“碳排放权转型资产管理计划”基金，该基金是全国首支经官方部门备案的“碳排放权专项资产管理计划”基金，基金规模在 3000 万元。表 4-12 为 2014～2016 年湖北碳市场主要推出的碳金融产品。

表 4-12　2014～2016 年湖北碳市场主要推出的碳金融产品

碳金融产品	合作机构	时间	规模
碳债券	华电湖北发电有限公司、中国民生银行武汉分行（意向合作协议）	2014 年 11 月	20 亿元
碳配额质押	兴业银行武汉分行、湖北宜化集团有限责任公司	2014 年 9 月	4000 万元
引入境外投资者	武汉鑫博茗科技发展有限公司、台湾石门山绿资本公司	2015 年 6 月	8888 吨
碳基金	中国华能集团有限公司、诺安基金管理有限公司	2014 年 11 月	3000 万元
	招银国际金融有限公司（首支面向公众募集的碳信托投资基金）	2015 年 4 月	一期 5000 万元 二期 6000 万元
碳配额托管	湖北兴发化工集团股份有限公司	2014 年 12 月	100 万吨
	湖北宜化集团下属公司与武汉钢实中新碳资源管理有限公司和武汉中新绿碳投资管理有限公司分别签署	2014 年 12 月	100.8 万吨

续表

碳金融产品	合作机构	时间	规模
基于 CCER 的碳众筹项目	红安县农村户用沼气 CCER 开发项目	2015 年 7 月	20 万元
碳排放权现货远期	—	2016 年 4 月	启动当日成交量 680 万吨，成交额 1.50 亿元。截至 2016 年 5 月 30 日，共成交 1.4 亿吨，成交额达 33.97 亿元
碳金融授信	中国民生银行、中国建设银行、上海浦东发展银行	2014 年 4 月	600 亿元
	兴业银行	2014 年 9 月	200 亿元
	中国进出口银行	2015 年 8 月	200 亿元

资料来源：http://www.hbets.cn/.

目前，湖北碳市场在碳金融创新方面所面临的最大问题是产品创新缺乏连续性，即一项新的碳金融产品推出后会产生几笔大的交易，但此后就很难再次产生交易，这与湖北碳市场的金融产品创新未能形成常态化机制和未来碳市场走向不明确有较大关系。

4.7　重庆碳市场

重庆是七大试点中唯一的西部省市，经济发展水平相对较低但增幅较大，工业是重庆市经济发展的重要支柱部门，根据《2016 年重庆市国民经济和社会发展统计公报》，2016 年重庆市地区生产总值为 17 558.76 亿元，三次产业结构比为 7.4∶44.2∶48.4，工业生产占据地区生产总值的半壁江山。微型计算机设备、汽车、摩托车制造等行业是重庆最重要的工业部门。总体来看，重庆市第三产业尤其是现代服务业水平仍相对较低，经济结构有待进一步优化。重庆市能源资源有限，目前已初步形成了以电力为核心、煤炭为基础、天然气为补充的能源保障体系，煤炭需求占能源消耗总量比例在 50%以上，外购电力及水电等清洁能源发电占比约为 23.80%。第二产业是能源消耗的主力，其中规模以上工业行业占全市能源消费总量的 42%以上，制造业占所有工业行业能源消耗的 70%以上。

重庆市政府于 2012 年 9 月发布了《重庆市“十二五”控制温室气体排放和低碳试点工作方案》对重庆市开展碳排放交易权试点、建立温室气体排放统计制度、建立碳交易登记注册系统、交易平台和监管体系等一系列工作进行了部署，标志着重庆碳市场的各项制度建设工作已基本确立。2014 年 6 月 19 日重庆碳市场正式启动标志着中国七大试点碳市场均已全面启动，下一步将通过汲取试点经验来建设全国碳市场。本节从市场制度建设与运行状况等两个方面来对重庆碳市场的发育特点进行深度剖析。

4.7.1　重庆碳市场发展状况分析

重庆碳市场在七大试点中开市时间最晚，在一定程度上导致其成为交易规模最小、市场最不活跃的试点。但重庆市在制度设计方面进行了一定的尝试性探索，为全国碳市场的建设道路做出了有益尝试。

重庆市政府通过《重庆市“十二五”控制温室气体排放和低碳试点工作方案》奠定了碳市场建立的制度性基础后，重庆市人大、重庆市政府、重庆市发展和改革委员会、重庆联合产权交易所等多个部门又先后出台了包括《重庆市碳排放权交易管理暂行办法》《重庆市碳排放配额管理细则（试行）》《重庆联合产权交易所碳排放权交易细则（试行）》在内的多项政策法规以保障市场平稳运行。

在上述监管政策法规的基础上，目前重庆碳市场已经形成了多层级的碳市场监管机构体系。其中包括成立了以分管副市长为组长的碳排放权交易筹备领导小组，由副市长组织协调碳市场各项工作的开展；由市发展和改革委员会牵头组织开展碳排放权交易的制度规则、配额分配、交易平台、技术标准、报告核查等一系列基础工作，并以主管部门身份监管碳市场各项工作；重庆市人民政府金融工作办公室等其他部门以碳市场协助监管部门的身份对控排主体、核查机构、交易中心和其他交易主体的市场行为进行监督管理；重庆联合产权交易所作为碳交易的实际场所，主要是对交易主体的具体交易过程进行监管。图 4-13 为重庆碳市场监管机构体系。

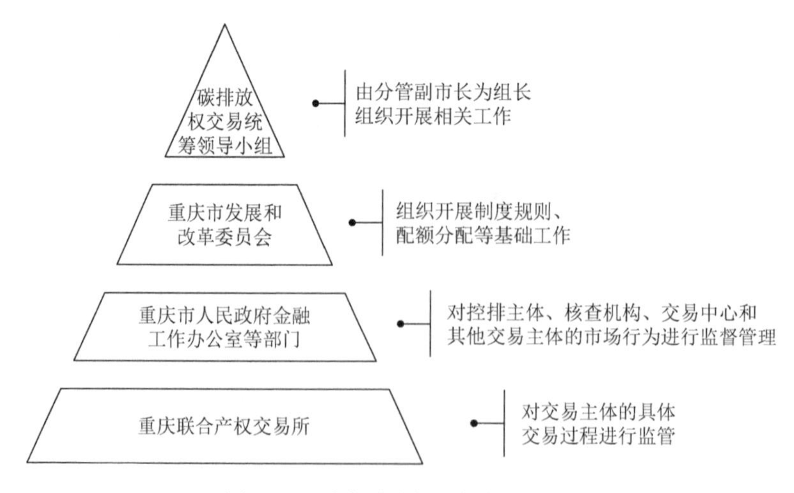

图 4-13　重庆碳市场监管机构体系

资料来源：根据相关资料绘制

目前，重庆碳市场根据其作为全国老工业基地的产业结构特点，以及工业碳排放占全社会碳排放总量 70%以上且能效较低的实际情况，将 2008～2012 年任一年碳排放量在 2 万吨以上的工业企业纳入控排体系。控排主体主要来自电力、冶金、化工、建材等多个行业，共 254 家企业。重庆碳市场将二氧化碳、甲烷、氧化亚氮、氢氟碳化物、全氟化碳、六氟化硫等六种温室气体均纳入了控排体系，是中国七大试点碳市场中唯一将六种温室气体均纳入控排体系的试点。最终，重庆碳市场覆盖了整个城市 55%的工业碳排放，40%的碳排放总量。尽管重庆碳市场的制度设计导致其市场运行状况相对其他六大试点市场较差，但重庆碳市场在纳入温室气体、配额分配、控排主体结算等方面的制度特色对全国碳市场建设仍具有一定参考意义。

4.7.2　绝对总量控制目标与企业配额自主申报

重庆碳市场本着“碳交易的本质在于以市场机制来促进温室气体减排”的理念，在配额分配方法上大胆尝试采用“不划分具体行业，政府总量控制与企业博弈竞争相结合的方法”进行配额分配。即控排主体在规定时间内通过碳排放电子申报系统和加盖公章的书面文件向市发展和改革委员会报送本年度预计碳排放量，控排主体实施减排工程后的预计减排量可纳入年度排放量一并申报，但申报年度及以后年度的新增产能所形成的排放量原则上不纳入申报范围。例如，控排主体的年度申报配额量之和低于该年度配额总量控制上限，则其年度配额按照申报配额量确定；如控排主体年度申报配额量之和高于该年度配额总量控制上限，同时控排主体年度申报配额量高于其 2008 年以来历史最高排放，则以其历史排放平均值作为分配基数，控排主体年度申报配额量低于其历史最高年度排放量则以其申报配额量作为分配基数。在此基础上，控排主体分配基数之和若低于该年度配额总量控制上限，则年度配额以此分配基数确定；控排主体分配基数之和若超过该年度配额总量控制上限，则其年度配额按照分配基数所占权重进行确定。重庆市发展和改革委员会在控排主体年度配额量申报规定时间结束后 20 个工作日内公布本年度配额分配方案，交易平台在收到年度配额分配方案后的 2 个工作日内通过登记注册系统发放配额。

在控排主体配额分配层面，当控排主体申报配额量超过市发展和改革委员会审定排放量的 8%，以审定排放量与申报配额量之间的差额扣除相应配额。当控排主体实际产量比上年度增加且申报配额量低于审定量的 8%时，以审定排放量与申报配额量之间的差额作为补发配额上限；当补发配额总量不足时，则按照差额占补发配额总量的权重补发配额。补发配额来源为扣减的配额、排放设施转移或企业关停而收回的配额和企业所获得配额之和低于年度配额总量控制上限的差额部分。

根据上述配额总量确定及分配原则。重庆市参考“十二五”期间碳排放强度下降 17%与单位工业增加值能耗下降 18%的目标，结合控排主体历史温室气体排放数据，确定了重庆碳市场 2013～2015 年度配额总量逐年下降 4.13%的绝对量化减排目标，因此重庆碳市场三个履约年度的计划基准配额总量分别为 1.31 亿吨、1.26 亿吨和 1.21 亿吨。但实际操作中，2014 年 5 月底重庆碳市场根据控排主体自主申报的配额确定了 2013 年度的配额总量约为 1.25 亿吨，实际配额总量设置略低于计划配额总量目标。

相较于其他六大试点配额分配采取历史法与基准线法，重庆碳市场采取了企业配额自主申报的发放模式，企业自主申报配额与政府核查、复查数据误差保持在 8%以内即可。该模式给予了重庆碳市场控排主体极大的自主空间，一方面保证了重庆市的经济发展，另一方面市场化手段也减少了政府干预。重庆碳市场所采取的企业配额自主申报模式是对中国碳市场配额发放模式的大胆有益尝试，但结果表明这一举措导致重庆碳市场配额分发严重过剩，并不适应于当前中国碳市场的发展。

4.7.3　温室气体全纳入式的监测计划

在 MRV 制度方面，重庆碳市场建立了较为完整的碳排放 MRV 制度，要求市发展和改革委员会加强碳市场管理能力建设，自行或委托有技术实力和从业经验的机构核算控排主体年度碳排放量，并制定出了《重庆市工业企业碳排放核算报告和核查细则（试行）》《重庆市工业企业碳排放核算和报告指南（试行）》《重庆市企业碳排放核查工作规范（试行）》等一系列具体技术文件，与其他试点的不同之处在于重庆碳市场并未另外划分报告企业。

在监测计划方面，重庆碳市场鼓励控排主体按照核算报告和指南要求自行编制具有可操作性的碳排放监测计划，碳排放监测数据自行或委托咨询机构对碳排放量进行年度核算；在核算方法方面，重庆碳市场在制定温室气体排放核算方法时主要考虑了核算温室气体种类多、控排主体基础数据薄弱等现实情况，从可操作性出发对核算方法进行了简化。重庆碳市场制定的《重庆市工业企业碳排放核算和报告指南（试行）》具体规定了碳排放核算的原则、核算边界、碳排放源、活动水平数据、核算方法、不确定性分析、数据质量管理等。非二氧化碳的其他五类温室气体需要根据《省级温室气体清单编制指南（试行）》确定的“全球变暖潜势值”转化成二氧化碳排放当量。核算边界包括企业生产系统、直接为生产服务的辅助系统与附属生产系统，以及与上述系统直接相关但活动水平数据不能量化的活动或设施。

目前，重庆碳市场是七大试点市场中唯一将六种温室气体均纳入控排体系的试点。非二氧化碳的五大温室气体根据确定的全球变暖潜势值（为了评价各种温室气体对气候变化影响的相对能力，采用了一个被称为全球变暖潜势值的参数。全球变暖潜势值是某一给定物质在一定时间范围内与二氧化碳相比而得到的相对辐射影响值）转换成二氧化碳排放当量。排放核算方法采用物料平衡法和排放因子法，在核算指南中不区分行业，统一给出排放计算公式和各类排放因子，控排主体在核算过程中只需要收集相关活动水平的数据，排放因子数据主要参考省级温室气体清单、国家统计局能源统计报表制度和国家标准综合能耗计算通则中的有关数据。因此，重庆碳市场可以较容易地将六种温室气体统一折算为二氧化碳排放当量并纳入控排体系。此举措主要是从两个方面考虑：一是重庆市发展和改革委员会认为应尽量将完整统一的温室气体纳入控排体系，因此按照 IPCC 的规范将六种温室气体纳入了控排体系；二是从统计角度来看，碳排放与能源消耗相关度很高，而中国能源统计制度已形成了较为规范的体系。通过重庆碳市场的核算方法，如果单纯考虑二氧化碳排放会与以能源消耗指标为基础的节能考核体系冲突，为了避免出现数据冲突，可将六种温室气体都折算成二氧化碳排放当量以保证数据的一致性。

4.7.4　履约管理长期滞后

在履约管理方面，重庆碳市场规定控排主体需要在规定时间范围内通过碳排放电子申报系统和加盖公章的书面文件向市发展和改革委员会报送本年度预计碳排放量；市发展和改革委员会在控排主体申报结束后 20 个工作日内公布本年度配额分配方案，交易中心在收到年度配额分配方案后 2 个工作日内通过登记簿发放配额；控排主体于每年 2 月 20 日前向市发展和改革委员会提交上年度碳排放报告并同步通过电子报告系统报送，之后于 5 个工作日内向市发展和改革委员会委托的核查机构进行核查；市发展和改革委员会根据核查报告审定控排主体年度实际碳排放量，并于每年 4 月 20 日前公布上年度审定排放量和调整后的年度配额。控排主体根据审定的上一年度排放量，于每年 6 月 20 日前通过登记簿上缴和审定与排放量相当的配额并向市发展和改革委员会提交加盖公章的书面履约文件。

重庆碳市场控排主体可以使用 CCER 抵消其碳排放量，比例不超过控排主体审定排放量的 8%，对 CCER 的来源地域没有限制。在激励机制方面，重庆碳市场优先支持控排主体的碳管理能力建设，支持控排主体优先享受节能减排财政政策综合示范、资源节约和环境保护等中央补助资金项目；在惩罚机制方面，未能按照规定报送碳排放报告或者拒绝接受核查的控排主体将由主管部门责令限期改正，逾期未改正的主体将处以 2 万元以上 5 万元以下的罚款。不履行或者不完全履行配额清缴义务的控排主体，将由主管部门根据其超出配额范围的碳排放量，按照清缴期届满前一个月平均碳价的 3 倍予以处罚。

重庆碳市场虽然制订了较为详细的履约管理计划，但始终未能切实按照履约计划来管理控排主体的履约任务，因为开市时间相对较晚等原因将第一个履约期与第二个履约期进行了联合履约，然而在试运行阶段重庆碳市场始终未能公布控排主体的履约情况与市场惩罚状况。

4.7.5　交易平台结算方式创新

重庆碳排放权交易中心是重庆碳市场的实际交易场所，挂靠在重庆联合产权交易所交易一部开展碳交易工作，目前尚无独立法人地位。重庆碳排放权交易中心除了提供碳排放权交易服务，也为重庆碳市场控排主体提供碳市场能力建设培训与碳管理咨询服务等。但因为碳交易业务并非重庆联合产权交易所主营业务且重庆碳排放权交易中心规模较小，通常会将相关咨询业务推荐给诸如重庆国际投资咨询集团有限公司等碳管理咨询公司，以扶持重庆碳市场的咨询产业发展。目前，重庆碳排放权交易中心已经成为全国八家碳市场能力建设与培训中心之一。

目前，重庆碳排放权交易中心的交易产品仅包括配额现货与 CCER 两个品种，仅有协议交易一种交易方式，交易结算银行为招商银行，然而重庆碳市场部分控排主体位于偏远郊县地区，招商银行网点有限造成部分控排主体财务并未与招商银行挂钩，给重庆碳市场控排主体的开户与结算工作带来了许多障碍从而导致部分控排主体未开户。为解决这一问题，重庆碳排放权交易中心接入第三方支付平台“重庆联付通网络结算科技有限责任公司”(类似于支付宝的第三方支付平台，不需要绑定结算银行即可完成碳排放权交易资金的结算，以下简称联付通)，控排主体不需要新开设银行账户，只需要将现有任意企业银行账户与联付通绑定即可进行结算，这为控排主体参与重庆碳市场交易提供了极大便利。

目前中国碳市场正处于建设初期，七大试点在碳排放数据的统一性方面存在一定出入，而数据统一是建立统一碳市场的制度基础，因此全国碳市场建设的首要任务是制定规范、完善、统一的 MRV 制度，重点关注控排主体温室气体排放数据。

4.7.6　惨淡的二级市场交易

重庆碳市场“重减排而不重交易”的机制设计理念与控排主体配额自主申报的制度设计导致重庆碳市场二级市场交易状况十分低迷。

图 4-14 为重庆碳市场自 2014 年 6 月 19 日开市至 2018 年 12 月 31 日的交易状况。第一个履约期内，重庆碳市场的成交总量约为 15 万吨，交易总额约 455.75 万元，

有效交易日不足 10 天；第二个履约期中，重庆碳市场成交总量约为 12 万吨，交易总金额为 223.25 万元，有效交易日数量在 10 天左右。两个履约期内，重庆碳市场未产生任何CCER交易，主要原因是相较于其他六大试点重庆碳市场对CCER交易种类、申报时间有较多限制，同时重庆并未产生 CCER 减排量，惨淡的二级市场交易现状在一定程度上也影响了 CCER 流向。从碳价方面来看，由于重庆碳市场自开市以来有效交易日数量过低且每次有效交易日的发生间隔时间较长，碳价呈现出阶梯状波动，碳价总体水平在 10 元/吨左右。在第三个履约期内，重庆碳市场交易活跃度与市场规模有所上升，但就总体状况来看，重庆碳市场依然是七大试点市场运行最为惨淡的试点。就市场履约率来看，控排主体在第一个履约期内的履约意识较为淡薄导致重庆碳市场在第一个履约期内众多企业并未完成履约，因此重庆碳市场将第一个、第二个履约期进行联合履约的市场履约率约在 70%左右。2016 年后，随着全国碳市场即将建立，重庆碳市场出现了几笔交易将价格推向了 47 元/吨，之后价格又下跌至 10 元/吨左右。

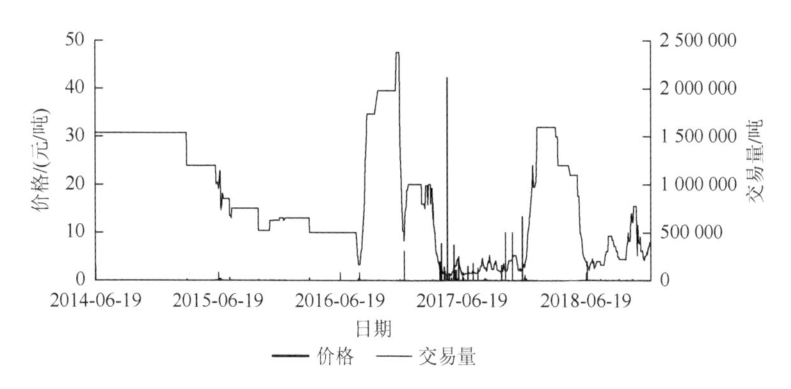

图 4-14　重庆碳市场交易状况

资料来源：根据 http://k.tanjiaoyi.com/相关数据绘制

重庆 2012～2013 年碳排放量总体下降。因此，重庆碳市场配额总量呈现持续下降趋势，控排主体碳排放总量也呈现出了下降趋势。然而，由于重庆碳市场控排主体大部分为重点能耗企业，因此很难界定碳市场建立对企业碳排放量下降的影响。

4.8　中国七大试点碳市场对比与问题分析

七大试点碳市场横跨中国东部、中部、西部地区，既包括经济发展水平较高的工业、非工业发达省市，也纳入了经济发展水平相对较低但发展潜力较大的省份。由于七大试点省市经济发展水平、产业结构、能源消耗等社会经济因素不同，七大试点碳市场在制度体系设计过程中也表现出了较大的差异。因此，在对中国七大试点碳市场进行案例分析之后，本节将对七大试点的制度设计与市场运行状况从政策法规体系、市场覆盖范围与制度设计、交易平台、二级市场运行状况等四个方面进行对比分析，并进一步总结出中国七大试点碳市场在发育过程中所面临的共同问题。

4.8.1　政策法规体系

通过梳理七大试点碳市场的政策法规文件，发现目前中国碳市场的政策文件主要包括市场建立基础文件、市场管理办法、市场实施细则文件和交易平台管理文件等四大类。

其中，市场建立基础文件的主要作用在于奠定碳市场建立的法律效力与根基，包括由试点省市人民代表大会常务委员会发布的具有法律效力的市场建立基础文件，如《深圳经济特区碳排放管理若干规定》等，目前仅有深圳与北京两大试点通过了人大层面的立法，重庆市虽然向市人大递交了相关决议但并未得到重庆市人民代表大会常务委员会同意；由试点省市政府发布法规性质的市场建立基础文件，如《广东省碳排放权交易试点工作实施方案》等，目前湖北、广东、上海、重庆等四大试点均在政府层面通过了建立碳市场的法律文件，而天津碳市场则是通过天津市政府办公厅发布了《天津市碳排放权交易试点工作实施方案》，因而法律约束力在七大试点中相对较低。市场管理办法的主要作用在于对碳市场制度设计的基本方案与原则进行统筹性规定，包括由试点省市政府发布的碳市场相关管理办法，如《上海市碳排放管理试行办法》等，目前除了天津碳市场是通过天津市人民政府办公厅出台《天津市碳排放权交易管理暂行办法》，其余试点均是通过政府层面出台这一管理办法。在市场实施细则文件层面，目前中国七大试点相关文件基本都是出自碳市场主管地区发展和改革委员会，文件内容也主要涉及配额管理、MRV 细则和三大系统管理等三个主要方面。仅深圳碳市场通过深圳市质量技术监督局出台了与 MRV 相关的量化、核查、报告指南，北京碳市场通过北京市金融工作局出台了掉期交易产品的相关交易规则。在交易平台管理文件层面，目前七大试点交易平台均出台了一系列的交易细则文件来规范交易主体的各项交易行为以降低市场风险，如《深圳市排放权交易所现货交易规则（暂行）》《北京市环境交易所碳排放交易规则》《广州碳排放权交易所（中心）碳排放配额交易规则》等。表 4-13 为中国七大试点碳市场公开发布的主要政策法规文件。

表 4-13　中国七大试点碳市场政策法规文件

文件类型		出台机构		碳市场政策法规文件
市场建立基础文件	人大文件	试点省市人民代表大会常务委员会		《深圳经济特区碳排放管理若干规定》
市场建立基础文件	人大文件	试点省市人民代表大会常务委员会		《关于北京市在严格控制碳排放总量前提下开展碳排放权交易试点工作的决定》
市场建立基础文件	人大文件	试点省市人民代表大会常务委员会		《重庆市关于碳排放管理有关事项的决定（征求意见稿）》，重庆市人大未批复
市场建立基础文件	政府性文件	试点省市政府		《上海市人民政府关于本市开展碳排放交易试点工作的实施意见》
市场建立基础文件	政府性文件	试点省市政府		《深圳市碳排放权交易试点工作实施方案》
市场建立基础文件	政府性文件	试点省市政府		《广东省碳排放权交易试点工作实施方案》
市场建立基础文件	政府性文件	试点省市政府		《湖北省碳排放权交易工作试点工作实施方案》
市场建立基础文件	政府性文件	试点省市政府		《重庆市碳排放交易实施方案编制工作计划及任务分工》
市场建立基础文件	部门文件	天津市政府办公厅		《天津市碳排放权交易试点工作实施方案》
市场管理办法	政府文件	试点省市政府		《上海市碳排放管理试行办法》
市场管理办法	政府文件	试点省市政府		《深圳市碳排权交易管理暂行办法》
市场管理办法	政府文件	试点省市政府		《北京市碳排放权交易管理办法（试行）》
市场管理办法	政府文件	试点省市政府		《广东省碳排放管理试行办法》
市场管理办法	政府文件	试点省市政府		《重庆市碳排放权交易管理暂行办法》
市场管理办法	政府文件	试点省市政府		《湖北省碳排放权管理和交易暂行办法》
市场管理办法	部门文件	天津市人民政府办公厅		《天津市碳排放权交易管理暂行办法》
市场实施细则文件	发展和改革委员会	上海市发展和改革委员会	配额管理	《上海市 2013～2015 年碳排放配额分配和管理方案》
市场实施细则文件	发展和改革委员会	上海市发展和改革委员会	配额管理	《上海市碳排放配额登记管理暂行规定》
市场实施细则文件	发展和改革委员会	上海市发展和改革委员会	MRV	《上海市温室气体排放核算与报告指南（试行）》
市场实施细则文件	发展和改革委员会	上海市发展和改革委员会	MRV	《上海市碳排核查第三方机构管理暂行办法》
市场实施细则文件	发展和改革委员会	上海市发展和改革委员会	MRV	《上海市碳排放核查工作规则（试行）》
市场实施细则文件	发展和改革委员会	北京市发展和改革委员会	配额管理	《北京市碳排放权交易试点配额核定方法（试行）》
市场实施细则文件	发展和改革委员会	北京市发展和改革委员会	配额管理	《行业碳排放强度先进值制定方法》
市场实施细则文件	发展和改革委员会	北京市发展和改革委员会	配额管理	《2016 年北京碳市场配额调整方案》
市场实施细则文件	发展和改革委员会	北京市发展和改革委员会	MRV	《北京市企业（单位）二氧化碳排放核算和报告指南》
市场实施细则文件	发展和改革委员会	北京市发展和改革委员会	MRV	《北京市碳排放权交易核查机构管理办法（试行）》
市场实施细则文件	发展和改革委员会	北京市发展和改革委员会	MRV	《北京市温室气体排放报告报送流程》
市场实施细则文件	发展和改革委员会	北京市发展和改革委员会	三大系统	《北京市碳排放权交易注册登记系统操作指南》
市场实施细则文件	发展和改革委员会	广东省发展和改革委员会	配额管理	《广东省碳排放权配额首次分配及工作方案（试行）》
市场实施细则文件	发展和改革委员会	广东省发展和改革委员会	配额管理	《2013 年度广东省碳排放权配额核算方法》
市场实施细则文件	发展和改革委员会	广东省发展和改革委员会	配额管理	《广东省碳排放配额管理实施细则（试行）》

续表

文件类型		出台机构		碳市场政策法规文件
市场实施细则文件	发展和改革委员会	广东省发展和改革委员会	MRV	《广东省企业碳排放核查规范（试行）》
				《企业（单位）二氧化碳排放信息报告通则》
				《广东省企业（单位）二氧化碳排放信息报告指南（试行）》
				《广东省发展改革委关于企业碳排放信息报告与核查实施细则》
		天津市发展和改革委员会	市场方案	《天津市发展改革委关于开展碳排放权交易试点工作的通知》
			MRV	《天津市企业碳排放报告编制指南（试行）》
				《天津市电力热力行业碳排放核算指南（试行）》
			配额分配	《天津市碳排放权交易试点纳入企业碳排放配额分配方案（试行）》
			三大系统	《天津市碳排放配额登记登记注册系统操作指南（试行）》
		湖北省发展和改革委员会	配额分配	《湖北省碳排放权配额分配方案》
			MRV	《湖北省工业企业温室气体排放监测、量化和报告指南（试行）》
				《湖北省温室气体排放核查指南（试行）》
		重庆市发展和改革委员会	MRV	《重庆市工业企业碳排放核算报告和核查细则（试行）》
				《重庆市企业碳排放核查工作规范（试行）》
	协同部门	深圳市市场和质量监督管理委员会	MRV	《组织的温室气体排放量化和报告指南》
				《深圳市组织温室气体排放的核查规范及指南》
		深圳住房和建设局		《深圳市建筑物温室气体排放的量化和报告规范及指南（试行）》
		北京金融工作局	交易规则	《北京市碳排放配额场外交易实施细则（试行）》
交易平台管理文件	试点省市交易平台	上海环境能源交易所		《上海环境能源交易所碳排放交易规则》
				《上海环境能源交易所碳排放交易会员管理办法（试行）》
				《上海环境能源交易所碳排放交易结算细则（试行）》
				《上海环境能源交易所碳排放交易信息管理办法（试行）》
				《上海环境能源交易所碳排放交易违规违约处理办法（试行）》
		深圳排放权交易所		《深圳市排放权交易所现货交易规则（暂行）》
				《深圳排放权交易所会员管理规则（暂行）》
				《深圳排放权交易所风险控制管理细则（暂行）》
				《深圳市碳排放权交易试点注册登记簿管理规则》
		北京环境交易所		《北京市环境交易所碳排放交易规则（试行）》
		广州碳排放权交易所		《广州碳排放权交易中心碳排放配额交易规则》
				《广州碳排放权交易中心会员管理暂行办法》

续表

文件类型		出台机构	碳市场政策法规文件
交易平台管理文件	试点省市交易平台	湖北碳排放权交易中心	《湖北省碳排放权交易中心碳排放权交易规则（试行）》
		天津排放权交易所	《天津排放权交易所碳排放权交易规则（暂行）》
			《天津排放权交易所碳排放权交易风险控制管理办法（试行）》
			《天津排放权交易所碳排放权交易结算细则（暂行）》
		重庆碳排放权交易中心	《重庆联合产权交易所碳排放交易细则（试行）》
			《重庆联合产权交易所碳排放交易违规违约处理办法（试行）》
			《重庆联合产权交易所碳排放交易信息管理办法（试行）》
			《重庆联合产权交易所碳排放交易风险管理办法（试行）》
			《重庆联合产权交易所碳排放交易结算管理办法（试行）》

资料来源：各试点碳排放交易所资料整理

中国碳市场发展过程具有从试点向全国过渡的特点，政策文件也是在地方监管的探索中逐步制定统一、规范的全国碳市场政策文件。目前，中国已形成了“国家层面碳市场统筹性文件——试点层面碳市场统筹性文件——试点层面碳市场操作性文件”三级监管政策体系。在对上述中国七大试点碳市场和中国碳市场建设整体层面的政策法规体系进行梳理后，本书整理的中国碳市场监管政策体系见图4-15。

其中，国家层面碳市场统筹性文件包括《全国碳排放权交易管理条例（草案）》及其指导下的《碳排放权交易管理暂行办法（试行）》、各行业核算与报告指南、《温室气体自愿减排交易管理暂行办法》。尽管《全国碳排放权交易管理条例（草案）》作为国家层面的行政法规，具有一定的法律效力，但仍属于送审阶段，并未付诸执行。而《碳排放权交易管理暂行办法（试行）》主要是对碳市场工作进行宏观统筹性安排与协调、对碳市场运作的基本流程进行划分与战略部署。

试点层面碳市场统筹性文件根据立法效力等级可划分为地方性法规和省市试点碳市场管理办法两个层级。目前仅北京和深圳两大试点碳市场出台了地方性法规，并对碳市场责任主体的法律责任进行了明确规定。七大试点碳市场管理办法就配额管理、MRV制度、交易管理、行政处罚和奖励制度均做出了相应制度安排，并确定了碳市场职责部门与市场参与主体的权利与义务。表4-14为中国七大试点碳市场的监管政策文件覆盖情况。

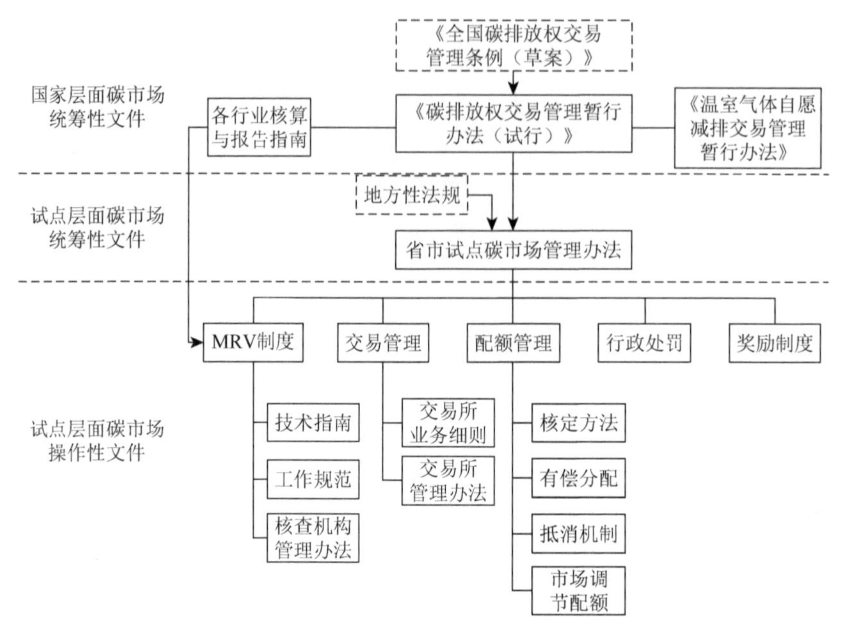

图 4-15　中国碳市场监管政策体系①

表 4-14　中国七大试点碳市场监管政策文件覆盖情况

试点	地方性法规	省市试点碳市场管理办法	配额管理				交易管理															MRV 制度					行政处罚	奖励制度
			核定方法	有偿分配	抵消机制	市场调节配额	交易所业务细则							交易所管理办法								技术指南	工作规范			核查机构管理		
							借碳交易	配额托管	远期业务	CCER交易	配额抵押	配额回购	CCER质押	会员管理	交易结算	风险管理	信息管理	异常情况	纠纷处理	违规违约	信息披露	行业核算办法	监测计划	报告编制	核查规范			
北京	√	√	√	√	√	√	×	×	×	×	×	×	×	×	√	√	×	√	√	×	√	√	√	√	√	√	√	√
天津	×	√	√	×	√	×	×	×	×	×	×	×	×	√	√	√	×	√	√	√	√	√	√	√	√	—	—	√
上海	×	√	√	×	√	×	√	—	×	×	×	×	√	√	√	√	√	√	√	√	√	√	√	√	√	√	√	√
重庆	—	√	×	×	√	×	×	×	×	×	×	×	×	×	√	√	√	√	√	√	√	—	√	√	√	√	√	√
湖北	×	√	√	√	√	√	×	√	√	×	×	×	×	√	√	√	×	√	√	—	√	√	√	√	√	√	√	√
广州	×	√	√	√	√	√	×	√	√	√	√	√	×	√	×	√	×	√	—	—	√	√	√	√	√	√	√	√
深圳	√	√	—	×	√	√	×	√	×	×	×	×	×	√	√	√	—	√	√	√	√	√	×	√	√	√	√	√

资料来源：相关资料整理

注："—"表示不明确规定或未公开

① 该部分内容已发表于《中国人口资源与环境》2016 年第 12 期。

试点层面碳市场操作性文件是指对碳市场运行具体工作进行指导的文件总称，包括 MRV 制度、交易管理、配额管理、行政处罚和奖励制度。具体而言，MRV 制度文件分为量化和核查工作的技术指南、企业和核查机构具体 MRV 工作流程规范文件和核查机构的管理办法；交易管理文件又分为交易所业务细则和交易所管理办法；而配额管理文件包括了核定办法、有偿分配、抵消机制及市场调节配额等四大类文件。

在制定全国碳市场的相关政策文件过程中，国家发改委很大程度上吸收借鉴了七大试点碳市场政策法规的制定经验。因此，2016 年 1 月国家发改委办公厅发布了包括《全国碳排放权交易覆盖行业及代码》《全国碳排放权交易企业碳排放汇总表》《全国碳排放权交易企业碳排放补充数据核算报告模板》《全国碳排放权交易第三方核查机构及人员参考条件》《全国碳排放权交易第三方核查参考指南》在内的一系列文件，对全国碳市场的覆盖主体、排放核算等一系列基础工作进行了部署。

4.8.2　市场覆盖范围与制度设计

中国七大试点省市经济发展水平、产业结构、能源消耗差异在碳市场机制设计上最突出的表现在于碳市场的覆盖范围方面，包括控排主体的市场准入门槛设计、覆盖行业范围、控排主体数量和温室气体覆盖比例等四个主要方面；而经济发展水平、市场环境和政策制定者的市场设计理念则直接决定了碳市场的制度设计是以市场化作为导向还是以行政化作为导向。

表 4-15 为中国七大试点碳市场的覆盖范围。其中，在控排主体市场准入门槛方面，上海、广东、天津、重庆等以高耗能工业行业为控排主体的试点省市准入门槛均为年排放量 2 万吨以上，湖北碳市场的控排主体虽然也是以高耗能行业为主，但由于经济发展水平相对较低，为避免对中小型企业发展造成影响，湖北碳市场控排主体的市场准入门槛为年综合能耗 6 万吨标准煤以上，折合成碳排放约为年排放量 15 万吨。深圳与北京碳市场由于第二产业占比相对较小且行政区域内以中小企业为主，市场准入门槛设计为 3000 吨与 5000 吨碳排放；在覆盖行业范围方面七大试点秉持了抓主要排放的理念，因而首批均将行政区域内的高耗能行业纳入了控排体系，包括了电力、钢铁、化工等高耗能、重污染行业，但纳入行业数量不同。例如，北京、深圳两大试点由于高耗能行业相对较少而将行政区域范围内的所有工业行业企业均纳入了控排体系，上海碳市场则为了进一步促进产业结构升级而将行政区域范围内已为数不多的所有高耗能行业均纳入了减排体系，湖北碳市场为兼顾经济发展主要考虑重点排放大户而并未过多从行业角度考虑，广东、天津、重庆碳市场则优先将行政区域内数据基础较好、较易纳入控排体系范围的行业纳入了碳市场。

表 4-15　中国七大试点碳市场覆盖范围

试点	控排主体准入门槛	覆盖行业范围	控排主体数量	温室气体覆盖比例
深圳	年碳排放量＞3000 吨	工业企业、公共建筑	635	38%
北京	年碳排放量＞5000 吨	热力生产和供应、火力发电、水泥制造、石化生产、服务业和其他工业	981	50%
湖北	综合能耗>6 万吨标准煤	电力、热力、钢铁、化工、水泥、石化、有色金属和其他金属制品、汽车及其他设备制造、玻璃及其他建材、化纤、造纸、医药和食品饮料	138	35%
上海	年碳排放量＞2 万吨	钢铁、石化、化工、有色、电力、建材、纺织、造纸、橡胶、化纤、航空、机场、港口、商场、宾馆、商务办公建筑及铁路站点	191	50%
广东	年碳排放量＞2 万吨	电力、水泥、钢铁、石化、造纸、民航	186	58%
天津	年碳排放量＞2 万吨	钢铁、化工、电力、热力、石化、油气开采、民用建筑	114	60%
重庆	年碳排放量＞2 万吨	化工、建材、钢铁、有色、造纸、电力	254	40%

资料来源：各试点交易所资料整理

七大试点经济发展水平不同导致覆盖行业范围与市场准入门槛不同，最终导致控排主体数量与覆盖温室气体比例不同。其中深圳、北京碳市场控排主体数量最多，两大试点省市第三产业比重高且温室气体排放总量小而导致市场准入门槛低，需要通过提高控排主体数量以扩大市场规模；天津、湖北碳市场控排主体数量最少，原因在于其辖区内高耗能控排主体数量众多，个别控排主体配额总量甚至超过深圳、北京碳市场，一定数量的控排主体可以满足碳市场发展的市场配额需要；上海、广东、重庆碳市场在制定了合理的行业覆盖范围与市场准入门槛之后，控排主体数量与温室气体比例相对较为适中。2013 年以来，七大试点碳市场均通过不同方式来扩大市场规模。其中，北京与深圳碳市场通过与非试点省市合作进一步扩大市场规模，如北京碳市场已经率先纳入了承德的 6 家水泥企业、呼和浩特和鄂尔多斯的 26 家重点排放企业，深圳碳市场也将包头的 50 多家控排主体纳入了控排体系并顺利完成履约；湖北、广东、上海等试点省市则选择了逐步纳入行政范围内的其他重点排放行业或进一步降低控排主体市场准入门槛以进一步扩大市场规模，如上海碳市场将水运、民航业也纳入了控排体系，湖北碳市场则将市场准入门槛下降至年排放量 2 万吨。

表 4-16 为中国七大试点碳市场的市场化制度设计情况，本书主要是从市场核查机构选择方式、核查机构数量和配额拍卖比例等三个方面来进行展现。其中，在市场核查机构选择方式方面，七大试点推出了政府出资直接分配与企业出资自主选择等两种选择方式。政府出资直接分配核查机构的方式虽然在一定程度上能够减少控排主体经济负担、避免核查机构与控排主体互相欺骗等问题，但不利于第三方核查市场的发展；企业出资自主选择核查机构的方式不但能够有效培育第三方核查机构市场，而且也为控排主体提供了较大的选择空间。目前七大试点中

深圳碳市场连续两个履约期均使用了企业出资自主选择核查机构的方式，北京碳市场在第一个履约期选择了政府出资直接分配的方式，但在第二个履约期间也转变为企业出资自主选择核查机构的方式，其他试点碳市场在试运行阶段均选择了政府出资直接分配的方式。不同的核查机构选择方式导致不同的试点市场核查机构数量出现了较大差异，其中深圳与北京市场化导向的核查机构选择方式为第三方核查市场的发展提供了较大空间，因而核查机构数量较多；天津与湖北碳市场的核查机构数量则相对最少。在配额拍卖比例方面，中国七大试点碳市场由于均处于试运行阶段，配额拍卖比例设计相对较低。北京、湖北、深圳等试点虽然在制度设计中引入了拍卖或有偿分配制度，但在实际运行过程中除了第一个履约期再未发生配额拍卖或有偿出售。广东由于重视一级市场建设，配额拍卖制度长期实践且比例不断扩大。在第一个履约年度中广东碳市场强制控排主体必须购买一定量的有偿配额，第二个履约年度则采取每个季度末以固定底价拍卖配额的方案，因而广东碳市场的配额拍卖量与金额位居七大试点首位。

表 4-16　中国七大试点碳市场市场化制度设计情况

项目	时间	各试点情况						
		北京	天津	上海	湖北	广东	深圳	重庆
核查机构选择方式	2014 年	政府出资直接分配	政府出资直接分配	政府出资直接分配	—	政府出资直接分配	企业出资自主选择	—
	2015 年	企业出资自主选择	政府出资直接分配	政府出资直接分配	政府出资直接分配	政府出资直接分配	企业出资自主选择	政府出资直接分配
	2016 年	企业出资自主选择	政府出资直接分配	政府出资直接分配	政府出资直接分配	政府出资直接分配	企业出资自主选择	政府出资直接分配
核查机构数量	2014 年	19	4	10	—	16	21	—
	2015 年	19	4	10	3	16	21	11
	2016 年	26	4	10	8	16	26	11
配额拍卖比例	2014 年	5%	0	0	—	3%	3%	—
	2015 年	5%	0	0	2.40%	电力 5%，其他 3%	3%	0
	2016 年	5%	0	0	2.40%	电力 5%，其他 3%	3%	0

资料来源：各碳试点交易所网站

4.8.3　交易平台

碳排放权交易平台是碳市场交易的实际场所，对整个碳市场发育也有着不可忽视的重要作用。部分交易平台可能以现货交易为主，而部分交易平台则可能以期货交易为主，部分交易平台采用的是“$T+1$”的交易结算方式，而部分交易平台采用“$T+5$”的结算方式，不同类型的交易产品与方式对于二级市场的交易规模与交易活跃度有着重要影响。ECX 与 EEX 作为 EU ETS 最重要的两大交易平台，

ECX 以期货交易为主，EEX 则主打现货产品，ECX 的期货产品占据了整个 EU ETS 80%以上的交易，而 EEX 所推出的现货交易只占到整个市场很小的比例。因此，通过对中国七大试点交易平台进行对比，可以清晰展现不同试点交易平台的发展特色并发现问题所在。表 4-17 为中国七大试点碳市场交易平台情况。

表 4-17　中国七大试点碳市场交易平台情况

试点	股东数量	交易品种	交易方式	交易时长/h	价格/(元/吨)	交易成本	结算银行	员工数量
北京	11	配额、CCER、林业碳汇、节能项目减排量	公开交易；协议交易	4	0.10	7.50‰	中国建设银行	100 人左右
天津	2	配额、CCER、排放权、自愿减排量	协议交易；拍卖交易；网络现货交易；网络动态竞价；挂牌交易	4	0.01	7‰	上海浦东发展银行	30 人左右
上海	11	配额、CCER 配额远期	挂牌交易；协议转让	4	0.01	0.80‰	兴业银行、上海浦东发展银行、中国建设银行、中国银行、上海银行	50 人左右
湖北	4	配额、配额远期、CCER	电子竞价；协议交易	4	0.01	5‰	中国建设银行、中国民生银行、上海浦东发展银行	35 人左右
广东	1	配额、配额远期、CCER	挂牌竞价、挂牌点选、单向竞价协议转让	4	0.01	5‰	上海浦东发展银行、兴业银行	23 人左右
深圳	9	配额、CCER	电子拍卖、定价点选、大宗交易、协议转让	4	0.01	5‰	中国银行、中国建设银行、中国工商银行、兴业银行、上海浦东发展银行、广东南粤银行	41 人左右
重庆	—	配额、CCER	协议交易	4	0.01	7‰	招商银行	4 人左右

资料来源：各试点碳交易所网站

中国七大试点交易平台中，除重庆碳排放权交易中心挂靠在重庆联合产权交易中心尚无独立法人地位外，其余六家交易平台均已成立了单独的公司，注册资本在 1 亿～3 亿元，具有 1～11 家不等的股东，各试点交易平台均处于不断增资扩股阶段。但六家独立交易平台的股东多为大型电力钢铁公司等重点排放单位，存在一定的权力寻租可能性。在碳交易基本条件方面，七家交易平台之间也具有较大差异。其中，在交易时长方面，中国七家交易平台的交易时长分为线上交易时长与协议交易时长两大板块，交易时长均为 4 小时，配额总量大、控排主体多为大型高耗能企业的市场可能更倾向于协议交易方式。而控排主体多以中小型企业为主且配额总量相对较小的市场，则更加倾向于线上交易的方式。在交易价格方面，目前七大试点交易平台的价格变动单位也正朝着精细化方向发展。例如，湖北、北京、上海交易平台最小交易价格变动单位已从 0.10 元/吨变为 0.01 元/吨，这表明整个市场的监管体系越来越细致，也从侧面反映出三大市场交易规模不断扩大。在市场交易成本方面，由于七大试点碳市场建设均处于起步阶段，交易平台较低的交易成本有利于市场培养，因此七大试点交易平台的交易成本均较低。其中，上海环境能源交易所的交易手续费用在七大试点中最低，仅为交易金额的 0.80‰，其余六家交易平台的交易成本均在 5‰以上。此外，七大试点交易平台的结算银行数量也在 1～6 家不等，其中上海与深圳交易平台结算银行数量相对最多，均为 6 家；重庆、天津、北京交易平台结算银行数量都仅为 1 家。重庆碳排放权交易中心为方便交易主体结算已推出了联付通业务来简化结算流程，一定程度上对结算工作进行了创新。从交易平台员工数量来看，2017 年七家交易平台中北京环境交易所约有 100 名的专职员工，重庆碳排放权交易中心的员工只有 4 名员工且均非全职员工，其他五家交易平台的员工数量则为 20～50 人。总体来看，七家交易平台的员工数量均较为短缺，碳交易领域相关专业人才仍极为匮乏。

由于国务院办公厅发布的《关于清理整顿各类交易场所的实施意见》和《国务院关于清理整顿各类交易场所切实防范金融风险的决定》对中国除证券、股票以外交易平台的交易产品与交易方式均进行了严格的限制以降低金融风险，这对碳排放权交易平台的交易产品与方式造成了极大限制，七家试点交易平台的交易产品均相对较为单一，仅包括配额与 CCER 现货两种产品。只有广东、湖北两个交易平台在第三个履约期内创新性地推出了配额现货远期交易产品，在一定程度上满足了市场需求。例如，湖北碳排放权交易中心推出的远期产品在交易首日交易总量达到 680 万吨，成交额 1.50 亿元，极大提高了市场交易活跃度。据了解，截至 2017 年底其他四家交易平台也均具有推出远期产品与期货产品的意向；在交易方式方面，除重庆碳排放权交易中心目前只有协议交易方式外，其余六家交易平台都是以线上挂牌交易和线下协议交易两种方式为主，但线上交易只能以定价点选的交易方式与“$T+5$”的结算方式来完成，极大地限制了市场交易活跃度。

总体来看，中国七大试点交易平台在试运行阶段积累了丰富的交易管理经验，形成了较为完善的交易规则与管理系统。因此，未来集中交易的全国碳市场交易平台将很可能会通过市场化的优胜劣汰方式在七大试点交易平台中产生。

4.8.4　二级市场运行状况

在碳市场减排状况不可预测情景下，二级市场交易状况是判断碳市场发育程度的重要表征指标。碳市场交易规模大、市场活跃度高，表明碳市场的资源优化配置功能发挥作用，能够调动控排主体积极参与碳市场交易从而实现最终的减排功能。因此，本节将从七大试点的交易价格及走势、市场规模、交易活跃度等多个方面来进行对比分析。

如图 4-16 所示，七大试点碳市场开市至 2018 年 12 月 31 日的价格水平呈持续下跌趋势，深圳与广东碳市场的交易价格下降幅度相对最大。其中，深圳碳市场价格从第一个履约期内的每吨 130 多元下降至每吨 40 多元的水平；广东碳市场价格也从期初的每吨 60 多元下降至每吨不足 20 元的水平。从市场价格的波动情况来看，七大试点碳市场在第一个履约期内的价格波动幅度在三个履约期内相对最大，第二个、第三个履约期内的碳价波动幅度均大幅度减小，市场价格走势趋于平稳。其中，深圳与广东碳市场第一个履约期内的价格波动幅度在七大试点中依然最大，2013～2014 履约年度中两大试点的碳价波动幅度①分别达到了 198.07 与 244.95。2014～2015、2015～2016 履约年度因碳价水平已趋于平稳而导致价格波动幅度大幅降低。而价格波动幅度相对最小的试点是湖北碳市场，其 2014～2015、2015～2016 履约年度的价格波动幅度分别为 0.71 与 2.42，碳价水平基本在 20 元/吨上下波动。从碳价水平来看，除了第一个履约期内七大试点碳价出现了大起大落，第二个、第三个履约期内的碳价水平基本趋于平衡。其中，北京碳市场的价格一直在 45 元/吨上下波动，深圳碳市场的价格水平略低于北京碳市场，广东、湖北、上海、天津、重庆碳市场的价格则基本在 20 元/吨上下波动，其中上海、广东、重庆三大试点的碳价一度低至 10 元/吨左右。第三个履约期之后，上海碳市场由于推出了碳远期交易产品，价格上涨至了 30 元/吨；同时，重庆

图 4-16　中国七大试点碳市场碳价走势

① 本节使用履约期内日碳价方差来表示碳价波动幅度，具体计算方法参见本书第 5 章式（5-11）。

碳市场出现了几笔大额交易，将市场价格一度推升至40元/吨；其余试点在2016～2018年的交易价格则基本维持稳定。

表4-18为中国七大试点碳市场四个履约年度内的交易规模，不同试点在一级市场交易、二级市场交易和CCER交易等方面均已形成一定特色。其中，湖北、深圳、广东三个试点碳市场的履约年度二级市场交易总量均突破了千万吨，位居七大试点前列且远超其他试点的交易总量。北京、湖北、广东、深圳等四个试点碳市场的履约年度交易总额都超过了1亿元，特别是湖北与深圳两大试点的履约年度交易总额均超过了其他五大试点交易额之和。湖北、广东碳市场的交易规模超前的原因在于配额总量大、纳入控排主体均为大型排放企业，深圳碳市场的交易规模较大则主要因为覆盖控排主体与投资主体数量较多、市场价格也远超其他试点，北京碳市场交易总量虽然远低于湖北、广东、深圳但交易价格却在七大试点中相对最高，因而交易金额也相对较高。在一级市场配额有偿出售层面，广东碳市场是中国唯一三个履约期均采用拍卖制度分发配额的试点，因而一级市场拍卖规模位居七大试点榜首，虽然其他试点也尝试过有偿竞价模式来发放配额，但因为各种原因其在后面三个履约期均未能坚持有偿出售，因此2013～2014、2014～2015、2015～2016履约年度中只有广东碳市场仍然进行了一级市场拍卖。在CCER交易层面，2015年是中国CCER交易元年，因而第一个履约年度中七大试点均不存在CCER交易，第二个履约年度中七大试点才制定了相应的CCER交易制度并开展交易。上海碳市场针对CCER交易的限制条件在七大试点中相对较少，并且交易规则相对完善，因而上海碳市场的CCER交易规模在七大试点中最高，占全国CCER成交总量的74.10%，上海碳市场CCER交易价格曾一度高于二级市场配额交易价格，全国各地CCER交易多集中于上海碳市场。当前中国碳市场建设尚处于起步阶段，CCER交易活跃度均相对较低，七大试点对CCER交易的相关信息披露较少，信息透明度亟待完善。

表4-18 中国七大试点碳市场交易规模

指标		履约年度	北京	天津	上海	湖北	广东	深圳	重庆
配额交易	交易量/万吨	2013～2014	57.86	8	123.42	—	57.80	146.16	—
		2014～2015	170.02	87.39	200.29	652.12	251.56	247.37	8.99
		2015～2016	220.19	81.17	422.98	1 754.17	1 022.76	1 152.27	6.29
		2016～2017	236.66	116.16	289.44	1 613.61	1 593.01	306.77	166.02
	交易额/万元	2013～2014	3 159.40	506.94	4 861.41	—	3 470.45	10 371.58	—
		2014～2015	8 861.23	1 601.75	5 348.76	16 059.48	6 356.59	9 232.27	184.48
		2015～2016	10 685.22	974.87	2 632.38	39 112.62	12 453.40	33 682.31	74.43
		2016～2017	11 811.51	1 033.45	9 237.58	22 452.71	21 070.45	7 702.25	4 728.42

续表

指标		履约年度	北京	天津	上海	湖北	广东	深圳	重庆
拍卖	交易量/万吨	2013～2014	0	0	0.72	—	1 382.48	7.49	—
		2014～2015	0	0	0	200	700	0	0
		2015～2016	0	0	0	0	110	0	0
		2016～2017	0	0	0	0	0	0	0
	交易额/万元	2013～2014	0	0	34.66	—	74 000	265.63	—
		2014～2015	0	0	0	4 000	10 041.51	0	0
		2015～2016	0	0	0	0	1 567.50	0	0
		2016～2017	0	0	0	0	0	0	0
CCER	交易量/万吨	2013～2014	—	—	—	—	—	—	—
		2014～2015	197.80	125	201	67	101.10	200	0
		2015～2016	653	118.73	3 288.30	63.57	1 306.13	239.82	0
		2016～2017	1 110	10	1 910	243	1 318	523	0
	交易额/万元	2013～2014	—	—	—	—	—	—	—
		2014～2015	2 472.20	/	27 877.50	—	905.71	/	0
		2015～2016	/	/	/	/	/	/	0
		2016～2017	/	/	/	/	/	/	0

资料来源：根据各碳试点交易网站数据计算

注：“—”代表尚未有该项交易产品，“/”代表相关数据并未公布

图 4-17 为中国七大试点碳市场月度交易量变化状况。从图中可以看出，在第一个履约期中，市场运行前期的交易量相对较小，但在临近履约期时却出现了交易高峰，之后交易量又迅速下降；在第二个履约期中，七大试点碳市场非履约期阶段的交易量有所上升，但履约期前后的交易集中度[①]依然相对较高；在第三个履约期中，七大试点非履约期前后的交易量进一步上升，但交易集中度仍相对较高。从三个履约期内七大试点交易量的变化情况来看，七大试点的交易量呈现不断上涨的态势且交易多集中于履约期前后，履约驱动交易现象十分明显。之后，在2015～2016、2016～2017 两个履约年度，市场交易集中情况也并未得到有效缓解。中国七大试点碳市场交易集中度较高一方面是由于碳市场运行时间较短，交易主体认为碳市场未来发展前景不明朗，对参与市场交易保持了审慎态度，控排主体为完成履约而集中于履约期前后进行交易；另一方面，与目前中国政府对碳市场的交易方式、交易产品等方面的限制有关。

① 交易集中度是指履约期内交易集中发生在某一时间段内的情况，具体包括交易量集中度、交易额集中度。计算方法参见本书第 5 章式（5-13）、式（5-14）。

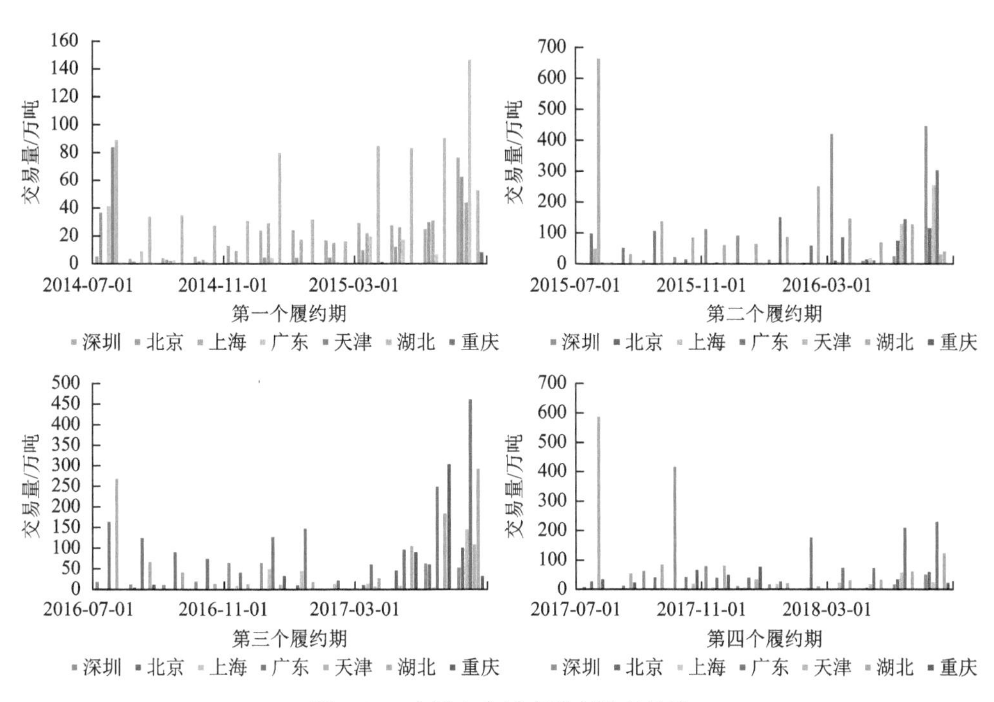

图 4-17　中国七大试点碳市场交易量

资料来源：根据 http://k.tanjiaoyi.com/相关数据绘制

由于控排主体对参与碳市场交易保持审慎态度，除了导致二级市场出现了较为明显的履约驱动交易现象，还导致了七大试点碳市场的配额流动率①极低。截至 2018 年 6 月，七大试点碳市场中配额流动率最高的是深圳碳市场，2015～2016、2016～2017 履约年度配额流动率分别为 34.92%、20.75%，其次为湖北、北京和上海碳市场，天津与重庆碳市场的配额流动率最低。同时，各试点 2013～2014 与 2014～2015 履约年度的配额流动率处于低位，这表明全国碳市场发展的不确定性在一定程度上导致投资主体与交易主体对于参与碳市场的热情不高。但随着试点碳市场制度的不断完善和交易主体的扩大，2015～2016、2016～2017 履约年度配额流动率在一定程度上均有所上升。从七大试点碳市场的交易连续性来看，湖北、深圳碳市场的有效交易日数量在七大试点中位居前列，而重庆碳市场 2014～2015、2015～2016 履约年度分别只有 1 天和 26 天的有效交易日，北京、天津、上海碳市场 2014～2015 履约年度的有效交易日数量相较于 2013～2014 履约年度有所下降。同时，七大试点碳市场中只有湖北碳市场的交易中断天数保持在较低频次，深圳碳市场 2015 履约年度的交易中断天数相较于 2013～2014 履约年度也有了大幅下降，而其他试

① 配额流动率是指该履约年度内交易配额总量除以年度分发配额总量，用以反映该履约年度的交易活跃情况，具体计算公式见第 5 章式（5-12）。

点则频繁出现交易中断现象。2013～2014 履约年度中，七大试点碳市场连续中断频率虽然相对较低，但主要以 10 天以上的中断频次为主，2014～2015 履约年度中各试点市场的交易频中断频率虽然有所上升，但主要以 5 天以下中断频次为主，2015～2016 履约年度和 2016～2017 履约年度的交易中断频率和连续中断天数也进一步有所下降，这在一定程度上也表明各试点市场的交易活跃度有所提高。表 4-19 为中国七大试点碳市场的二级市场的交易活跃度情况。

表 4-19　中国七大试点碳市场二级市场交易活跃度情况

试点	履约年度	交易额集中度	交易量集中度	价格离散程度	配额流动率	有效交易日比例	交易中断频次
北京	2013～2014	86.30%	86.00%	6.20	1.29%	80.99%	12
	2014～2015	72.91%	72.79%	46.34	3.78%	73.47%	42
	2015～2016	83.17%	81.87%	34.22	4.89%	53.44%	48
	2016～2017	85.21%	85.85%	8.30	4.73%	76.86%	36
天津	2013～2014	54.24%	52.18%	32.67	0.10%	98.37%	2
	2014～2015	96.51%	97.34%	15.97	0.55%	70.61%	19
	2015～2016	97.04%	98.41%	6.31	0.51%	59.34%	35
	2016～2017	98.88%	99.13%	7.74	0.73%	4.51%	7
上海	2013～2014	84.56%	84.34%	17.41	0.75%	89.84%	12
	2014～2015	45.24%	51.09%	78.15	1.21%	72.76%	11
	2015～2016	87.50%	89.43%	12.55	2.56%	47.75%	30
	2016～2017	76.41%	76.69%	160.64	1.83%	56.79%	11
湖北	2014～2015	49.00%	48.48%	1.32	3.35%	97.95%	3
	2015～2016	71.32%	69.43%	8.99	9.02%	99.18%	2
	2016～2017	70.67%	73.37%	3.77	6.28%	97.32%	1
广东	2013～2014	99.92%	99.93%	17.97	0.14%	46.09%	11
	2014～2015	93.05%	93.47%	152.72	0.65%	66.12%	38
	2015～2016	87.40%	88.02%	3.35	2.65%	68.57%	27
	2016～2017	81.57%	80.75%	6.00	3.77%	93.83%	13
深圳	2013～2014	87.31%	87.67%	403.60	4.43%	80.63%	13
	2014～2015	61.46%	63.86%	59.83	7.50%	97.11%	4
	2015～2016	86.52%	89.16%	26.71	34.92%	94.28%	10
	2016～2017	70.13%	70.71%	30.33	20.75%	93.42%	10
重庆	2014～2015	100%	100%	13.03	0.07%	5.31%	5
	2015～2016	100%	92.62%	4.98	0.05%	6.07%	12
	2016～2017	98.81%	98.73%	124.75	1.66%	64.87%	36

资料来源：根据相关资料计算

总体来看，中国七大试点碳市场横跨中国东部、中部、西部地区，试点省市经济发展水平、产业结构、能源消费结构差异较大，各试点的制度设计与市场运行都各具特色。其中，深圳碳市场法律地位稳固、市场化程度与交易活跃度高、碳金融创新产品丰富、积极进行国际与区域化合作；上海碳市场环境履约率高、全国 CCER 交易中心功能凸显、碳市场产业集群效应突出；北京碳市场控排主体数量众多且类型多元、履约执法最为严格并积极寻求区域合作；天津碳市场覆盖排放比例最高但交易规模过小，政府重视程度不足导致市场法律效力较低且二级市场交易低迷；广东一级市场建设经验丰富，但市场政策缺乏连续性并且在一定程度上导致二级市场交易活跃度不足；湖北碳市场交易规模最大、大量投资主体入市交易导致市场活跃度最高、碳金融服务产品创新最为丰富；重庆二级市场运行状况最为低迷，但在覆盖温室气体数量、配额分配方案和控排主体结算工作方面进行了大量创新。上述七大试点碳市场在试运行阶段无论市场运行表现如何，均体现出了七大试点制度设计的多样性、尝试性与差异性，为全国碳市场的建立提供有益的经验借鉴。

4.8.5　问题分析

通过对中国七大试点碳市场进行案例分析与对比分析，发现七大试点碳市场除了自身制度设计所导致的一系列特色问题，在政府层面、市场运行层面、控排企业与交易平台三个维度均存在一系列的共性问题。

1. *政府层面*

碳市场的本质是一个依靠政府政策建立的具有金融属性的环保市场，因此政府管理是碳市场良好运转的关键因素。政府在碳市场建立及运行过程中的职责包括政策法规制定、制度体系构建、履约管理、市场运行监管等四大方面。然而，中国七大试点省市政府在碳市场建立及运行过程中存在以下四大关键问题。

碳市场法律效力不足。国际典型碳市场在建立及运行过程中均形成了较为完善的法律保障体系从而保证市场能够平稳、有效运转，如 EU ETS 的《指令 2003/87/EC》和美国加利福尼亚州的《AB32 法案》都为碳市场建立奠定了较为稳固的法律基础。然而，目前中国七大试点碳市场中，除了北京与深圳碳市场其他五大试点均未从人大层面完成立法以保证碳市场的法律地位，这导致市场参与主体难以对碳市场长久运行形成稳固预期，一定程度上造成了七大试点碳市场的控排主体只履约不交易的独特现象。同时，从国家层面来考虑，目前中国碳市场构建最高法律文件也仅为国家发改委的相关指令，国务院和全国人大层面都尚未针对碳市场建立发布相关政策文件。

配额总量过于宽松。在对七大试点调研后发现，中国七大试点碳市场均存在配额总量设置过于宽松的问题。一方面是当前七大试点碳市场尚属于试运行阶段，试点省市需要在控制碳排放总量的同时保证经济发展，需要在配额总量设置过程中为经济发展留足空间，因而目前七大试点配额总量设置均过于宽松；另一方面，由于中国经济发展已步入新常态阶段，经济上升势头下滑且部分行业产能严重过剩，这在一定程度上加剧了控排主体的配额盈余。过于宽松的配额总量设置会导致市场价格下滑、交易萎靡，最终导致碳市场难以实现减排功能。

履约管理过于宽松。中国七大试点碳市场的履约管理过于宽松主要表现在为提高履约率而不断推迟履约期与违约惩罚力度过轻等两个方面。一方面，由于中国七大试点市场都处于初期运行阶段，控排主体的市场参与能力与履约意识均较为淡薄，通常在履约期前后也并未能积极完成履约，而七大试点碳市场的主管部门为提高履约率均存在延迟履约周期的现象。例如，湖北、北京、广东、天津、重庆碳市场在实际履约过程中都在原定履约周期基础上延迟了两周到一个月不等，部分试点甚至存在推迟履约期半年到一年现象。另一方面，中国七大试点碳市场对未能完成履约的控排主体惩罚力度也相对较为宽松。而 EU ETS 针对未能完成履约的控排主体在第一个交易阶段处以 40 欧元/吨的超额排放罚款，第二个、第三个交易阶段处以 100 欧元/吨的超额排放罚款。中国七大试点碳市场中惩罚力度最强、执法最为严格的北京碳市场虽然设置了专门的执法大队对超额排放的控排主体进行惩罚，但惩罚力度也仅为市场均价的 3～5 倍，北京碳均价虽然在七大试点中相对最高但也仅在 40～50 元/吨，因而远低于 EU ETS 等国际典型碳市场的惩罚力度。天津碳市场由于市场法律效力较低，对超额排放的控排主体几乎无任何实质惩罚。

交易方式与产品限制过多。在交易产品方面，由于中国证券监督管理委员会、中国银行业监督管理委员会和国务院相关文件等多方面限制，截至 2018 年 6 月，中国七大试点碳市场的交易产品仅为现货，虽然有部分试点尝试性地推出了远期交易产品，但也并未得到大规模推广；在交易方式方面，目前七大试点只选择了低效率的线上点选交易方式，并以“$T+5$”结算方式为主。交易产品与交易方式的限制极大制约了中国碳市场的发育，而 EU ETS 等国际典型碳市场在市场发育过程中期货产品占据了绝大部分交易，是整个市场最重要的交易产品；在交易方式方面也选取了最有效率的集合竞价、连续交易模式，极大促进了整个市场交易规模的提升。因此，未来全国碳市场建设应进一步尝试解除对交易方式与交易产品方面的多方限制，努力推出高效、便捷的交易方式与产品。

2. *市场运行层面*

从市场运行层面来看，虽然中国七大试点碳市场在交易规模、市场活跃度、价格波动等方面存在表现相对较好的试点，但无论就中国碳市场整体水平或市场运行相对较好的试点市场来说，中国碳市场的运行状况与 EU ETS 等国际发育相对较为成熟的典型碳市场之间仍存在较大差距。

从交易规模来看，中国七大试点碳市场的履约年度交易总量在千万吨级范围内，与 EU ETS 百亿吨的交易规模相比存在较大差距。从交易活跃度来看，中国七大试点碳市场的交易活跃度水平均较低，七大试点在不同程度上均存在无效交易日过多、交易中断频繁、交易过度集中于履约期前后等一系列问题。以市场活跃度相对最高的湖北与深圳碳市场为例，其中湖北碳市场在第一个、第二个履约期中存在 6 天与 2 天的交易中断日，深圳碳市场在三个履约期内的交易中断天数依次为 49 天、15 天和 7 天，而市场活跃度相对最低的重庆碳市场在两期运行中仅有 29 个有效交易日。同时，中国七大试点碳市场还存在明显的履约驱动交易现象，交易大规模集中于履约期截止前的一两个月内，交易集中度均在 60%以上，而广东、天津等试点的交易集中度连续三期在 90%以上。在市场价格波动方面，EU ETS 在三期运行过程中，市场价格已与化石能源市场价格、宏观经济波动、气温等外部环境形成了良好的市场信息传导机制，而中国七大试点不但碳价水平较低、远远不能反映减排成本，并且尚未与外部市场信息形成良性信息传导机制。

在碳金融产品创新层面，EU ETS 实践显示包括期货、期权等在内的众多碳金融交易产品是整个碳市场交易活动重要的组成部分，占整个市场交易规模 90%以上。然而中国七大试点碳市场自 2014 年起，北京、上海、广州、深圳、湖北等试点虽然先后推出了十多种碳金融产品为控排主体履约、融资等提供了渠道，但大多不具备可复制性，往往首发之后再无下文。例如，湖北碳市场推出了包括碳质押贷款、碳基金、碳托管、碳众筹在内的多种碳金融产品，帮助控排主体直接或间接获得节能减排融资超过 10 亿元，但大部分的碳金融产品在首发后没有下文，根本原因在于未能调查清楚控排主体实际需求就匆匆推出了产品，同时也受到试点市场流动性水平较低、缺乏有力的市场需求和社会资金来支撑碳金融业务持续开展的影响。

3. 控排企业与交易平台层面

中国七大试点碳市场交易平台除广州碳排放权交易所与重庆碳排放权交易中心为独资公司或部门外，其他五大试点交易平台均为股份制有限责任公司，但其股东多为中国石油天然气集团有限公司、中国石油化工集团有限公司、大型电力公司、大型钢铁公司等利益相关主体，这在一定程度上会导致碳市场在发育过程中出现权力寻租现象。目前中国七大试点交易平台还存在严重的专业人才缺乏现象，专业对口人才紧缺现象十分明显。由于目前中国开设碳金融、碳管理相关专业的高校较少，远远不能满足市场对专业化高层次人才的需求，而国外诸如爱丁堡大学等海外高等院校早已开设碳市场相关专业以满足市场需求。

从企业层面来看，中国七大试点碳市场控排主体的碳资产管理意愿与能力相对不足，部分试点控排主体甚至尚未在交易平台开户参与交易，这极大影响了七大试点碳市场市场活跃度与减排潜力。另外，因为中国七大试点碳市场首批均优先纳入了高耗能工业行业，控排主体中以国企、央企居多，部分企业对参与碳市场保持审慎态度，更倾向于只履约而不交易。综合来看，碳市场本质上是一个融环境与金融于一体的专业化市场，需要专业人才来对企业碳资产进行管理，而目前中国碳交易领域的相关人才还较为缺乏且无法满足企业的人才需求，这在一定程度上影响了企业参与碳市场交易的能力。

第 5 章　碳市场发育成熟度评价指标体系构建①

2016 年 1 月，国家发改委在《关于切实做好全国碳排放权交易市场启动重点工作的通知》中明确表示中国将于 2017 年建立全国碳市场。2016 年 11 月，国务院在《"十三五" 控制温室气体排放工作方案》中进一步明确 2020 年力争建成制度完善、交易活跃、监管严格、公开透明的全国碳排放权市场，届时中国碳市场将一举超越 EU ETS 成为全球第一大碳市场。EU ETS 作为目前全球市场规模最大、金融化程度最高、制度建设最为完备的碳市场，一直以来都是其他国家建设碳市场参考的典范。虽然中国七大试点碳市场的交易规模加总已成为全球第二大碳市场，但其发育成熟度是否也如同交易规模一般，是全球最为成熟的碳市场之一？碳市场发育成熟度的内涵是什么？如何建立客观、科学、有效的评价指标体系对碳市场的发育成熟度进行衡量？中国七大试点碳市场的发育成熟度水平究竟如何？未来全国碳市场发育过程中应注意哪些问题？这些问题的回答对把握中国七大试点碳市场的发育情况，以及未来全国碳市场的建设具有重要参考价值与理论意义。

5.1　成熟度概念与国内外应用

5.1.1　成熟度概念

成熟度的研究始于 1989 年美国学者 Watts S. Humphrey 的能力成熟度模型，原始目的是用于客观评价政府承建商在承担软件项目合同时的执行能力。之后成熟度的概念被广泛引入人力资源管理、项目管理、金融等领域，成为衡量不同研究对象发展过程的一个有效手段。但成熟度理念及模型在金融领域的应用尚处在初级阶段，用于新兴碳市场的研究目前更是空白。虽然相关模型和概念尚未在碳市场研究中得到应用，但其在其他领域的应用手段、方法、流程及指标的选取等，对碳市场中的应用仍然具有重要的参考价值。

早期的能力成熟度模型始于软件能力的测量，软件能力测评模型（software capability measurement model，SW-CMM）是成熟度模型的鼻祖。在此之后，经过众多学者的探索，研发出很多经典模型，诸如软件工程学会的能力成熟度模型

① 本章部分内容已发表在 *Journal of Cleaner Production* 2018 年第 198 卷。

（capability maturity model，CMM）、组织项目管理成熟度模型（organizational project management maturity model，OPMMM）、项目管理成熟度模型（project management maturity model，PMMM）等经典的成熟度模型。成熟度模型的应用十分广泛，不仅有学者对模型本身进行理论分析，还有学者将模型在不同领域中展开了应用。Andersen 和 Henriksen（2006）最早提出了电子政务成熟度模型，Crawford（2014）指出成熟度的概念正在被越来越多地用于描述一个组织的效能状态。García-Mireles 等（2012）运用文献回顾的方法，对分析、开发成熟度模型提出了相应建议和具体措施。Looy 等（2011）通过问卷调查和德尔菲法在已有模型中进行分层，帮助企业选择合适的业务流程成熟度模型。Christoph 和 Konrad（2014）对工业企业定性案例研究，提出了理想的成熟度概念，指出项目的成熟度每增加一个等级就需要相应的成本投入，研究数据表明高水平的项目管理成熟度与公司承建的工程复杂程度是利益联动的，即项目的成熟度与项目本身的收益正相关，说明了并不是所有的项目都是成熟度水平越高越好。Atwater 和 Uzdzinski（2014）提出了一个整体持续成熟度模型，目的是促进程序管理器和系统工程领先度的有效决策能力。

国内关于成熟度的研究大多是基于成熟度模型展开的，成熟度模型运用比较广泛的有 CMM、OPMMM 和 Harold Kerzner 提出的项目成熟度模型（Kerzner project management maturity model，K-PMMM）等（俞海海，2008）。国内较早有马良荔等（1998）对 CMM 的研究，分析了 CMM 的结构、CMM 中的每一成熟级别，以及 CMM 的研究现状及其发展趋势。邓景毅等（2002）指出了 CMM 存在的适用范围和实施及时间成本两个问题，并提出了相应的解决方案。五百井俊宏和李忠富（2004）介绍了 PMMM 的概念、应用的原因、时间、范围、主体等基本知识，以及三种著名的模型，并展望了今后其发展前景。詹伟和邱菀华（2007）对 PMMM 的应用进行了研究，指出了 PMMM 不仅可以用来对企业的项目管理能力进行评级，而且可以通过评估企业当前项目管理的水平，找出不足与差距，为企业提供持续改进的方法与途径。程鸿群等（2012）针对项目组合管理过程中的不确定性，结合证据理论的优势将其运用到项目组合管理能力评价中，通过构建识别框架、确定可信度函数及信息合成详述了评价的方法与步骤，以实例证明该能力体系与评价方法的有效性和实用性。张宪（2012）建立了适用于项目导向型组织项目管理成熟度评价的指标体系，同时运用人工神经网络确定模糊综合评价中的权重值，克服了现有其他方法主观性判断的不足。

5.1.2 成熟度理论应用

早期针对成熟度的研究注重对模型本身的研究，随着对成熟度模型研究的逐渐深入，有学者开始在不同的市场通过成熟度模型来测度具体市场的发展水平。

McCormack 等（2008）运用统计方法分析了供应链管理成熟度与绩效之间的关系，对巴西 478 家企业进行了调查，研究发现供应链管理成熟度和绩效呈正向关系，而且比其他配送流程的成熟度对整个供应链影响更大。Wu 和 Zheng（2008）引入最小二乘模型，将市场成熟度和住房流动性联系起来。Kohlegger 等（2009）认为成熟度模型应用领域广泛，从认知科学到商业应用及工程各方面都有。Mittermaier 和 Steyn（2009）指出，在存在的几种成熟度模型中，最常见的是由采购经理指数发展而来的 OPMMM。Yazici（2009）认为 OPMMM 的目的是整合、评估和改进项目管理。Demir 和 Kocabas（2010）指出成熟度模型具有多功能性，而且应用起来可以很好地控制时间和成本。比如，教育部门中用 PMMM 可以使组织更明确地知道应该采取怎样的步骤更好地达到目标。Ahmed 和 Capretz（2011）提出了软件产品线的成熟度商业模型，用来评估一个组织软件产品线业务维度的成熟度。García-Mireles 等（2012）引入了生态设计成熟度模型，目的是实现企业的生态设计。Ngai 等（2013）基于 CMM 开发了关于自然资源消耗的系统测量和管理能源和公用事业的成熟度框架，用于分析组织在能源和公用事业管理中的成熟度级别。Garzás 等（2013）提出一个基于软件行业的适用 ISO 模式的组织成熟度模型。Kumaraswamy 和 Cotrone（2013）从国家支持存储技术、实施市场变化缓慢、监管市场相对成熟、建立和定义优先存储的市场等方面评估了能源存储设备监管市场的成熟度。Coronado（2014）分析了数据管理成熟度模型如何应用在管理评级中。Dooley 等（2001）认为，成熟度模型不仅仅可以应用于软件工程领域，也可以用于其他领域的成熟度测评。

以上的研究都是基于成熟度模型在某一领域的应用或者是对模型的介绍。在具体应用方面中国学者也涉及较多领域，典型代表有土地及房地产市场、金融市场、林木市场、物流和供应链市场等。

1. 土地及房地产市场

李娟等（2007）在研究南京土地市场成熟度时，从土地市场化配置度、供需均衡度等 5 个大的方面用 16 个详细的评价因子来综合反映土地市场成熟度，结论认为南京市土地市场处于过渡型阶段。李新辉（2010）通过构建房地产市场成熟度的评价指标体系，通过定量和定性相结合的模糊层次分析法对西安房地产市场进行评价，并最终得出西安房地产处在一个新兴兼具转型特征的市场阶段。侯为义等（2012）构建了基于土地市场的交易情况、土地金融情况、土地市场竞争情况和政府宏观调控的土地市场发育成熟度评价指标体系，并以 2003～2007 年 31 个省区市的统计数据为基础，发现中国土地市场发育程度存在显著的区域梯度差异，东部土地市场发育成熟度远远高于中部和西部。刘斌（2011）提出土地市场是市场体系的重要组成部分，土地市场对资源配置、产业布局等经济社会各方面有重要影响，通过对土地市场成熟度及土地市场发展关系进行实证研究，发现内蒙古城市土地市场成熟度综合评价值为 57.05，说明内蒙古土地市场处于发展状态且其成熟度因素发育不平衡，发展水平差异较大。

2. 金融市场

胡一朗（1999）应用模糊数学方法评价证券市场成熟度。陈春梅和陈红梅（2005）从中美资本市场与会计目标演变的历史中得出会计目标与资本市场成熟度之间存在相关性，从目前中国资本市场的状况出发，对当前和今后中国会计目标的选择提出了建议。张建军等（2014）运用区域金融成熟度模型，在重新构建相关指标体系及其测算方法的基础上，以中国东部、中部、西部有代表性的九个省区市相关金融数据为研究对象，采用主成分分析法对其区域金融成熟度进行测算并排序。研究结果显示，中国区域金融发展由东向西呈现出明显的梯度差异，亟须采取相应的措施来促进区域金融协调发展，尤其是加强中部、西部区域金融支持体系建设。朱航（2013）提出了保险市场成熟度的概念，通过构建综合指数的方式来度量保险市场的成熟度，利用主成分分析法和 SPSS19.0 软件得到 2000 年到 2009 年中国保险市场成熟度的发展曲线。

3. 林木市场

陈世清和涂慧萍（2010）根据林木市场成熟度的概念，认为确定林木市场成熟度的关键是要准确预测目的产品的市场价格和市场需求何时达到最大。赵铁成（2013）提出了林木市场成熟理论，并主张用其指导商品林经营，深入分析林木市场成熟理论的基本概念和内涵，并从背景、方法、应用、成效和研究内容几个方面介绍林木市场成熟与经济成熟的区别。

4. 物流和供应链市场

王海强和王要武（2009）在成熟度模型的基础上研究建筑供应链绩效评价方法，通过案例分析证明了该方法的可行性。冯怡（2011）把成熟度模型应用到了对中国物流市场成熟度的评价上，提出了物流市场成熟度的内涵，把物流市场成熟度划分为发展期、整合期、基本成熟期和成熟创新期四个等级，通过建立评价指标体系对中国 1999 年到 2003 年的物流市场成熟度进行评价，认为中国物流市场处于发展期并将跨入整合期，对 2008 年物流市场的分析显示中国物流市场进入了整合期。

丁宪浩（2001）提出成熟消费市场的四大标志，认为要提高中国消费市场成熟度，应调整收入分配政策，实行高收入政策，开展国民消费教育，提高消费市场开放度，提高消费供给主体素质，切实转换政府职能。贾生华和张尚东（2004）结合市场成熟度和厂商竞争地位两个维度，分析得出 12 种面向顾客的移动电话产品质量控制策略，为不同竞争能力的民族移动通信企业进入不同成熟度的国际市场提供了相应参考。苏选良（2006）从企业资源计划（enterprise resource planning，ERP）应用的迫切需要出发，创建了综合成熟度理论及新的评价体系，从大系统和 ERP 应用链的角度规划 ERP 应用的成熟度框架，将管理成熟度、实施成熟度、软件成熟度、用户成熟度和环境成熟度纳入统一评价体系，覆盖 ERP 应用全过程。安景文等（2006）在对企业技术创新能力的成熟度评价中，分析了相对成熟度与绝对成熟度的评价模型，将技术创新能力分解为创新资源投入能力、创新管理能力、研发能力、产品生产能力、创新营销能力、创新产出能力几个方面的关键域，并分析了关键活动，采用数据包络方法给出了成熟度水平。

同时，也有部分学者对成熟度的评价方法理论进行了创新，如对能力成熟度的主要评价方法有打分法（李友翔，2009；朱葵，2013）、层次分析法（梁蕾，2015）、模糊综合评价方法（李新辉，2010）、数据包络方法（蒋洪强等，2009）、人工神经网络（张宪，2012）、多层次灰色评价（刘亚铮和秦占巧，2008）、密切值法（郑春妮，2011）、模糊层次分析法（赵林捷和汤书昆，2007）等。陈劲和陈钰芬（2006）等利用蛛网模型对创新管理能力开展审计。从目前的研究现状来看，市场成熟度的概念、模型等从最初的软件开发管理、项目管理等，逐步被应用在土地市场、房地产市场、金融市场等领域，而未应用在碳市场上。但其他领域的经验，如指标的选取、评价方法、模型等，对碳市场应用该概念具有重要的参考价值。

同时，由于碳市场兼具环保市场与金融市场的特性，因此不能单纯参考环保市场或金融市场的指标体系来衡量碳市场的成熟状况，应兼顾碳市场的环保属性与金融属性。因此本章在国内外学者关于保险、金融、土地、排污权交易市场成熟度衡量指标框架的基础上，试图建立科学、客观、有效的评价指标体系来衡量中国七大试点碳市场的发育成熟度。

5.2 碳市场发育成熟度理论内涵

碳交易作为碳市场实现温室气体减排的根本手段，最早是由 Dales 于 1968 年在《污染、财产与价格：一篇有关政策制定和经济学的论文》一书中提出，其经济学机理在于通过政府对温室气体排放赋予明晰产权并进行总量控制，利用市场资源优化配置能力来校正温室气体排放的负外部性，以达到温室气体减排与社会总成本最小化的目的。但碳市场温室气体减排与社会减排成本最小的双重功效发挥的前提在于碳市场的有效运转，即合理的碳市场机制体系设计与资源优化配置能力的有效发挥。然而，在实际运转过程中碳市场功能的发挥往往会受到各种因素的影响与制约，包括交易平台服务能力、配套政策与设施完善程度、市场区位条件和国家宏观政策走向等。图 5-1 为碳市场运行机理剖析。

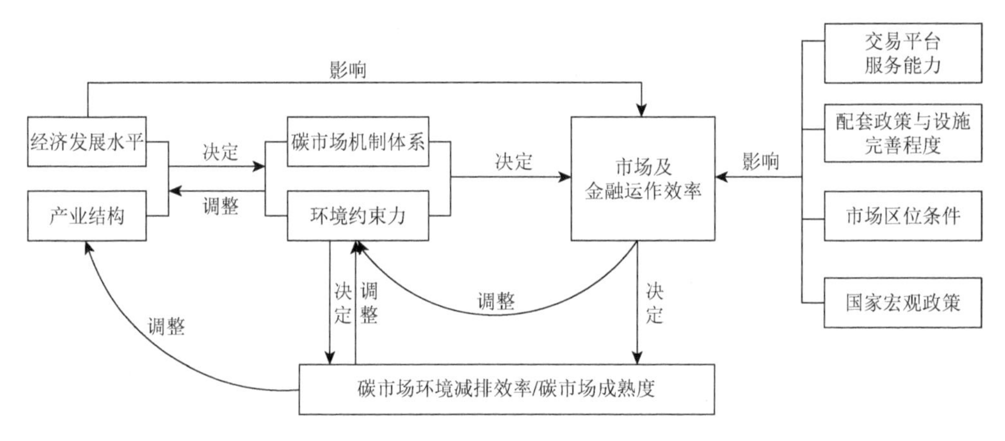

图 5-1　碳市场运行机理剖析

其中，经济发展水平与产业结构直接影响碳市场机制体系如何设计与环境约束力严格程度，具体表现为产业结构差异决定市场覆盖范围差异、经济发展水平决定配额分配方式和配额松紧程度等；碳市场机制体系和环境约束力又直接决定了市场及金融运作效率，如配额松紧程度、违约惩罚力度直接决定控排主体参与市场交易的意愿与积极性，制度的市场化程度影响碳金融市场融资功能发挥等；虽然碳市场机制体系与环境约束力对碳市场运作效率起到了决定影响，但交易平台服务能力、配套政策与设施完善程度、市场区位条件和国家宏观政策也会对碳市场的运行效率造成一定影响。同时，由于碳市场建立的根本目的在于减排，因此一旦碳市场减排功效实现则意味着其市场发育成熟。通常情况下，碳市场环境减排效率受到环境约束力与市场及金融运作效率两个方面影响，其中市场及金融运作效率的高低决定了碳市场环境减排效率是否能够以更小边际减排成本完成，环境约束力则在一定程度上决定了市场覆盖范围能在多大程度上实现减排目标。

同时，区域碳减排情况与市场运行情况在一定程度上也会反过来影响碳市场的环境约束力。例如，碳市场交易惨淡时，市场管理者则要考虑收紧配额总量；而当碳市场无法实现环境减排功能时，则会考虑提高碳市场环境约束力。当碳市场环境减排效率发挥作用时也可能会对经济发展水平与产业结构造成影响，而当经济发展水平与产业结构均未发生变化时碳市场管理者则需要根据市场具体发展情况来调整碳市场机制体系与环境约束力。此时，碳市场就实现了碳减排与产业结构转型升级的双重目标，也实现了发育成熟。

在碳市场发育过程中，市场及金融属性决定了碳市场是否能以最低成本实现减排，环境约束力的大小决定碳市场能否实现减排目标，而交易平台服务能力、配套政策与设施完善程度则为环境约束力、市场及金融属性发挥作用提供了保障。因此，碳市场发育成熟的实质就在于利用市场机制来解决环境问题，包含了环境、市场及金融、政策等三重本质属性。其中，环境目标是碳市场建立的根本宗旨，市场及金融功能是减排目标实现的核心手段，政策是市场建立与运转不可或缺的支撑体系，而交易平台作为交易的实际场所，是碳市场交易实现的重要依托。

1. 环境属性

不同于一般金融市场，碳市场并非简单的供需关系产物，单纯的金融运作良好并不能代表其发育度良好。碳市场因环境问题而生，其建立的根本宗旨在于温室气体减排，因而碳市场发育成熟的实质是温室气体减排的目标得以实现。而环境功能的发挥，一方面依赖于市场规则设计中相关环境制度设计的全面性和严格程度；另一方面则取决于市场及金融功能的发挥对控排主体减排引导能力的实现。如果碳市场的设计中弱化了减排约束，即使市场运作表面活跃，可能仍难以引导控排主体减排，将出现为交易而交易的舍本逐末的“伪市场”，则碳市场建立的根本宗旨和发育成熟度将无从谈起。

2. 市场及金融属性

市场及金融属性作为市场机制下解决气候变暖这一环境问题最有效的方式，碳市场环境目标需要通过发挥市场及金融功能来实现，而市场及金融功能的发挥则主要依赖于市场资源优化配置能力的实现，即市场信息的流动性与有效性使碳价能够真实反映减排成本。因此，碳市场收集市场信息的效率将直接影响控排主体减排决策的制定与低碳技术等的开发，并最终影响碳市场的减排有效性。总之，碳市场环境功能的实现取决于市场及金融属性功能的发挥，即市场及金融属性是碳市场发育成熟的核心。

3. 配套政策与设施完善程度

碳市场的配套政策与设施包含配套政策法规的制定、碳金融服务产品与碳基金产品的开发两层含义。其中，配套政策法规是保障碳市场有序运转的基础支撑体系。政府以政策法规的形式来制定市场规则，强制要求控排主体参与市场交易，并以履约考核的方式来保证市场减排有效性。在市场运转过程中，政策法规对市场起到了监管保障作用，也规范了市场利益相关主体的权责义务，为碳市场的有序运行提供了法律保障。碳金融服务产品与碳基金产品的开发则是提高整个市场资源优化配置能力与减排效率的有效工具，此类产品的开发主要依赖于商业银行与金融服务机构。为避免全球气候变暖带来的投资风险，获得新的利润增长点，商业银行与金融服务机构基于碳交易开发出了诸多结构性产品、保险和基金产品。一方面，此类产品的开发吸引了大量金融资本流入，一定程度上起到了刺激交易、活跃市场的作用；另一方面，金融资本的流入也为控排主体节能减排技术改造与低碳技术开发等提供了资金支持，为温室气体减排提供了资本保障。因此，配套政策法规对碳市场的发育成熟起到了支撑保障作用，碳金融服务产品与碳基金产品的丰富程度则从侧面反映了该市场的繁荣程度。

4. 交易平台服务能力

作为为控排主体提供交易服务的实际场所，交易平台的主要职责包括提供交易设施、交易产品、交易规则、清算结付、市场信息等一系列服务，同时也承担了部分市场监管职责。其能力将直接影响交易效率、交易活跃度及交易规模，最终影响整个市场资源优化配置能力的发挥。参照国际先进碳市场的发展历程，EU ETS 在建立之初共有八家交易平台，经优胜劣汰后，只留下了 ECX 与 EEX，其中 ECX 依靠丰富的碳金融衍生产品、高效便捷的交易方式、低廉的交易成本迅速占据了 EU ETS 80%以上的交易。高质量的平台服务能力不仅扩大了 EU ETS 的市场规模，也迅速提高了其市场及金融化程度，成为碳市场减排功能实现的依托。因此，交易平台服务能力一定程度上也可以反映市场的发育状况。

综上所述，碳市场的本质是依靠市场手段来解决环境问题的政策性市场。其中，环境目标的实现是碳市场产生的根本宗旨和成熟的重要标志，市场及金融功能是减排能力发挥的核心手段，配套政策与设施是碳市场发育成熟的支撑体系，交易平台是市场功能实现的依托。图 5-2 为碳市场发育成熟度内涵机理。

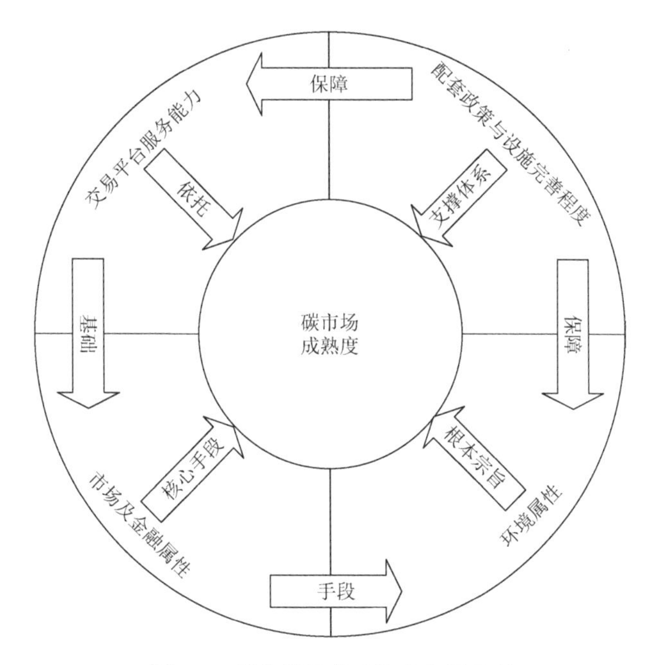

图 5-2　碳市场发育成熟度内涵机理

5.3　评价指标体系构建

不同于其他金融市场，碳市场建立的根本目的是促进温室气体的减排。衡量碳市场发育的成熟度及有效性，最根本的指标本应是碳市场对当地碳减排的贡献度。但一个地区碳减排发生变化，有可能是由于碳市场及众多其他因素，如节能减排政策、经济发展波动等共同作用的结果，因此很难剥离出减排效果中碳市场的贡献，通过单个指标度量碳市场的效果也不现实。构建一套科学、客观的指标体系去度量碳市场的成熟度和有效性就显得尤为重要。为确定哪些因素能客观反映碳市场的发育度、各因素能多大程度上反映碳市场的发育度和各指标体现发育度的相对重要性，作者对中国七大试点碳交易平台、部分核查机构、碳管理咨询公司和科研院所及高校等十多家机构进行了多次深入调研，与包括管理层、技术层等多位一线工作者和相关的科研人员在内的 30 多位专家进行了多次沟通和研讨，最终构建了碳市场发育成熟度综合评价指标体系并收集了相关一手数据。

5.3.1　指标选取

遵循科学性、系统性、可比性和可操作性原则，本节构建了碳市场发育成熟度综合评价指标体系。其中，目标层指标是根据碳市场成熟度四维内涵进行确定的，分别为环境属性、市场及金融属性、配套政策与设施完善程度和交易平台服务能力四个指标。其中市场及金融属性指标又分为市场规模、市场化程度、市场灵敏度、市场活跃度、国际与区域化程度等五个准则层指标，底层子指标是在调研走访了中国七大试点碳交易平台、科研院所、核查机构、碳管理咨询公司基础上确定的。图 5-3 为碳市场发育成熟度评价指标体系框架。

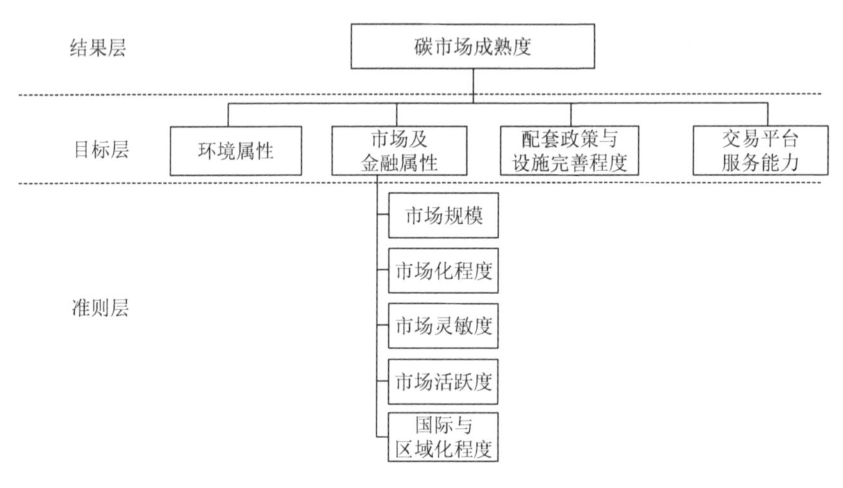

图 5-3　碳市场发育成熟度评价指标体系框架

环境属性指标选取层面：衡量碳市场环境属性发育最直接的指标应该是碳市场的碳减排效率，但由于当前有关节能减排的各项政策相互叠加，难以厘清碳市场在减排过程中所发挥的作用。同时，通过配额总量下降情况在一定程度上也能侧面反映碳市场减排功能的发挥，但由于当前中国七大试点碳市场的配额管理政策透明度极低，难以对碳市场的环境属性发育进行衡量。因此，环境属性发育主要是从市场覆盖范围、履约率、惩罚力度等三个方面来衡量，以反映碳市场的环境制度建设与减排能力。其中，控排主体准入门槛、控排主体覆盖比例、温室气体覆盖种类、覆盖碳排放比例是市场覆盖范围指标以反映碳减排范围，履约率为市场履约指标以侧面反映碳市场的减排成效，市场违约惩罚是惩罚力度指标以反映碳市场的减排约束力。

市场及金融属性指标选取层面：碳市场建立的经济学基础在于科斯定理与外部性理论，即在明晰碳排放产权后以市场化手段来解决环境问题。市场资源优化配置是碳市场实现减排功能的根本，因此碳市场建立之初就具有很强的金融市场的属性。虽然金融属性只是实现环境效益的手段，但只有金融属性得到有效发育才能更好地完成环境效益目标。因此，本节从市场规模、市场灵敏度、市场活跃度、市场化程度、国际与区域化程度等五个方面来衡量碳市场的市场及金融运作效率，以反映市场资源优化配置能力发育状况。

（1）市场规模指标的选取：碳市场的交易规模越大表明参与主体对市场发展前景越有信心，也从侧面反映出该市场更为成熟。一般情况下，碳市场规模受到市场配额总量大小与交易主体参与程度两方面的影响。因此，本节主要从碳市场交易规模（具体选取了交易量、交易额、拍卖量、拍卖额、CCER 交易量等指标）与市场利益相关主体参与情况（具体选取了个人投资主体数量、机构投资主体数量、核查机构数量等指标）等两个方面来对碳市场的市场规模进行衡量。

（2）市场灵敏度指标的选取：市场资源优化配置能力是碳市场减排功能实现的根本途径，而交易量与交易价格对各类市场信息的敏感程度则决定了碳市场资源优化配置能力的效率。高效的碳市场资源优化配置能够快速以最小减排成本来实现碳减排。为了能够反映碳市场资源优化配置能力，本节具体选取了有效交易日比例、交易中断频次等指标来反映交易主体对市场信息流动的敏感程度，碳价变动单位、价格离散度等指标来反映碳价对市场信息流动的敏感程度。

（3）市场活跃度指标的选取：针对市场及金融属性的衡量，市场规模衡量了碳市场资源优化配置的结果，市场灵敏度衡量了碳市场资源优化配置的效率，而市场活跃度则是对碳市场资源优化配置有效性的反映，即市场运行能否根据外界信息的流动在合适时间范围内对配额资源进行有效调动。因此，利用市场活跃度来反映交易主体参与市场的深入程度，具体选取配额流动率以反映市场参与主体的交易意愿，交易量集中度、交易额集中度等指标以反映市场参与主体的日常交易活跃度。

（4）市场化程度指标的选取：碳市场是一个依靠国家政策建立的具有金融属性的环境市场。因此，碳市场金融属性的发挥是减排功能发挥的重要保障。市场化的碳市场一方面能够有效避免政策干预过多而导致的权力寻租现象发生，另一方面也能一定程度减弱政策不确定性对市场参与主体的影响。因此，市场化程度会对碳市场运行效率产生重要影响。在衡量市场化程度过程中主要通过核查机构选择方式、单位核查机构负责控排主体数量两个指标来反映核查市场的市场化程度。目前我国七大试点碳市场的核查机构选择方式有两种，一是政府出资直接分配，二是企业出资自主选择，而第二种方式更能够加大市场竞争以提供优质的温室气体排放信息核查服务。同时，国内外学者研究表明，通过拍卖的方式发放排放权配额可以有效提高市场运作效率，还可更好发挥出碳市场有效配置减排资源的作用，提高控排主体减排积极性。EU ETS 也在运行过程中对电力控排企业采用 100%拍卖的配额分配方式，从而避免配额免费发放方式不当对控排主体产生的不公平性。因此，选取了配额拍卖比例作为衡量配额分配市场化程度的表征指标。作为一个具有金融属性的市场，市场盈利能力也是衡量碳市场金融属性市场化程度的重要指标，因此选取了市场盈利率作为市场盈利能力的指标。

（5）国际与区域化程度指标的选取：控制温室气体排放是一个全球问题，未来全球极有可能形成一个统一碳市场，2018 年澳大利亚碳市场与 EU ETS 实现了对接以进一步降低减排成本。碳市场的国际化程度是从国外主体参与数量、国外主体交易量和纳入非试点区域控排主体数量等三个方面来进行衡量。

配套政策与设施完善程度指标选取层面：配套政策与设施的完善是碳市场高效、有序运行的重要保障。其中，配套政策完善能够防止市场运转失灵，保障市场始终处于有序运转状态；配套设施主要是指碳金融服务产品、碳基金等有助于控排主体完成碳减排、促进产业结构转型升级的金融基础设施。配套政策与设施完善程度主要是从配套政策法规的完善程度与基础服务设施的完善程度两个方面来进行衡量。其中，配套政策法规完善程度包括市场基础法律效力与配套政策完善程度，基础服务设施完善程度包括碳金融服务产品数量与碳基金数量，反映出政策法规对碳市场发育的支撑保障和金融服务机构对碳市场发育的金融资本支持。

交易平台服务能力指标选取层面：碳市场发育初期，交易平台服务能力对碳市场发育成熟有着重要影响，而中国各试点交易平台也深入参与了市场建设过程。因此，衡量交易平台服务能力对碳市场发育成熟度的评价具有十分重要的意义。交易平台服务能力主要从抗风险能力、核心业务服务能力、市场容纳量和员工服务能力等四个方面来衡量。

5.3.2 变量说明

表 5-1 为碳市场发育成熟度综合评价指标体系，包括 1 个结果层指标，即碳市场发育成熟度；4 个目标层指标，包括环境属性、市场及金融属性、配套政策与设施完善程度和交易平台服务能力；43 个底层子指标。在 43 个底层子指标中，交易成本、单位核查机构负责控排主体数量、交易中断频次、碳价变动单位、交易量集中度、交易额集中度、控排主体准入门槛等七个指标为负向指标（处理公式为 $\dfrac{1}{\max\limits_i\{|X_i|\}+X_i+1}$，其中 X_i 为七大试点的指标值），价格离散程度为适度性指标（该指标值无论过大或过小都不利于市场发育，计算公式为 $\dfrac{1}{1+(X-\bar{X})}$，其中 X 为七大试点指标值，$\bar{X}$ 为指标值的均值），其余均为正向指标。

表 5-1　碳市场成熟度评价指标体系

结果层	目标层	准则层	子指标层	指标单位	指标属性
成熟度	交易平台服务能力（TPSC）		注册资本量（EXCH_K）	亿元	正向
			交易方式（Trans_M）	—	正向
			交易品种（Trans_P）	个	正向
			交易成本（Trans_C）	%	负向
			交易时长（Trans_T）	小时	正向
			结算银行数量（EXCH_B）	个	正向
			交易平台会员数量（EXCH_M）	个	正向
			交易所员工数量（EXCH_E）	个	正向
			硕博海外人才比例（Ratio_T）	%	正向
	市场及金融属性 M&F	市场规模（Scale）	交易量（Trade_V）	万吨	正向
			交易额（Trade_A）	万元	正向
			拍卖量（AUC_V）	万吨	正向
			拍卖额（AUC_A）	万元	正向
			CCER 交易量（CCER）	万吨	正向
			个人投资主体数量（Num_PI）	个	正向
			机构投资主体数量（Num_II）	个	正向
			核查机构数量（Num_VI）	个	正向
		市场化程度（Marketization）	核查机构选择方式（P_VI）	—	正向
			单位核查机构负责控排主体数量（Ratio_VE）	个	负向
			配额拍卖比例（Ratio_AUC）	%	正向
			个人投资主体交易比例（Ratio_PI）	%	正向
			机构投资主体交易比例（Ratio_II）	%	正向
			市场盈利率（PE）	%	正向
		市场灵敏度（Sensitivity）	有效交易日比例（Ratio_EMD）	%	正向
			交易中断频次（Num_IPC）	次	负向
			碳价变动单位（TS）	元/吨	负向
			价格离散度（Std）	—	适度性
		市场活跃度（Activity）	配额流动率（TR）	%	正向
			交易量集中度（Ratio_VC）	%	负向
			交易额集中度（Ratio_AC）	%	负向

续表

结果层	目标层	准则层	子指标层	指标单位	指标属性
成熟度	市场及金融属性 M&F	国际与区域化程度（I&R）	纳入非试点区域控排主体数量（Num_DCE）	个	正向
			国外主体参与数量（Num_FII）	个	正向
			国外主体交易量（Num_FFIV）	万吨	正向
	环境属性 Env		惩罚力度（FA）	元/吨	正向
			控排主体准入门槛（Thres）	吨	负向
			控排主体覆盖比例（Ratio_CE）	%	正向
			温室气体控排种类（Num_GHG）	种	正向
			覆盖碳排放比例（Ratio_GHG）	%	正向
			履约率（CR）	%	正向
	配套政策与设施完善程度 P&F		配套政策完善程度（Ratio_P&R）	%	正向
			市场法律基础（LE）	—	正向
			碳基金数量（Num Fund）	个	正向
			碳金融产品数量（Num_CFP）	个	正向

碳市场发育成熟度上述 43 个子指标的变量内涵与计算过程如下。

注册资本量：注册资本量反映了交易平台基础设施建设与抗风险能力，用七大试点碳交易平台的股本总量来表示。由于七大试点省市对碳市场建设的重视程度各不相同，交易平台的建设方式与股本总量也各不相同。例如，深圳碳排放权交易所采用了多方股本入注方式，注册资本总量达 3.5 亿元；而重庆碳排放权交易中心仍挂靠在重庆联合产权交易所交易一部，其基础设施建设完善依赖于重庆联合产权交易所，不利于碳交易业务的整体发展。用 EXCH_K 来表示七大试点交易平台的注册资本量。

交易方式：目前中国七大试点交易平台虽然推出了多种交易方式，但其本质大都是点选交易类型，因而不具有可比性。因此，将不同交易平台所推出交易方式的便捷程度作为交易方式优劣的衡量标准。其中，相较于传统较为保守的“$T+5$”交易结算模式，部分交易平台推出的“$T+3$”或“$T+1$”的交易结算模式更有利于推动碳市场交易。交易方式指标的具体表征公式如下：

$$\text{Trans\_M}=\begin{cases}3\text{，连续交易、“}T+3\text{”或“}T+1\text{”结算方式}\\2\text{，连续交易、“}T+5\text{”结算方式；断点交易、“}T+1\text{”或“}T+3\text{”结算方式}\\1\text{，断点交易、“}T+5\text{”结算方式}\end{cases}\tag{5-1}$$

其中，Trans_M 表示交易平台所推出的交易方式。若交易平台所推出的交易方式是连续集约交易且利用“$T+3$”或“$T+1$”的交易结算方式，则用虚拟变量3来表示；对于使用了连续交易方式但利用“$T+5$”的结算方式或断点交易方式却以“$T+1$”或“$T+3$”结算方式的交易方式，用虚拟变量2来表示；对于使用断点交易且为“$T+5$”的结算方式，用虚拟变量1来表示。

交易品种：从全球碳市场发展经验来看，碳金融衍生品市场与现货市场发展相辅相成。无论是欧盟还是美国，在碳市场设计过程中均同时考虑了现货与远期、期货等衍生产品，以构成完整的碳金融市场结构，使得现货与衍生品市场之间互相支撑。目前，期货是全球碳市场发展最为成熟、交易最为活跃的金融衍生产品。截至 EU ETS 第二阶段，期货交易量在全部 EUA 的交易量中所占比重超过 85.7%，而在场内交易中期货合约的累计交易量更是占到了全部交易量的 91.2%，2015 年 EU ETS 期货成交量更是达到了现货成交量的 30 倍以上。参与期货交易的主体包括控排企业、金融机构和其他投资者。同时，大量研究结果也表明期货价格对现货价格具有引导作用。值得一提的是，在 EU ETS 第一个交易阶段末，现货价格与交易量均濒临崩溃，但期货价格与交易量却始终保持在合理范围内，这在一定程度上支撑 EU ETS 渡过难关。因此，使用七大试点交易平台所推出的交易品种数量来反映其核心服务能力。该指标的具体计算公式如下：

$$\text{Trans\_P} = \sum \text{Carbon Trading Product}_i \tag{5-2}$$

其中，Trans_P 表示交易平台的交易品种；Carbon Trading Product_i 表示七大试点交易平台推出的交易品种数量，包括配额现货产品、CCER 现货产品和配额远期产品等。

交易成本：交易成本的存在会对碳交易成本有效性产生显著影响，并有可能阻碍交易行为的发生、改变市场参与者的交易参与意愿及减排行为，并最终导致资源重新配置而影响市场运行效率。例如，市场交易主体的交易佣金、报告费用等。交易成本的高低同样也直接影响了交易主体参与市场交易的预期，如果交易成本过高部分主体交易所获得的利益甚至不能抵消交易成本所造成的资金损失，其就会选择不进行交易。因此，使用 Trans_C 来代表七大试点交易平台的交易成本，并利用交易平台每手交易需要支付的费用来表征交易平台服务费用。

交易时长：交易时长是七大试点交易平台每天进行碳交易的在线交易时长。交易时间越长，代表该交易平台的服务与管理水平越好。用 Trans_T 来代表七大试点交易平台的交易时长。

结算银行数量：在交易平台日常结算工作中，结算银行数量的差异也会直接影响交易主体完成交易的便捷程度。目前，各试点交易平台均与不同的银行进行了结算合作，结算银行的数量不同一定程度上也导致交易计算工作的便捷程度不同。

$$\text{EXCH\_B} = \sum \text{Bank}_i \tag{5-3}$$

其中，EXCH_B 表示七大试点交易平台的结算银行数量；Bank_i 表示七大试点交易平台合作的不同结算银行，包括中国银行、中国建设银行、中国工商银行等多种不同类型银行。

交易平台会员数量：交易平台会员数量反映了交易平台的市场容纳量与吸引力，交易平台各类会员数量越多则表明交易平台吸引投资主体参与市场交易的能力越强。因此，使用交易平台各类会员数量之和来表征交易平台的市场容纳量与吸引力。

$$\text{EXCH\_M} = \sum \text{NVM}_i \tag{5-4}$$

其中，EXCH_M 表示七大试点交易平台会员数量；NVM_i 表示交易平台不同类型会员数量。目前，中国七大试点排放权交易平台的会员种类标准不统一，主要包括了交易类会员、经纪类会员和金融类会员等。

交易所员工数量：交易所员工数量在一定程度上也侧面反映了交易平台的服务质量。目前，中国七大试点交易平台均存在服务员工数量不足的问题。交易所员工数量越多越能表明交易平台的发展速度与服务质量。使用 EXCH_E 来代表七大试点交易所员工数量，并利用七大试点交易所员工总量来表征该指标值。

硕博海外人才比例：高素质员工比例有助于交易平台对交易产品、交易方式等一系列核心服务进行创新，进而提高交易平台的服务能力与质量。因此，使用硕博海外人才比例从侧面反映出交易平台的员工服务能力，具体计算公式如下：

$$\text{Ratio\_T} = \frac{M + D + F}{\text{Staff}} \times 100\% \tag{5-5}$$

其中，Ratio_T 表示七大试点交易平台员工中的硕博海外人才比例；Staff 表示交易平台员工总数；M 表示取得硕士学位的员工数量；D 表示取得博士学位的员工数量；F 表示有海外留学背景的员工数量。

交易量、交易额：交易量、交易额是碳市场资源优化配置能力的最直接体现，交易量、交易额的产生表明部分控排主体产生了一定数量的碳减排，部分控排主体由于配额不足但减排成本过高而需要购买配额以完成履约，此时碳市场资源优化配置功能就发挥了作用。因此，使用七大试点碳市场履约年度内交易量、交易额来作为资源优化配置能力的直接体现，并用 Trade_V 和 Trade_A 来表征。

拍卖量、拍卖额：配额有偿出售是发现碳市场减排成本的重要途径，而拍卖制度则是配额分配的最有效方式，因而对拍卖量、拍卖额的衡量也能够在一定程度上反映碳市场资源优化配置能力。因此，将拍卖量、拍卖额等两个指标作为市场规模的表征指标，并用 AUC_V 和 AUC_A 来表征。

CCER 交易量：核证减排制度作为碳市场灵活履约机制的重要组成部分，对全社会总体减排目标的实现有着重要促进作用。因此，将 CCER 交易量纳入对市场规模中以衡量核证减排交易市场的发育规模，并用 CCER 来表征该指标。

个人投资主体数量、机构投资主体数量：与以能源为代表的其他大宗商品市场不同，碳市场的供给与需求具有“潮汐性”特征，即在非履约期以实需为目的的交易活跃度较低。而金融机构的参与带来的资金量需要足够的流动性和交易对手才能够形成有效流转，发挥金融市场价格发现作用。在这样的条件下，投资主体便成为市场进一步发展不可或缺的重要部分。通过引入投机性需求，实际上引入了对碳资产异质化的价值判断，从而产生了交易的动力。而碳市场的金融属性也由此进一步彰显，并可能与其他金融市场产生协同效应。在国际典型碳市场发展过程中，商业银行、基金等金融机构不仅是碳交易的参与者，同时也是碳配额场外交易、跨国跨区域碳交易、碳资产管理等碳金融服务的主要组织者。通过引入个人和机构投资主体不仅能够提高市场流动性、强化价格发现功能，还能够通过开发金融衍生产品服务为控排主体参与碳交易提供便利、促进碳资产的形成、提升企业碳资产管理意愿和能力、充分发掘碳资产的市场价值。将个人投资主体与机构投资主体参与数量作为个人与机构投资主体市场参与程度的表征值，并用 Num_PI、Num_II 来分别表征。

核查机构数量：第三方核查市场作为碳市场发育过程中的重要衍生市场之一，在碳市场发育成熟过程中起着重要支撑作用。因此，将碳市场第三方核查机构数量纳入到市场发展规模中以反映衍生产业的发展规模，并用 Num_VI 来表征该指标。

核查机构选择方式：碳市场在发展过程中会衍生出一系列其他市场，如碳管理咨询行业、绿色金融投资行业和核查行业。核查行业的发展对碳市场的良性、平稳运转起着重要支撑保障作用。因此用虚拟指标的形式来代表核查机构的市场化程度，具体计算公式如下：

$$\mathrm{P\_VI}=\begin{cases}1, & \text{若企业出资自主选择}\\ 0, & \text{若政府出资直接分配}\end{cases} \tag{5-6}$$

其中，P_VI 表示七大试点核查机构的选择方式。若为企业出资自主选择官方注册核查机构记为 1，政府出资直接分配核查机构记为 0。

单位核查机构负责控排主体数量：单一的核查机构数量不足以表征某一试点核查衍生产业的发展，所以用单位核查机构负责控排主体数量这一指标来更加客观地表征核查市场发育程度，具体计算公式是用碳市场控排企业数量除以区域核查机构数量。该指标的具体计算公式如下：

$$\mathrm{Ratio\_VE}=\frac{\mathrm{CE}}{\mathrm{VI}} \tag{5-7}$$

其中，Ratio_VE 表示单位核查机构负责控排主体数量；CE 表示碳市场控排主体数量；VI 表示区域核查机构数量。

配额拍卖比例：拍卖方式分配配额相比免费分配有明显优势，同时拍卖收入可以通过各种用途进一步促进节能减排（Goulder and Schneider，1999）。Cramton 和 Kerr（2002）从理论上论证了拍卖是一个国家应对气候变化的最有效方法，拍卖可以降低税收扭曲，提高资源分配效率，激励企业自主减排并减少配额分配过程中的政治争议，因此拍卖制度优于历史法，并且配额拍卖的比例越高表示该试点配额发放方式的市场化程度越高。用碳市场公布的配额拍卖比例值作为碳市场配额发放市场化程度的表征指标，并用 Ratio_AUC 来表示。

个人投资主体交易比例、机构投资主体交易比例：投资主体入市在一定程度上有活跃市场交易的作用，同时在一定程度上也能够起到为市场融资、促进企业减排技术升级的作用。因此，通过个人投资主体在碳市场中的交易量的比例来反映市场化发展程度。该指标具体计算公式如下：

$$\text{Ratio\_PI} = \frac{\text{TradeV}_{\text{PI}}}{\text{TradeV}} \times 100\% \tag{5-8}$$

其中，Ratio_PI 表示个人投资主体交易比例；$\text{TradeV}_{\text{PI}}$ 表示个人投资主体交易量；TradeV 表示配额交易总量。机构投资主体交易比例算法相同。

市场盈利率：当一个市场增长迅速，市场主体对未来的业绩增长非常看好时，利用市场盈利率能够比较不同市场价格的投资价值。因此，使用碳市场价格的日收益率来衡量不同市场碳价的投资价值。该指标的具体计算公式如下：

$$\text{PE} = [\text{lnprice}_{j-1} - \text{lnprice}_{j}] \times 100\% \tag{5-9}$$

其中，PE 表示碳市场的市场盈利率；price_{j-1} 表示前一日碳价；price_{j} 表示今日碳价；j 表示交易日。

有效交易日比例：由于碳市场未来发展仍存在较大的不确定性且制度建设不健全，控排主体的交易意愿与交易能力相对欠缺，因而正常的交易日当中频繁出现有市场无交易的现状。因此，通过统计有交易量的交易日占履约年度内应有的总交易日的比例来表征该指标。

$$\text{Ratio\_EMD} = \frac{\text{EMD}}{\text{AMD}} \tag{5-10}$$

其中，Ratio_EMD 表示有效交易日比例；EMD 表示有交易量的交易日；AMD 表示履约年度应有的总交易日。

交易中断频次：交易中断频次表示在每个履约年度中，连续 5 天（含）以上没有交易的次数。用 Num_IPC 来表征该指标。

碳价变动单位：碳价变动单位表示在交易中，碳价变动的最小单位。用 TS 来表征。

价格离散度：价格离散度是指碳市场价格在履约年度内的波动程度。通常情况下，碳价的大涨大跌均不利于市场发育，同时也侧面反映市场价格并未受到正常的市场信息驱动，而是受极个别的市场信息影响而大涨大跌。市场价格大涨大跌不利于市场的长期平稳运行。该指标具体计算公式如下：

$$\text{Std} = \frac{\sum(p-\overline{p})}{d} \times 100\% \tag{5-11}$$

其中，Std 表示七大试点碳市场价格的波动程度，即价格离散度；p 表示履约年度日碳价；$\overline{p}$ 表示履约年度碳均价；d 表示履约年度总交易日。

配额流动率：配额流动率的概念类似于股票市场的换手率概念，是指在一定时间内市场中配额转手买卖的频率，是反映配额流通性强弱的指标之一。在技术分析的诸多工具中，换手率指标是反映市场交易活跃程度最重要的技术指标之一。因此，借鉴股票市场中的换手率的概念，来进一步评价碳市场配额交易的活跃度情况，具体使用市场履约年度交易配额总量占年度配额总量的比例。该指标具体计算公式如下：

$$\text{TR} = \frac{\text{Trade\_V}}{\text{Allowance}} \times 100\% \tag{5-12}$$

其中，TR 表示碳市场配额流动率；Trade_V 表示履约年度配额总交易量；Allowance 表示履约年度配额总量。

交易量集中度、交易额集中度：通常情况下，配额交易是随着市场信息变动而产生。因此，通常情况下，市场交易不会集中在某一时间段内而是较为均匀地分布在整个履约周期之内。如果市场交易过于集中于某一时间段内则表明市场交易主体并未根据市场信息流动相机抉择进行交易，同时也侧面反映出碳市场的信息传导机制并不畅通。因此，引入了交易量集中度、交易额集中度这两个概念来进一步衡量控排主体参与市场交易的活跃度，计算方法为碳市场履约年度日交易量或交易额前 20%天数的总交易量或总交易额除以履约年度总交易量或总交易额。具体计算公式如下：

$$\text{Ratio\_VC} = \left(\sum_{i=1}^{20} \text{Trade\_V}_i\right) \div \text{Trade\_V}_{\text{all}} \tag{5-13}$$

$$\text{Ratio\_AC} = \left(\sum_{i=1}^{20} \text{Trade\_A}_i\right) \div \text{Trade\_A}_{\text{all}} \tag{5-14}$$

其中，Ratio_VC 和 Ratio_AC 表示七大试点交易量的集中度和交易额集中度；Trade_V_i 和 Trade_A_i 分别表示碳市场履约年度日交易量和日交易额前 20%天数的总交易量和总交易额；$\text{Trade\_V}_{\text{all}}$ 和 $\text{Trade\_A}_{\text{all}}$ 分别表示履约年度总交易量和总交易额。

纳入非试点区域控排主体数量：七大试点为了扩大各自的市场规模，选择将非试点地区的重点排放企业纳入本试点碳市场，从而使该试点碳市场具有一定的区域化水平。用 Num_DCE 来表示该指标。

国外主体参与数量、国外主体交易量：为了使试点碳市场与国际接轨，七大试点在不同程度上将国外重点排放企业纳入本试点碳市场，从而使该试点碳市场具有一定的国际化水平。用 Num_FII 表征国外主体参与数量，Num_FFIV 表征国外主体交易量。

惩罚力度：惩罚力度是根据各试点省市对未能完成履约控排主体的最高惩罚金额进行衡量的。用 FA 代表各碳市场惩罚的金额，单位为元/吨。由于目前七大试点碳市场在针对未能完成履约的控排主体惩罚方式与力度方面存在不统一的问题，如深圳、北京、湖北等试点省市采用的是市场均价倍数的惩罚方式，但上海、广东、重庆、天津等四个试点碳市场采用的则是最高上限 10 万～15 万元的惩罚方式，因此需要对七大试点碳市场的惩罚力度进行统一化处理。由于湖北碳市场的惩罚方式是市场均价 3 倍的惩罚，但惩罚的最高金额不超过 15 万元，因此用湖北碳市场的惩罚力度作为标杆来对上海、广东、重庆、天津的惩罚力度进行统一化处理。具体做法是利用湖北碳市场最高 15 万元的惩罚力度除以湖北碳市场 3 倍的市场均价，以此作为湖北碳市场控排主体未能完成履约的配额量，然后利用上海、广东、重庆的最高惩罚金额除以湖北碳市场控排主体未能完成履约的配额量，以此值作为上海、广东、重庆碳市场的惩罚力度。由于天津碳市场针对未能完成率约的控排主体并不存在实质性的惩罚，因而天津碳市场的惩罚力度为 0 元/吨。

控排主体准入门槛：通常为了充分挖掘碳减排潜力，降低减排成本，应尽量扩大市场覆盖范围以将更多具有异质性的主体纳入，现实中碳市场覆盖范围应充分考虑纳入的控排企业对全局减排成本的影响、产业发展影响和政策实施成本。从减排角度考虑，为更大程度上减排应尽可能纳入更多的控排主体。因此，将控排主体准入门槛作为衡量碳市场覆盖控排企业范围的表征指标，并用 Thres 代表。

控排主体覆盖比例：由于中国七大试点省市的经济发展水平与产业结构之间存在较大差异，纳入控排主体数量之间也存在较大差异，无法使用绝对数量来进行对比，如部分试点可能覆盖了大量控排主体，但覆盖的控排主体数量只占到试点省市控排行业企业数量的极小比例。因此，为更加准确衡量碳市场减排覆盖范围，引入控排主体占全省工业企业比例这一指标来衡量碳市场减排覆盖范围，具体是将试点碳市场覆盖控排主体数量除以全省（市）工业企业总量。该指标的具体计算公式如下：

$$\text{Ratio\_CE} = \frac{\text{CE}}{\sum \text{CIE}} \tag{5-15}$$

其中，Ratio_CE 表示控排主体占全省（市）工业企业的比例；CE 表示控排主体数量；$\sum$CIE 表示全省（市）工业企业总量。

温室气体控排种类：目前国际上公认的温室气体种类包括二氧化碳、甲烷、氧化亚氮、氢氟碳化物、全氟碳化物及六氟化硫等六类，但二氧化碳排放是导致全球气候变暖最主要的原因，因此各国在控制温室气体排放过程中都将二氧化碳排放作为主要控排对象，但也有部分国家将其他五种温室气体排放也纳入了减排体系。相对而言，温室气体减排种类纳入越多，则表明该碳市场对温室气体减排的严格程度越高，因此用各试点覆盖温室气体种类数量来表征该变量，即当纳入了二氧化碳时则记为 1，若纳入了两种温室气体则记为 2，当纳入国际公认六种温室气体排放时则将该值记为 6，并用 Num_GHG 来表征该指标。

覆盖碳排放比例：衡量碳市场的减排总量是对碳市场发育成熟度评价的首要问题，但是配额总量这一指标在不同级别的试点市场之间并不具备绝对的可比性。因此，引入碳市场覆盖碳排放的比例这一指标，更加客观地去刻画碳市场的减排约束范围，具体是通过试点省市控排主体碳排放量占试点省市碳排放总量比例。该指标具体计算公式如下：

$$\mathrm{Ratio\_GHG} = \frac{\mathrm{GHG_{CE}}}{\mathrm{GHG_{all}}} \tag{5-16}$$

其中，Ratio_GHG 表示覆盖碳排放比例；$\mathrm{GHG_{CE}}$ 表示控排主体碳排放量；$\mathrm{GHG_{all}}$ 表示全省（市）碳排放总量。

履约率：碳市场履约率是指试点碳市场完成履约控排主体数量占试点市场控排主体总量的比例。碳市场履约率是碳市场实现减排功能的基本保证，控排主体只有在履约期内上缴足量配额才能保证整个市场实现最终减排功能。因此，用七大试点碳市场的履约率作为碳市场减排情况的侧面反映，并用 CR 来表征该指标。

配套政策完善程度：配套政策完善程度是指碳市场政策法规的覆盖范围比率。由于不同碳市场建设的侧重点不同，配套政策覆盖范围也不尽相同且随着时间的不断推进，碳市场配套政策也在不断完善。因此，将七大试点碳市场的配套政策完善程度作为衡量配套政策和设施完善程度的指标。该指标具体计算公式如下：

$$\mathrm{Ratio\_P\&R} = \frac{\mathrm{P\&R}_i}{\mathrm{P\&R_{all}}} \tag{5-17}$$

其中，Ratio_P&R 表示配套政策完善程度；$\mathrm{P\&R}_i$ 表示各试点碳市场已有配套政策覆盖面；$\mathrm{P\&R_{all}}$ 表示七大试点碳市场配套政策整体覆盖面。

市场法律基础：碳市场的政策属性决定碳市场建立与运行需要强有力的法律支撑，而法律约束力也会直接影响控排主体与投资主体对市场的发展预期。因此，通过虚拟指标来对碳市场法律效力进行量化处理。该指标具体计算公式如下：

$$\mathrm{LE} = \begin{cases} 3, & \text{若法律基础为人大立法} \\ 2, & \text{若法律基础为政府规章} \\ 1, & \text{若法律基础为部门文件} \end{cases} \tag{5-18}$$

其中，LE 表示碳市场法律基础效力。若碳市场法律基础为人大立法则记为 3，为政府规章制度则记为 2，为部门文件则记为 1。

碳基金数量、碳金融产品数量：成熟的全球性大宗商品市场，如石油市场等均实现了泛金融化发展，而在碳市场领域，EU ETS 第二个交易阶段早期也呈现出了泛金融化的发展态势，但在金融危机、碳价暴跌后偃旗息鼓。综合来看，衡量碳金融与碳基金对碳市场资源配置能力的贡献十分必要。因此，用碳金融产品数量与碳基金的数量来衡量碳金融衍生产品的贡献，具体计算公式如下：

$$\text{Num\_CFP} = \sum \text{CFP}_i \tag{5-19}$$

$$\text{Num\_Fund} = \sum \text{Fund}_i \tag{5-20}$$

其中，Num_CFP 表示碳金融产品数量；Num_Fund 表示碳基金数量；CFP 表示各类碳金融产品，包括碳金融信贷产品、碳金融质押产品、碳金融回购产品等；Fund 表示碳基金。

5.3.3　数据说明

上述 43 个底层子指标数据的时间跨度为 2013 年七大试点碳市场开市至 2016 年 6 月 30 日，共三个履约年度的市场运行数据（其中湖北与重庆碳市场由于为 2014 年开市，故仅有两个履约年度的数据），数据频率为履约年度。资料来源为各碳交易平台官方网站、试点省市发展和改革委员会网站、中国碳排放交易网、相关研究报告整理，以及中国七大试点碳交易所、科研院所、核查机构、碳管理咨询公司调研。其中配套政策完善程度指标数据主要借鉴了前文研究成果中整理的中国七大试点碳市场监管政策汇总，并在此基础上结合市场最新发展进程考虑了跨区域市场管理办法，境外投资机构与个人管理办法，会员管理办法，注册登记系统、信息管理系统、交易系统管理办法，碳基金管理办法，碳排放权远期产品交易管理办法等相关新增市场配套政策法规。

在指标数据来源方面，上述 43 个成熟度评价指标中，温室气体控排种类、惩罚力度、配额拍卖比例等市场机制设计类指标数据来源为七大试点省市的人民政府、发展和改革委员会发布的碳市场相关管理文件，如《北京市碳排放权交易管理办法（试行）》《天津市碳排放权交易管理暂行办法》《上海市碳排放管理试行办法》等；注册资本量、交易方式、交易成本等交易所制度类指标数据来源为七大试点交易平台相关管理文件，如《北京市环境交易所碳排放权交易规则（试行）》《天津排放权交易所碳排放权交易规则（暂行）》《上海环境能源交易所碳排放交易规则》等；交易量、交易额、有效交易日比例等市场运行数据是根据七大试点省市管理部门发布的碳市场相关管理文件、交易平台公布的相关市场运行数据，并经作者加工计算所得；履约率、个人投资主体数量、个人投资主体交易比例、机构投资主体数量、机构投资主体交易比例、交易平台会员数量、交易所员工数量、硕博海外人才比例等市场运行和交易所未公开的数据是通过对七大试点市场专家调研获得的。配套政策完善程度指标是根据对七大试点配套政策梳理所形成的监管政策覆盖体系基础上，加入了跨区域市场管理办法，境外投资机构与个人管理办法，会员管理办法，注册登记系统、信息管理系统、交易系统管理办法，碳基金管理办法，碳排放权远期产品交易管理办法等相关新增市场政策法规。资料来源为各碳排放权交易所官方网站、试点省市发展和改革委员会网站、中国碳排放交易网、相关研究报告整理，以及赴中国七大试点碳排放权交易所、科研院所、核查机构、碳管理咨询公司调研。表 5-2 为各指标数据具体来源说明。

表 5-2　中国七大试点碳市场各指标数据具体来源说明

底层子指标	指标来源
惩罚力度、控排主体准入门槛、温室气体控排种类、核查机构选择方式、配额拍卖比例、市场法律基础	七大试点省市人民政府、发展和改革委员会发布的碳市场相关管理文件
注册资本量、交易方式、交易品种、交易成本、交易时长、碳价变动单位	七大试点交易平台相关管理文件
拍卖量、拍卖额、CCER 交易量、核查机构数量、碳基金数量、碳金融产品数量	绿石碳资产管理公司 2013～2016 年碳市场年度报告整理
交易量、交易额、单位核查机构负责控排主体数量、市场盈利率、有效交易日比例、交易中断频次、价格离散度、配额流动率、交易量集中度、交易额集中度、配套政策完善程度	根据七大试点省市人民政府、发展和改革委员会发布的碳市场相关管理文件、交易平台公布数据，并经作者加工计算所得
覆盖碳排放比例、履约率、个人投资主体数量、机构投资主体数量、个人投资主体交易比例、机构投资主体交易比例、区域合作控排主体数量、国外主体参与数量、国外主体交易量、碳基金数量、碳金融产品数量、结算银行数量、交易平台会员数量、交易所员工数量、硕博海外人才比例、注册资本量	七大试点交易平台调研数据

资料来源：根据相关资料整理

5.4　综合评价方法与过程

在完成碳市场发育成熟度综合评价指标体系的构建后，需要选择合适的方法来对中国七大试点碳市场的发育成熟度进行综合评价。本节对目前学术界已有的综合评价方法进行了对比分析，选择了适用于碳市场发育成熟度的综合评价方法，并将七大试点碳市场的运行数据带入，从而实现了对七大试点碳市场三个履约年度发育水平的综合评价。

5.4.1　成熟度评价方法选择

当前，学术界关于综合评价的方法相对较多，由于赋权方式是综合评价最关键的步骤，因此按照赋权方法的不同大致可将现有的综合评价方法分为主观赋权综合评价方法、客观赋权综合评价方法和组合赋权综合评价方法。其中，主观赋权评价方法包括德尔菲法、层次分析法、专家会议法等；客观赋权评价方法包括因子分析法、离差均方差法和人工神经网络等；组合赋权评价方法是将上述的主观赋权评价法与客观赋权评价法进行有机组合，使权重既能够反映客观信息又能够适应决策需要，让评价结果更加科学合理符合实际（袁永博等，

2013；刘德海等，2014；李廉水等，2015）。表 5-3 为五种综合评价方法的优缺点及适用范围。

表 5-3　五种综合评价方法对比分析

方法	方法简介	优点	缺点	适用范围
主成分分析法	利用降维的思想，把多指标转化为少数几个综合指标	消除了评价指标之间的相关影响，分析问题时，可以舍弃一部分主成分，从而减少计算工作量，克服某些评价方法中确定权重的缺陷	必须保证变量降维后的信息量保持在一个较高水平上且被提取的主成分都有符合实际背景和意义的解释。结果是影响因素的排序，而不是具体影响因素的大小	不适用于涉及的原始变量少、数据结构相对简单的问题，主要用于统计分析、证券投资、经济评价、财务分析等
因子分析法	在主成分的基础上构筑若干意义较为明确的公因子，以此考察原变量间的联系与区别的一种多元统计方法	最大优势在于综合因子的权重不是主观赋值而是根据各自的方差贡献率大小来确定的，评价结果唯一，可操作性强	宏观因素和特殊情况无法考虑，只能面对综合性强的评价。对基础数据准确度要求高。计算工作量大，需先进行 KMO 检验①数据运行的许可	针对的是要分析大量数据的项目。可用于创新能力评价、企业经济效益评价、财务评价、水质评价等
模糊综合评价方法	根据模糊数学的隶属度理论把定性评价转化为定量评价的综合评价方法。最显著的特点是：通过相互比较和依据各类评价因素的特征，确定隶属度函数	能对蕴藏信息呈现模糊性的资料做出比较科学、合理、贴近实际的量化评价。结果以清晰的向量方式呈现，包含信息丰富，具有系统性强的特点，能较好地解决模糊的、难以量化的问题	计算复杂，对指标权重向量的确定主观性较强，当指标集比较大，相对隶属度权系数偏小，结果出现超模糊想象，分辨率差，无法区分谁的隶属度更高，甚至造成隶属度失败	适用于模糊环境下对受多因素影响的事物做综合评价的领域，如对企业融资效率、创新能力、经济效益，绩效考核、选址问题、交通路线选择等
层次分析法	按照分解、比较判断、综合的思维方式对研究对象进行决策。其显著特点是每一层的权重设置最后都会直接或间接影响到结果，而且在每个层次中的每个因素对结果的影响程度都是量化的，非常清晰、明确	能把多目标、多准则又难以全部量化处理的决策问题化为多层次单目标问题，通过两两比较确定同一层次元素相对上一层次元素的数量关系，计算简便，并且所得结果简单明确，容易为决策者了解和掌握。所需定量数据信息较少	因需要利用主观判别重要程度的大小，所以定量数据较少，定性成分多，不易令人信服。指标过多时数据统计量大且权重难以确定。特征值和特征向量的精确求法比较复杂，常取其近似值进行计算	多用于方案的评价和选择、供应商的评价，对于新事物初次确定次序或重要程度具有很大的参考价值和意义
人工神经网络	对人脑或自然神经网络若干基本特性的抽象和模拟	具有很强的非线性拟合能力，可映射任意复杂的非线性关系，而且学习规则简单，便于计算机实现。具有很强的鲁棒性、记忆能力、强大的自学能力	无法解释推理过程和推理依据。不能向用户提出必要询问，在数据不充分的时候无法工作。把一切问题的特征都变为数字，把一切推理都变为数值计算，可能丢失部分信息	主要应用于模式识别、信号处理、知识工程、专家系统、优化组合、机器人控制等领域

资料来源：杜栋等（2008）

① KMO 检验是 Kaiser、Meyer 和 Olkin 提出的抽样适合性检验。

碳市场发育成熟度评价涉及 43 个不同性质的底层子指标，5 个准则层指标与 4 个目标层指标，因此这属于一个多层决策评价问题。而多层决策评价问题的核心与关键在于指标权重的确定。碳市场成熟度的综合评价既需要考虑底层子指标所蕴含信息难以对比其相对重要程度，也需要考虑在市场发育过程中交易平台服务能力是基础，市场及金融属性是关键，环境属性是目的，配套政策与设施完善程度是保障等诸多机理。同时，本章所设计的碳市场成熟度评价指标体系涉及多个层面与多个维度，不能单一采用主观赋权法与客观赋权法。因此，采用组合赋权的因子分析-层次分析法，将碳市场各项指标的客观发展与决策者对碳市场发展目的的主观判断相结合。其中，针对碳市场成熟度底层子指标难以评价其所蕴含的市场信息量与相对重要程度的问题，选取了客观赋权法中的因子分析法，用线性组合的综合因子尽可能多的表示原始数据信息特征；碳市场发育成熟度目标层与准则层的指标评价则采用层次分析法，根据专家会议法对碳市场发育成熟的目标层与准则层指标赋予权重。

因子分析法具有全面性、客观性等一系列特点，国际上已有大量研究将其应用到经济社会各领域的综合评价中。因子分析法应用于多指标综合评价的原理在于利用多元统计方法分析指标间的内在结构关系，从多个变量指标中找出少数几个信息交叉少、可对比性强的综合因子来代表原始数据的大部分信息特征。本质上，因子分析是一个线性变换的过程，每个综合因子都是原始指标信息的线性组合，因而每一个原始指标的系数被称为原始指标对该综合因子的权重，指标的系数越大则表明该指标相对于综合因子中其他指标所包含的信息量更大，综合因子的权重就是根据各原始指标的方差贡献率大小来确定的。

层次分析法则是将复杂问题分解为多个衡量指标，并将这些指标按照逻辑关系进行分组，按照目标层、准则层、指标层排列组合成一个多目标、多层次的综合评判模型。在将整个复杂问题转化为一个多目标、多层次的综合评判模型后，问题的焦点则转化为各层级指标权重的获取，而层次分析法获得权重的基本思想是首先将组成复杂问题的多个指标权重的整体判断转变为对这些指标重要性的判断，然后再转为对准则层与目标层权重的整体评判，最终达到对整个系统发育综合评价的目的。这种权重获取的方法将定性与定量方法有机结合，将复杂的系统分解转化为子指标之间相对重要程度的对比，在方案决策评价中可以很好地凸显出经济社会发展的客观需要。该方法在对指标进行两两比较过程中，常需要专家团来完成指标相对重要程度的判断。同时，为防止专家观点出现不一致，该方法也设定了检验环节对专家判断的结果设立矩阵进行一致性检验，因此该方法虽然是通过主观人为判断权重，但相较于其他主观判断权重的方法，已在最大程度上降低了主观干扰。

5.4.2　指标体系权重确定

在衡量碳市场发育成熟度过程中，由于四维目标层指标所起到的作用各不相同，因而其相对重要程度也具有一定差异。在对中国七大试点碳市场的相关专家进行访谈及汇总访谈专家的意见和建议后确定了碳市场发育成熟度四维目标层与市场及金融属性下属五个准则层指标的权重。

在四维目标层指标权重确定方面，环境属性是碳市场发育成熟的核心目的，如果碳市场的环境功能无法发挥，那么碳市场的建立就失去了其本质意义，因而重要程度相对最高；市场及金融属性是碳市场发育成熟的根本手段，环境功能的发挥取决于市场及金融属性中资源优化配置能力的实现，重要程度相对次之；配套政策与设施完善程度是碳市场发育成熟的支撑体系，为整个市场有序、高效运转与减排功能发挥提供制度与资金保障，因而其重要程度相对低于环境属性与市场及金融属性指标；交易平台是碳市场减排功能实现的依托，其服务能力也不可避免地将影响市场交易效率，重要程度相对低于其他三个指标。

在碳市场发育成熟过程中，碳市场资源优化配置能力是市场及金融功能发挥作用的关键，市场规模、市场灵敏度、市场活跃度、市场化程度、国际与区域化程度等五个指标分别反映了碳市场资源配置方式的能力、有效性、效率、程度、范围等五个方面。其中，市场规模直接反映了交易主体碳排放权需求程度，以及各利益相关主体对碳市场资源配置能力的认可程度，反映了一个市场的运作好坏，因此相对重要程度最高；市场灵敏度指标反映了市场信息流动与价格变动的敏感性，决定了市场配置资源方式的有效性，因此其相对重要程度次之；市场活跃度指标反映了交易主体参与二级市场的深入程度，是市场配置资源方式效率和市场资源优化配置能力的体现，因此可间接反映市场资源配置方式的有效性；市场化程度指标反映了市场利益相关主体参与市场的深入程度，以及配额分配是市场主导还是行政计划主导，因此可作为市场灵敏度和活跃度的补充；当市场成熟度达到一定水平，市场设计者一般会开始考虑区域市场间的互通及与国际接轨，因此国际与区域化程度亦可从一定程度上反映市场及金融属性的发育程度。

在调研过程中广泛征求了碳排放权交易所、科研院所、核查机构、碳管理咨询公司等多个领域专家意见基础上，设计了目标层与准则层的成对比较矩阵和权重向量。最后，计算得出目标层的四个指标权重与准则层的五个指标权重。具体计算过程如下。

首先，根据访谈结果写出判别矩阵，四个目标层指标与五个准则层指标的相对重要性的判别矩阵（即成对比较矩阵）是一个正互反矩阵，如以目标层的四个指标为例：

$$A=(a_{ij})_{4\times4},\ a_{ij}>0,\ a_{ij}=\frac{1}{a_{ji}},\ i,j\in\{1,2,3,4\} \tag{5-21}$$

其中，A 表示目标层的 4×4 的判别矩阵；a_{ij} 表示 A 中的元素；a_{ji} 表示 A 中的元素，与 a_{ij} 互为对角元素。

其次，计算最大特征根及其对应特征向量，并逐一进行一致性检验。利用 Matlab

软件来实现方根法的计算。其中，目标层的四个指标进行一致性检验时取 RI＝0.89，准则层的五个指标取 RI＝1.12 来计算一致性比率 CR，若 CR＜0.10，则说明该判别矩阵具有一致性，否则不具有一致性。所得的判别矩阵均通过一致性检验。

最后，对目标层与准则层的权重向量进行计算，此时各目标层的指标权重如表 5-4 所示。

表 5-4　层次分析法下的各目标层指标权重

指标	权重
环境属性	0.46
市场及金融属性	0.28
配套政策和设施完善程度	0.16
交易平台服务能力	0.10

资料来源：作者计算

根据层次分析法的计算，环境属性指标所得的权重最高为 0.46，其次为市场及金融属性指标（0.28）与配套政策与设施完善程度（0.16），交易平台服务能力所得的权重值为 0.10。

如表 5-5 所示，在碳市场金融运作效率指标权重评判过程中，市场规模获得的权重值最高为 0.42，其次为市场灵敏度（0.26）与市场活跃度（0.16），市场化程度，以及国际与区域化程度获得的权重值分别为 0.10 与 0.06。

表 5-5　层次分析法下的各准则层指标权重

指标	权重
市场规模	0.42
市场化程度	0.10
市场灵敏度	0.26
市场活跃度	0.16
国际与区域化程度	0.06

资料来源：作者计算

5.4.3　碳市场成熟度综合评价

自因子分析法问世以来，因其具有表达数据信息全面性与赋予权重客观性等一系列优点，国内外已有大量研究将该方法应用到经济社会各领域的综合评价中（何瑛，2011；宁连举和李萌，2011；魏成龙等，2012）。因子分析法进行多指标综合评价的原理在于利用多元统计方法来表示指标间的内在信息关系，并利用少数几个信息交叉少、可对比性强的综合因子来代表原始指标数据中的绝大部分信息特征。本质上，因子分析的过程是一个线性变换的过程，每个综合因子其实都是原始指标的线性组合，每一个原始指标的系数被称为原始指标对该综合因子的权重，指标系数越大，则表明该指标相对于综合因子中其他指标所包含的信息量更大，权重取值是根据各原始指标的方差贡献率大小来确定的（陈守东等，2006；刘学方等，2006；万晓莉，2008）。利用因子分析法对碳市场发育成熟度底层子指标的综合评价得分计算步骤如下。

首先是样本数据标准化。在进行因子分析前，首先需要对指标原始数据进行标准化处理，使数据处于同一量级。同时，针对负向指标，需要对其做正向化处理。

其次是提取公共因子。在进行因子分析时，首先需要对样本数据进行相关系数检验和巴特利特球形检验。结果表明，相关矩阵中有2/3以上的相关系数大于0.3，样本数据适合进行因子分析。巴特利特球形检验值均小于 0.05，即显著性水平为95%时，样本数据适用于因子分析。在进行因子分析的过程中，按照累积方差贡献率大于80%的原则来选取公共因子。

最后是计算目标层综合得分。以旋转后因子的方差贡献率为权重，由各因子的线性组合得到各目标层与准则层下底层子指标的综合得分。交易平台服务能力（TPSC）、环境属性（Env）、配套政策与设施完善程度（P&F）、市场及金融属性（M&F）下属的市场规模（Scale）、市场灵敏度（Sensitivity）、市场活跃度（Activity）、市场化程度（Marketization）和国际与区域化程度（I&R）综合得分计算公式如下：

$$\text{TPSC} = w_1T_1 + w_2T_2 + \cdots + w_nT_n \tag{5-22}$$

其中，TPSC 表示交易平台服务能力综合得分；T_n表示 TPSC 提取后的一系列主因子；w_n表示提取后的各主因子权重。

$$\text{Env} = z_1E_1 + z_2E_2 + \cdots + z_nE_n \tag{5-23}$$

其中，Env 表示环境属性综合得分；E_n表示对 Env 提取后的一系列主因子；z_n表示提取后的各主因子权重。

$$\text{P\&F} = s_1P_1 + s_2P_2 + \cdots + s_nP_n \tag{5-24}$$

其中，P&F 表示配套政策与设施完善程度综合得分；P_n表示对 P&F 提取后的一系列主因子；S_n表示提取后的各主因子权重。

$$\text{Scale} = u_1S_1 + u_2S_2 + \cdots + u_nS_n \tag{5-25}$$

其中，Scale 表示市场规模综合得分；S_n表示对 Scale 提取后的一系列主因子；u_n表示提取后的各主因子权重。

$$\text{Marketization} = c_1M_1 + c_2M_2 + \cdots + c_nM_n \tag{5-26}$$

其中，Marketization 表示市场化程度综合得分；M_n表示对 Marketization 提取后的一系列主因子；c_n为提取后的各主因子权重。

$$\text{Sensitivity} = d_1\text{Se}_1 + d_2\text{Se}_2 + \cdots + d_n\text{Se}_n \tag{5-27}$$

其中，Sensitivity 表示市场灵敏度综合得分；Se_n 表示对 Sensitivity 提取后的一系列主因子；d_n 表示提取后的各主因子权重。

$$\text{Activity} = f_1 A_1 + f_2 A_2 + \cdots + f_n A_n \tag{5-28}$$

其中，Activity 表示市场活跃度综合得分；A_n 表示对 Activity 提取后的一系列主因子；f_n 表示提取后的各主因子权重。

$$\text{I\&R} = o_1 I_1 + o_2 I_2 + \cdots + o_n I_n \tag{5-29}$$

其中，I&R 表示国际与区域化程度综合得分；I_n 表示对 I&R 提取后的一系列主因子；o_n 表示提取后的各主要因子权重。

表 5-6 为各子指标的公共因子、特征根、方差贡献率、累积方差贡献率。

表 5-6　碳市场成熟度底层子指标公共因子、特征根、方差贡献率、累积方差贡献率

目标层	准则层	公共因子	特征根	方差贡献率	累积方差贡献率
环境属性		F1 F2	2.90 2.07	48.25 34.41	48.25 82.67
市场及金融属性	市场规模	F1 F2 F3 F4	3.20 1.95 1.34 1.10	39.96 24.34 16.73 13.72	39.97 64.29 81.02 94.74
	市场化程度	F1 F2 F3	2.12 1.66 1.04	35.31 27.72 17.36	35.31 63.03 80.39
	市场灵敏度	F1 F2 F3	1.39 1.06 1.00	34.85 26.43 25.10	34.85 61.28 86.38
	市场活跃度	F1 F2	1.98 1.01	65.97 33.55	65.97 99.51
	国际与区域化程度	F1 F2	1.78 1.02	59.44 34.14	59.44 93.58
配套政策与设施完善程度		F1 F2 F3	1.55 1.09 1.08	38.83 27.16 26.94	38.83 65.99 92.93
交易平台服务能力		F1 F2 F3	3.29 2.59 1.42	36.59 28.80 15.83	36.59 65.39 81.22

资料来源：作者计算

综上所述，本章在已建立的碳市场发育成熟度指标体系基础上：首先利用因子分析法对碳市场发育成熟度评价指标体系中的各目标层与准则层发育情况进行了综合评价。其次依据专家访谈法确定了目标层与准则层指标的相对重要程度，并采用层次分析法计算出其相对权重，将层次分析法得到的指标权重与因子分析法得到的综合评分进行算术加权计算，最终得到了中国七大试点碳市场的发育成熟度综合评分。市场及金融属性（M&F）和碳市场发育成熟度（Maturity）综合得分的计算公式如下：

$$\text{M\&F} = \alpha_1\text{Scale} + \alpha_2\text{Marketization} + \alpha_3\text{Sensitivity} + \alpha_4\text{Activity} + \alpha_5\text{I\&R} \tag{5-30}$$

其中，Scale、Marketization、Sensitivity、Activity、I&R 表示利用因子分析法所得到的市场及金融属性下属的各二级指标得分；α_1、α_2、α_3、α_4、α_5 表示利用层次分析法所得到市场及金融属性下属的各二级指标权重。

$$\text{Maturity} = \beta_1\text{TPSC} + \beta_2\text{M\&F} + \beta_3\text{Env} + \beta_4\text{P\&F} \tag{5-31}$$

其中，TPSC、M&F、Env、P&F 表示利用因子分析法或因子分析-层次分析法所得到的目标层指标综合得分；β_1、β_2、β_3、β_4 表示利用层次分析法所得到的碳市场发育成熟度下属的各目标层指标权重。

第6章　中国碳市场发育成熟度进程评价与分析

本章对中国七大试点碳市场 2013～2015 履约年度的发育成熟度进程综合评分变化情况和特点进行了挖掘，并从环境属性、市场及金融属性、配套政策与设施完善程度、交易平台服务能力等四个方面对碳市场发育成熟度变化的原因进行了分析。

6.1　发育成熟度进程变化

从图 6-1 中可以看出，中国七大试点碳市场发育成熟度在三个履约年度中的变化情况。其中，深圳碳市场的发育水平持续高于其他试点，综合评分在 0.70 以上；北京、湖北、上海、广东碳市场发育水平次之且水平较为接近，综合评分为 0.40～0.60；天津与重庆碳市场的发育水平相对较为滞后，综合评分在 0.30 以下。

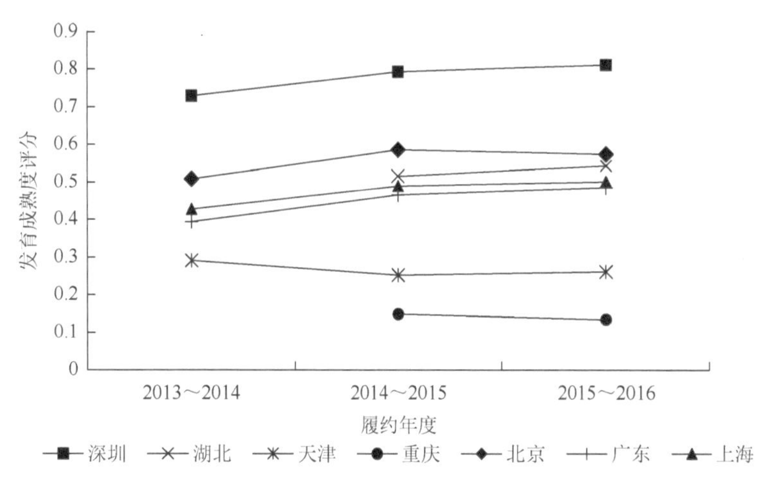

图 6-1　中国七大试点碳市场发育成熟度评分

资料来源：作者计算而得

通过对比中国七大试点碳市场发育成熟度评分在三个履约年度的变化情况发现：成熟度初始定位决定后期发展；履约年度呈现出较强的阶段性特征。

6.1.1　成熟度初始定位决定后期发展

七大试点碳市场发育水平总体呈现上升趋势，仅天津与重庆碳市场发育水平小幅下降。如图 6-1 和表 6-1 所示，在三个履约年度中，初始运行状态相对较好的试点发育水平呈上涨趋势，其中广东碳市场的发育水平上涨幅度（23.10%）最高，之后为上海（17.10%）、北京（12.80%）、深圳（11.40%）碳市场。湖北碳市场只有两个履约年度的试运行期，发育水平上涨幅度相对较小（5.40%）；初始运行状态相对低迷的试点发育水平则呈现下降趋势，其中天津与重庆碳市场的发育水平在试运行阶段下降了 10%左右。

表 6-1　中国七大试点碳市场发育水平变化幅度

履约年度	深圳	北京	湖北	上海	广东	天津	重庆
第二履约年度	8.80%	15.30%	—	14.50%	18.30%	−13.10%	—
第三履约年度	2.40%	−2.00%	5.40%	2.20%	40.00%	3.50%	−10.10%
整体变化	11.40%	12.80%	5.40%	17.10%	23.10%	−10.00%	−10.10%

资料来源：根据各试点交易网站数据计算

七大试点发育历程表现出较为明显的初始定位决定后期发展的特点且七大试点的发育水平排序在三个履约期均未发生变化。由于市场制度设计的不同，七大试点的初始发育水平存在较大差异，一旦市场初始发育水平过低，就会导致未来发展很难突破初始制度设计所带来的影响。因此，碳市场的初始设计对未来市场发育起到了极为重要的引导作用，一旦市场发育水平定格将较难实现突破。

6.1.2　履约年度呈现出较强的阶段性特征

中国碳市场在三个履约年度试运行阶段的发育特点各不相同，第一个履约年度体现出“适应期”特征，第二个履约年度为“提升期”，第三个履约年度为“回落期”。

在中国碳市场第一个履约年度中，其运行的主要目的是检验市场机制设计能否适应区域经济社会发展，试点市场建设的主要成就是实现了机制建设从无到有的跨越，以及各方利益相关主体逐渐适应并融入市场运行。然而，政府各方监管部门、投资主体及交易平台、核查机构等第三方主体对市场运行的特点尚处于摸索阶段，特别是控排主体的碳资产管理意识与能力相对较弱，市场参与程度低，交易灵敏度与活跃度明显不足。即使是发育水平最高的深圳碳市场，在 2013 年 6 月开市后的两个多月内也未产生交易，各试点控排主体在第一个履约年度中均抱有较强的观望和惜售心理，因而出现“只履约不交易”的现象。因此，中国碳市场第一个履约年度的市场发育表现出交易规模偏低、交易集中度高、市场流动率严重不足等特点，在试运行阶段中属于“适应期”。

基于第一个履约年度的市场运行基础，各试点市场在第二个履约年度根据前期市场运行所暴露的问题对相关政策法规进行了修缮，各方主体的市场参与意识与能力也有所提升，同时中国核证减排交易市场在第二个履约年度也得到开放，因而市场各项运行指标评分均得到明显提升。各试点交易规模在第一个履约年度基础上增长了 2～6 倍、交易集中度在不同程度上有所下降、有效交易日比例大幅上升、履约率小幅提升、碳金融服务产品也在第二个履约年度大批量涌现。因此，第二个履约年度的市场发育表现出市场交易活跃、政策法规完善、市场履约意识明显提升、碳金融服务产品涌现等特点，在试运行阶段中属于“提升期”。

在第三个履约年度中，2015 年 9 月的《中美元首气候变化联合声明》承诺中国将于 2017 年建立全国碳市场，这虽然对中国碳市场的未来发展指明了方向，但由于全国碳市场的政策透明度相对较低，七大试点未来何去何从、试运行阶段的控排主体是否均会被纳入全国碳市场、试点期间的结余配额将如何结算等一系列试点利益相关主体所关心的问题均不明确，政策细节的不确定性导致部分市场参与主体回归观望态度，因而市场运行的活跃度有所下降，整体发育涨幅减缓。从表 6-1 中七大试点在第二个、第三个履约年度的发育水平涨跌幅变化状况可以看出，各试点在第三个履约年度的市场发育评分涨幅出现明显回落，北京碳市场的发育评分甚至出现小幅下跌。从表 6-2 中国七大试点市场交易活跃度等关键指标在三个履约年度的变化状况可以看到，深圳、北京、上海、广东、湖北等发育水平上涨的试点市场在第三个履约年度的活跃度水平出现明显回落。因此，中国碳市场第三个履约年度的市场发育表现出整体发育水平持续上升，但市场活跃度水平小幅下降的特点，在试运行阶段中属于“回落期”。

表 6-2　中国七大试点碳市场交易活跃度状况

试点	履约年度	交易中断频次	有效交易日比例	交易量集中度
深圳	2013～2014	13	80.63%	87.67%
	2014～2015	4	97.11%	63.86%
	2015～2016	10	94.28%	89.16%
北京	2013～2014	12	80.99%	86.00%
	2014～2015	42	73.47%	72.79%
	2015～2016	48	53.44%	81.87%

续表

试点	履约年度	交易中断频次	有效交易日比例	交易量集中度
上海	2013～2014	12	89.84%	84.34%
	2014～2015	11	72.76%	51.09%
	2015～2016	30	47.75%	89.43%
广东	2013～2014	11	46.09%	99.93%
	2014～2015	38	66.12%	93.47%
	2015～2016	27	68.57%	88.02%
湖北	2014～2015	3	97.95%	48.48%
	2015～2016	2	99.18%	69.43%
天津	2013～2014	2	98.37%	52.18%
	2014～2015	19	70.61%	97.34%
	2015～2016	35	59.34%	98.41%
重庆	2014～2015	5	5.31%	100%
	2015～2016	12	6.07%	92.62%

中国七大试点碳市场在三个履约年度中的市场发育特点表明：碳市场在发育初期，市场有效运转的重要前提是控排主体能够深度参与市场运转。政策法规的稳定性与连续性是各方主体深度参与碳市场运行的重要保障。

6.2 环境属性发育进程

图 6-2 为中国七大试点碳市场环境属性发育评分变化情况。总体来看，中国七大试点碳市场的环境属性评分均呈现下降趋势。其中，深圳碳市场的环境属性发育评分在试运行阶段相对最高，环境属性发育评分在 0.80～0.90，但第二个履约年度环境属性发育评分下降 17%，第三个履约年度环境属性发育评分下降 4%，试运行阶段深圳碳市场环境属性发育评分总体下降 21%；北京碳市场的环境属性发育评分在 0.60～0.70，略低于深圳碳市场；上海、广东、天津碳市场的环境属性发育评分基本一致且低于深圳、北京碳市场，试运行阶段的环境属性发育评分下降幅度也相对降低；湖北碳市场的环境属性发育评分相较于上海、广东、天津低了约 0.10；重庆碳市场的环境属性发育评分在七大试点碳市场中相对最低，仅为 0.10。

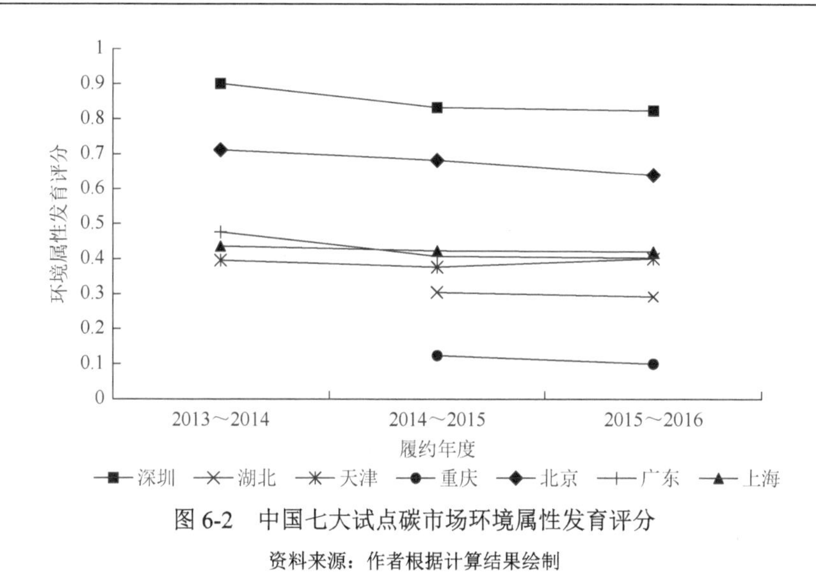

图 6-2　中国七大试点碳市场环境属性发育评分

资料来源：作者根据计算结果绘制

通过对比中国七大试点碳市场环境属性发育评分在三个履约年度内的变化情况发现：环境属性评分不断下降；过多控排主体加大履约管理难度。

6.2.1　环境属性评分不断下降

七大试点碳市场的环境属性评分均呈现不断下降趋势，表明环境属性难以提升成为当前制约中国碳市场发育水平提升的关键问题之一。当前，七大试点碳市场的违约惩罚在不同程度上均与市场价格相挂钩，而当前七大试点的碳价均过低且无法反映减排成本，碳价不断下降也导致了七大试点违约惩罚的约束力度不足，影响了碳市场的环境属性水平提升。环境属性的欠缺，一方面削弱了控排主体参与市场交易与履约的积极性，间接影响了市场资源配置能力的发挥；另一方面也导致了七大试点综合发育水平上升幅度有限，降低了配套政策与设施完善程度、交易平台服务能力等因素的提升对促进市场发育水平所起的作用，并最终影响了碳市场环境减排功能的发挥。表 6-3 为中国七大试点碳市场三个履约年度内的惩罚力度变化情况。从表中可以看出中国七大试点碳市场的碳价持续呈现下降趋势，而与之相挂钩的违约惩罚力度也随着碳价的下降而呈现下降趋势。

表 6-3　中国七大试点碳市场三个履约年度内的惩罚力度变化情况

试点	履约年度	碳均价/(元/吨)	惩罚力度/(元/吨)
深圳	2013～2014	69.07	276
	2014～2015	46.62	168
	2015～2016	41.73	152

续表

试点	履约年度	碳均价/(元/吨)	惩罚力度/(元/吨)
北京	2013～2014	53.10	266
	2014～2015	53.03	245
	2015～2016	42.90	220
上海	2013～2014	37.24	37
	2014～2015	33.01	17
	2015～2016	10.36	13
广东	2013～2014	63.19	145
	2014～2015	30.39	50
	2015～2016	15.29	32
湖北	2013～2014	—	—
	2014～2015	24.53	75
	2015～2016	22.07	56
天津	2013～2014	32.99	0
	2014～2015	23.68	0
	2015～2016	21.99	0
重庆	2013～2014	—	—
	2014～2015	28.50	72
	2015～2016	12.48	36

资料来源：根据相关数据计算

6.2.2　过多控排主体加大履约管理难度

控排主体数量过多会导致市场履约管理难度加大，并最终影响市场履约状况。理论意义上，市场违约惩罚力度越严厉，履约率越高；市场违约惩罚力度越宽松，履约率越低。但实际运行过程中，市场违约惩罚最为严厉的北京、深圳碳市场履约率却低于违约惩罚相对宽松的广东、上海碳市场。这在一定程度上与广东、上海碳市场纳入的控排主体以大型高耗能企业为主，节能减排与履约意识相对积极，而深圳、北京碳市场纳入大量碳排放量较小的中小企业、履约管理难度较大有关。在第三个履约年度中，北京碳市场将控排主体市场准入门槛下降至年排放量5000吨，新增控排主体500多家，整个碳市场控排主体总量近千家，过量的中小型控排主体导致北京碳市场在2016年履约期结束仍有200多家控排主体未能完成履约，从而影响了北京碳市场最终的履约率。

6.3　市场及金融属性发育进程

图 6-3 为中国七大试点碳市场市场及金融属性发育评分变化情况。从总体评分角度来看，七大试点碳市场中，湖北碳市场市场及金融属性发育评分最高，其次为深圳碳市场，广东、北京、上海碳市场的市场及金融属性发育评分较为接近，天津与重庆碳市场的市场及金融属性发育评分在七大试点中相对较低。从市场及金融属性发育评分在试运行阶段的变化情况来看，湖北、深圳、北京、上海碳市场在试运行阶段的市场及金融属性发育评分呈现不断上升趋势，但北京、上海碳市场在第三个履约期内的上升幅度略低于第二个履约期；广东碳市场的发育评分在第二个履约期内经历了大幅下降之后，第三个履约期又小幅上升。天津碳市场在第二个履约期内评分经历大幅下降之后，第三个履约期内发育评分及下降幅度基本与重庆碳市场相一致。

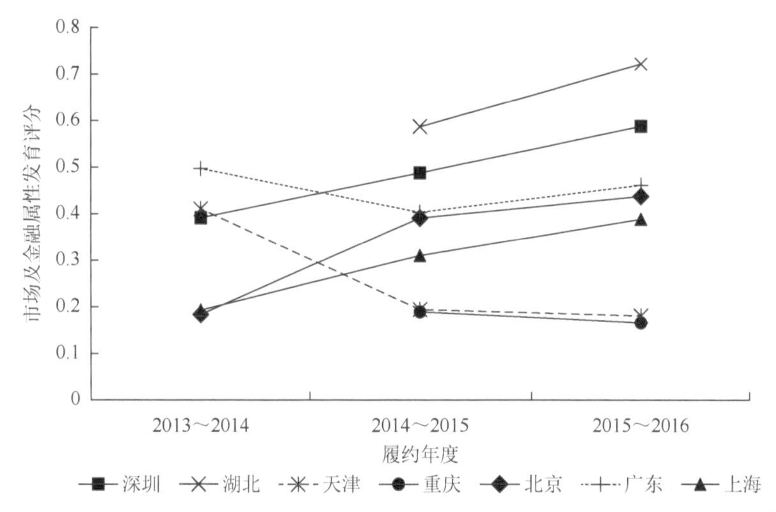

图 6-3　中国七大试点碳市场市场及金融属性发育评分

资料来源：作者根据计算结果绘制

通过对比中国七大试点碳市场市场及金融属性发育评分在三个履约年度内的变化情况发现：七大试点的市场及金融属性综合评分差异性较大且发育评分变化情况也不尽相同。从图 6-3 可以看出，深圳、北京、上海、湖北碳市场的综合评分呈上升趋势，其原因在于各方主体逐渐适应市场机制设计，交易规模不断扩大，市场资源配置能力不断提升。其中，广东碳市场的市场及金融属性发育评分先大幅下降后上升，原因在于第一个履约年度中广东碳市场强制控排主体必须购买底价为 60 元/吨的拍卖配额后才能获得免费发放的配额，而在第二个履约年度中将这一强制规定修改为可根据需要自行参与拍卖。政策的改变导致广东碳市场的拍卖规模、市场价格遭遇大幅下滑，第二个履约年度的市场及金融属性发育评分也因此大幅下降。天津与重庆碳市场的市场及金融属性发育评分呈现持续下降趋势，其中，天津由于市场法律约束力较低，控排主体以大型高耗能国企为主，生产具有不确定性与企业碳资产管理较弱，企业更倾向于储存而非交易，市场参与意愿较弱；重庆碳市场则强调区域和控排主体的减排目标达到即可，并不要求以交易的方式实现，这种机制导向与控排主体“配额自主申报”的模式导致免费配额分发过量，最终造成市场运行持续惨淡。

6.3.1　市场规模

图 6-4 为中国七大试点碳市场的市场规模发育评分。总体来看，中国七大试点碳市场的市场规模发育评分变化状况与市场及金融属性发育评分变化状况基本类似。其中，湖北、深圳、上海、北京碳市场的市场规模发育评分呈现持续上升态势，广东碳市场的市场规模发育评分在第二个履约年度遭遇大幅下滑之后第三个履约年度又小幅上升，重庆与天津碳市场的市场规模发育评分不仅相对最低还呈现出下降的趋势。

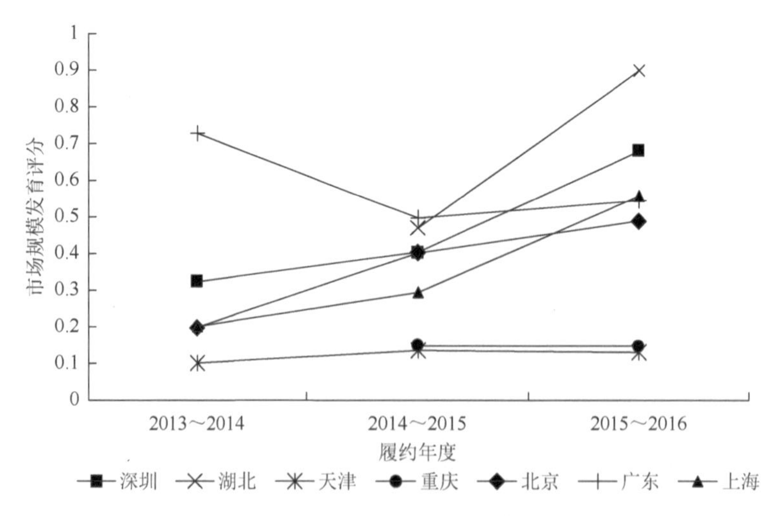

图 6-4　中国七大试点碳市场市场规模发育评分

资料来源：作者根据计算结果绘制

通过对比中国七大试点碳市场的市场规模发育评分在三个履约年度内的变化情况发现：对比中国七大试点碳市场的市场规模评分及其变化状况，湖北、深圳碳市场的交易规模占据整个中国碳市场 60%以上的交易量，是中国七大试点碳市场中交易规模最大的两个试点。其中，湖北碳市场在建市之初就确定了打造“全国碳金融交易中心”的目标，同时市场机制设计也注重以制度驱动交易为导向来活跃市场。因此，在放低市场准入门槛以允许大量投资主体入市交易、扶持开发多款碳金融服务产品，以及“未经交易配额不得存储至下一履约期”的制度设定下，湖北碳市场的市场规模位居首位。与湖北碳市场相比，深圳试点碳市场则由于其试点本身市场化程度高、投资主体参与积极性明显，因而在市场制度设计中注重市场化导向，以避免过多行政干预导致的市场失灵与权力寻租等问题，对于市场参与主体也设置了较低门槛，市场主体对市场运作的认可度与参与意识均相对较强，在控排主体核查机构选择方面，深圳碳市场在建市之初就选择了“企业自主出资选择官方注册核查机构”的市场化原则，以培育核查衍生产业的发展，导致整体市场发育规模较大。

上海碳市场在第一个履约年度采取拍卖的模式对企业配额进行分配，之后的两个履约期配额拍卖量为零，尽管其配额拍卖量减少但由于上海碳市场对 CCER 抵消限制条件相对较少，控排主体的市场接受程度较高，因而吸引了大量 CCER 入市交易，CCER 交易规模位居全国第一，上海碳市场凭借其“全国 CCER 交易中心”的功能市场规模位居七大试点碳市场规模第三位；而广东配额拍卖制度的改变使得第二个履约年度的市场拍卖额大幅下滑进而导致该阶段市场规模有所下降，但在第三个履约年度内配额交易量与 CCER 交易量增长使得市场规模发育评分回升位居第四位；天津碳市场规模整体交易情况最为萎靡，造成上述结果的原因可能主要包括两个方面：一是天津碳市场的参与主体相对较少且市场发育相对萎靡导致未能吸引投资主体和第三方核查主体参与交易；二是控排主体多为高耗能国企，履约驱动交易现象十分明显，市场参与度较低导致市场整体交易规模低；重庆碳市场在制度设计中强调减排导向但不强制要求控排主体必须以市场交易的方式来完成。同时在配额分配制度上，采取控排主体配额总量自主申报的模式导致控排主体配额总量发放严重超标，因而市场整体交易规模较小，市场规模发育评分偏低。

6.3.2 市场活跃度

图6-5为中国七大试点碳市场在试运行阶段的市场活跃度发育评分变化状况。总体来看，中国七大试点碳市场在第二个履约年度内的市场活跃度水平总体呈现大幅上升态势，但在第三个履约年度内总体呈现大幅下降趋势。其中，天津碳市场是七大试点中唯一在第二个履约年度内市场活跃度水平呈现大幅下降的试点；重庆碳市场的市场活跃度水平则基本未发生明显变化。

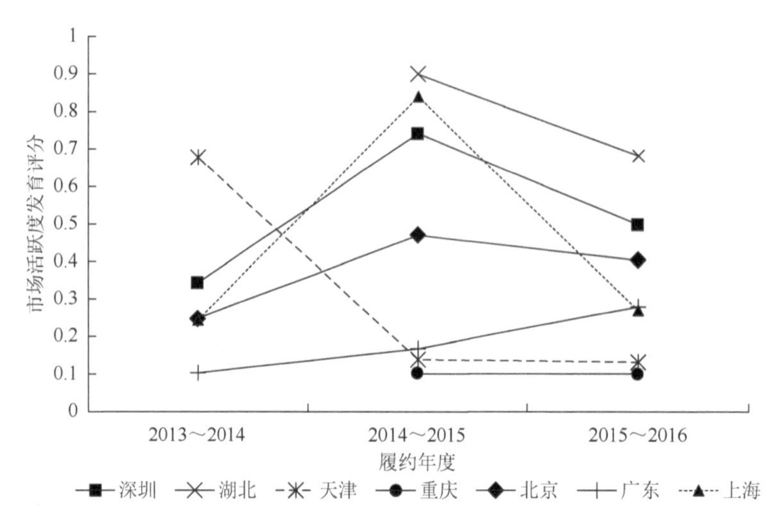

图 6-5　中国七大试点碳市场活跃度发育评分

资料来源：作者根据计算结果绘制

通过对比中国七大试点碳市场的市场活跃度发育评分在三个履约年度内的变化情况发现：投资主体入市交易在一定程度上能够弥补市场的先天不足，提升市场活跃度。例如，湖北与深圳在第二个和第三个履约年度的评分高于其他试点市场，得益于两个试点的交易规模在七大试点中位居前列，交易活跃度也相对较高。但从先天条件来看，湖北、深圳等两大试点并不如其他试点，其中，湖北经济发展水平相对较低，控排主体类型以高耗能、大型企业为主；深圳经济发展水平高、控排主体以中小型企业为主。尽管两者具有较大差异，但湖北控排主体排放规模大、生产不确定性高、碳资产管理能力弱因而普遍持有“惜售”心理；深圳控排主体数量多，但排放量相对较小，交易动力相对不足，两大试点市场控排主体的交易意愿均相对较低。但是，湖北与深圳在市场制度设计中均引入大量投资主体入市交易，二级市场的交易活跃度得到了大幅提升。表 6-4 为七大试点投资主体入市门槛要求及其所吸引的投资主体数量，通过将投资主体市场准入门槛、投资主体数量、碳市场灵敏度与市场活跃度相联系后发现，上述三者之间有着较强的正向关联性。其中，深圳、湖北的投资主体入市门槛均无实质要求，因而投资主体数量在七大试点中也相对最多，这在一定程度上起到了活跃市场交易的作用。而广东、上海、北京虽然在不同程度上针对投资主体入市设置了一定的门槛值，但仍吸引了部分投资主体入市交易；天津与重庆碳市场则分别由于市场门槛值设置过高、政府重视程度等原因几乎没有投资主体入市交易。这在一定程度上表明，投资主体入市交易在一定程度上能够提升市场活跃度，但这种市场活跃度的提升是否能从根本上促进碳市场环境目标的实现则有待考证。

表 6-4　中国七大试点碳市场投资主体入市门槛及数量

试点	履约期	个人投资主体	机构投资主体	投资主体数量	市场活跃度	市场灵敏度
深圳	第一个履约期	无实质要求	无实质要求	第一个履约期个人投资主体约为543人，机构投资主体约为6家；第二个、第三个履约期个人投资主体941人	0.34	0.39
	第二个履约期				0.74	0.55
	第三个履约期				0.50	0.47
北京	第一个履约期	京籍、金融资产＞100万元	注册资本＞300万元	第一个履约期尚未有个人与机构投资主体；第二个、第三个履约期的个人投资主体38人，机构投资主体34家	0.25	0.12
	第二个履约期				0.47	0.36
	第三个履约期				0.40	0.38
湖北	第一个履约期	无实质要求	无实质要求	第一个履约期个人投资主体1354人，机构投资主体36家；第二个、第三个履约期个人投资主体5749人，机构投资主体71家	—	—
	第二个履约期				0.90	0.61
	第三个履约期				0.68	0.73
上海	第一个履约期	未开放	注册资本＞100万元	第一个履约期6家机构投资主体；第二个履约期26家，第三个履约期36家	0.24	0.13
	第二个履约期				0.84	0.10
	第三个履约期				0.27	0.32
广东	第一个履约期	无实质要求	注册资本＞3000万元	个体投资者约为27人，机构投资主体约为23家	0.10	0.36
	第二个履约期				0.17	0.33
	第三个履约期				0.28	0.35
天津	第一个履约期	未开放	注册资本＞5000万元	机构投资主体约为3家	0.68	0.90
	第二个履约期				0.14	0.37
	第三个履约期				0.13	0.33
重庆	第一个履约期	金融资产＞10万元	注册资本＞100万元	尚不存在机构与个人投资主体	—	—
	第二个履约期				0.10	0.36
	第三个履约期				0.10	0.28

资料来源：根据各试点交易所网站资料整理并计算而得

北京、上海、广东碳市场的交易集中度水平均在80%以上，天津和广东的集中度水平则在90%以上，交易大规模发生在履约期前的一段时间，履约驱动交易问题相对严重，并直接影响了市场活跃度发育评分。中国碳市场建设处于初期阶段，控排主体虽掌握了市场大量配额但其市场交易意愿相对较低，因而造成了履约驱动交易现象；同时，交易规则的限制在一定程度上对市场活跃度也存在影响。例如，深圳排放权交易所作为第一个启动的交易平台，率先推出了现货交易规则且无先例可循，所以交易规则不尽完善且需要通过实践不断修正。深圳碳排放权交易所运行初期的定价方式为只有当受让方和意向方就交易量达成一致时才可以确认成交，这种交易规则极大地阻碍了市场交易活跃度。直到2013年12月16日，深圳排放权交易所对交易规则进行第一次修订时才取消这一交易规则限制，之后深圳碳市场的交易活跃度明显上升。广东、重庆和天津碳市场对控排主体市场违约无实质性惩罚措施，因而难以对控排主体形成强有力的约束，控排主体无强制约束而不愿参与交易也极大地影响了市场活跃度水平。就交易成本而言，上海环境能源交易所的交易手续费仅为 0.80‰，交易成本费用在七大试点中最低，一定程度上刺激了市场交易意愿的产生，从而活跃了市场交易。

6.3.3　市场灵敏度

图 6-6 为中国七大试点碳市场的市场灵敏度在试运行阶段的发育评分变化状况。总体来看，七大试点碳市场的市场灵敏度发育评分涨幅不明显但个别市场的跌幅显著，市场灵敏度发育评分总体偏低。其中，深圳、北京碳市场在第二个履约年度内的市场灵敏度发育评分小幅上升，天津碳市场的市场灵敏度水平在第二个履约年度大幅下降，上海碳市场的市场灵敏度水平呈现略微下降趋势。在三个履约年度内，除湖北碳市场外，其他六个试点碳市场的市场灵敏度水平发育评分较为较近。

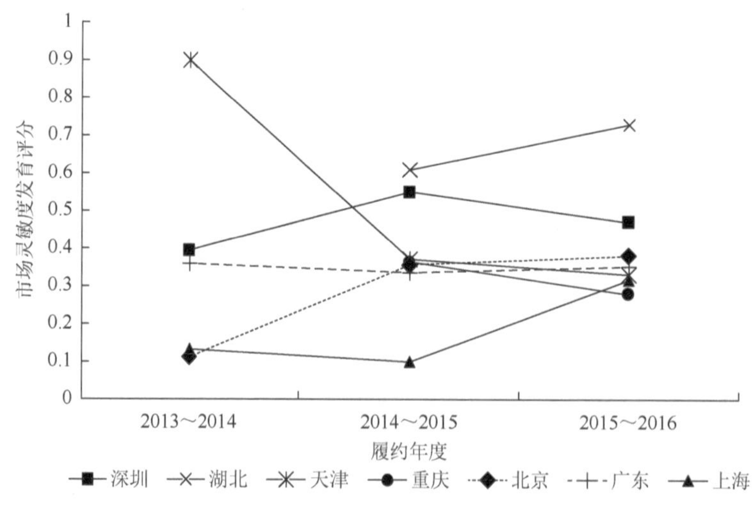

图 6-6　中国七大试点碳市场市场灵敏度发育评分

资料来源：作者根据计算结果绘制

通过对比中国七大试点碳市场的市场灵敏度发育评分在三个履约年度内的变化情况发现：湖北作为开市时间最晚的试点碳市场之一，在其制度设计之初就允许个人与机构投资主体入市交易，因而市场范围内的个人投资主体数量较大，市场有效交易日比例相对较高，两个履约年度内的有效交易日比例均在 95%以上。在交易连续性方面，北京、上海、广东碳市场的 2015～2016 履约年度交易中断频次分别为 48 次、30 次、27 次，有效交易日比例也只达到了 53.44%、47.75%与 68.57%，远低于深圳、湖北的交易连续性水平。上海有效交易日比例持续下降与其注重发展自身“全国 CCER 交易中心”的市场机制导向有一定关系，广东碳市场的有效交易日比例相对较低与其注重一级市场配额拍卖制度建设有一定关联，北京碳市场则主要是控排主体排放规模相对较小导致市场交易意愿相对较低。交易中断频次少、有效交易日比例较高的湖北、深圳碳市场主要是由于投资主体参与程度高而活跃了市场交易活跃度，但这也表明深圳、湖北碳市场的交易很大部分属于投机性质，对于市场发展的稳定性可能存在潜在不利影响。天津与重庆碳市场则由于政府重视程度不足而导致整个市场运行过程中几乎未产生交易，因而市场灵敏度发育评分相对较低。

6.3.4　市场化程度

图6-7为中国七大试点碳市场在试运行阶段的市场化程度发育评分变化状况。总体来看，广东碳市场的市场化程度发育评分在三个履约年度中相对最高，市场化程度发育评分在 0.70～0.80；湖北、深圳、北京碳市场的市场化程度发育评分在第三个履约年度内相对较为接近，市场化程度发育评分在 0.35～0.50。其中深圳、湖北碳市场的市场化程度发育评分均出现过大幅下降，北京碳市场则是唯一市场化程度发育评分呈现上升趋势的市场。上海、天津、重庆碳市场的市场化程度发育评分则相对最低且试运行阶段内几乎未发生变化。

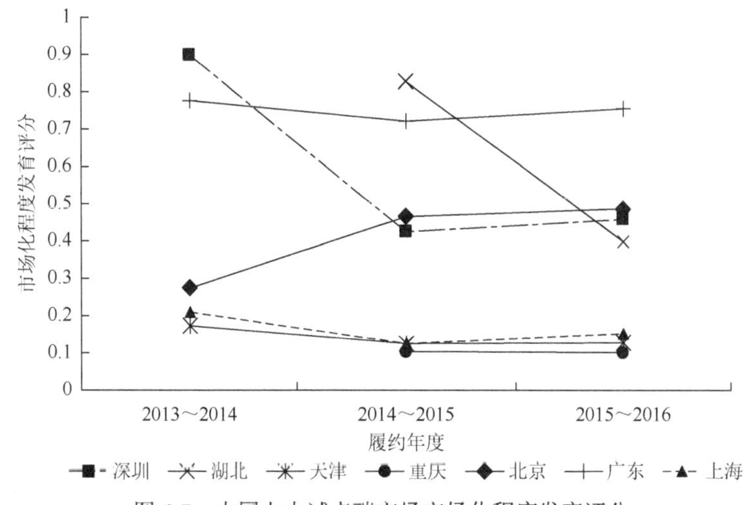

图 6-7　中国七大试点碳市场市场化程度发育评分

资料来源：作者根据计算结果绘制

通过对比中国七大试点碳市场的市场化程度发育评分在三个履约年度内的变化情况发现：在市场化程度发育评分方面，部分试点碳市场的发育评分呈现大幅下降趋势，另一部分试点碳市场的发育评分未发生任何明显变化，仅北京碳市场在第二个履约年度市场化程度发育评分大幅上涨。七大试点碳市场的市场化程度发育评分在试运行阶段未发生变化或呈现下降趋势，主要是由于配额拍卖比例在试运行阶段未发生较大变化；同时，部分试点的核查机构数量虽然增加但控排主体数量也呈现上涨趋势，因而单位核查机构负责控排主体数量可能未发生变化或呈现下降趋势；而投资主体由于全国碳市场建立的政策不稳定性，参与市场交易的比例也未发生较大变化。对比中国七大试点碳市场的市场化程度发育评分差距，市场化程度发育评分相对较高的试点碳市场投机主体数量也较多，因而个人与机构投资主体的交易比例也就相对较高，从而促进了市场化程度发育评分的提高。广东碳市场的机构投资主体数量虽然较少，但却占到了整个市场60%以上的交易总量，在七大试点碳市场中也相对最高（表 6-5），因而广东碳市场的市场化程度发育评分也就相对最高。

表 6-5　中国七大试点碳市场市场化程度

试点	单位核查机构负责企业数量/个	个体投资者交易比例	机构投资者交易比例
北京	21	约 17%	约 12%
重庆	22	0	0
广东	12	约 3%	63%
湖北	28	33%	30%
上海	19	0	15%
深圳	24	16%	3%
天津	28	0	0

资料来源：根据各试点交易所网站资料整理并计算而得

6.3.5　国际与区域化程度

图 6-8 为中国七大试点碳市场在试运行阶段的国际与区域化程度发育评分变化状况。总体来看，在国际与区域化程度方面中国七大试点碳市场的发育评分均较为接近，仅北京、深圳、广东碳市场的国际与区域化程度发育评分在第三个履约年度内有了较大涨幅，其他试点碳市场的发育评分在试运行阶段几乎未发生任何变化。

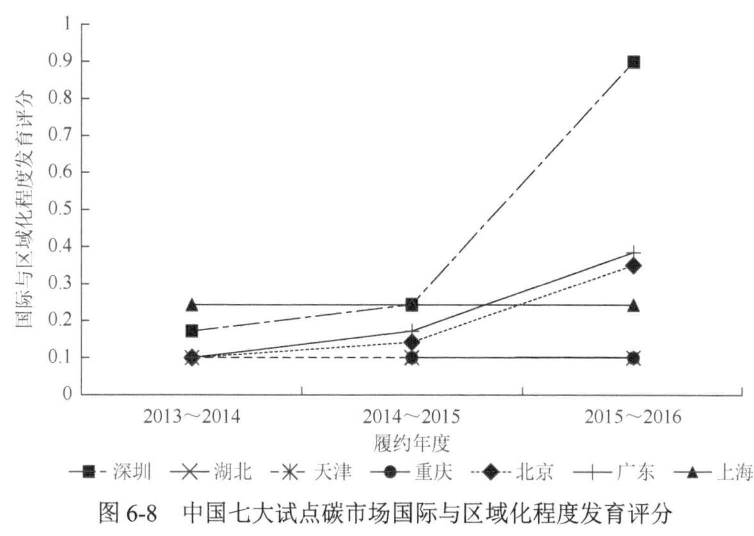

图 6-8　中国七大试点碳市场国际与区域化程度发育评分

资料来源：作者根据计算结果绘制

通过对比中国七大试点碳市场的国际与区域化程度发育评分在三个履约年度内的变化情况发现：中国七大试点碳市场的区域特色各不相同，因而构建区域碳市场的思路上也各具特色。七大试点碳市场在机制设计中均以 EU ETS 的经验设计为蓝本，因而在试运行阶段的制度设计中也不断与其他国际碳市场的管理者进行经验交流。但在实际运行过程中，仅上海、广东、深圳、湖北等四个试点碳市场允许境外投资主体参与交易，天津、北京、重庆碳市场虽然与国际碳市场之间也有着交易合作，但目前尚未有境外投资主体参与交易。同时，即使上海、广东、深圳、湖北碳市场中存在境外投资主体参与交易，但都属于尝试性的，因而不但参与主体数量相对较少且交易量也相对较少，仅深圳碳市场在第三个履约年度中发生了 400 万吨的境外投资主体交易。在区域合作主体数量方面，由于深圳、北京碳市场在发育过程中所面临的最大问题在于市场规模较小，因而需要进一步扩大市场覆盖范围以提高市场规模，因而积极对外进行区域合作并分别纳入了承德、包头等非试点地区的控排主体。而上海、广东、湖北、天津、重庆等试点碳市场本身市场规模较大且区域范围内也存在尚未纳入的高耗能控排主体，因而不存在区域合作的动力。表 6-6 为中国七大试点碳市场的国际与区域化合作情况。

表 6-6　中国七大试点碳市场国际与区域化合作情况

试点	区域合作主体数量	境外投资主体数量/个	国际投资主体交易量
深圳	2016 年与包头市实现对接，首批纳入 50 家高能耗企业	2	第二个履约年度 1 万吨；第三个履约年度 400 万吨
北京	2015 年与河北承德实现对接，首批纳入 6 家水泥企业；第三个履约年度纳入 36 家	0	0

续表

试点	区域合作主体数量	境外投资主体数量/个	国际投资主体交易量
上海	未实现区域链接	2	0
广东	未实现区域链接	4	0
湖北	未实现区域链接	1	第二个履约年度 8888 吨
天津	未实现区域链接	0	0
重庆	未实现区域链接	0	0

资料来源：根据各试点交易所网站资料整理而得

6.4　配套政策与设施完善程度发育进程

图6-9为中国七大试点碳市场的配套政策与设施完善程度发育评分变化情况。从发育评分的角度来看，深圳碳市场的配套政策与设施完善程度相对最高，其次为湖北、广东碳市场，北京与上海碳市场的配套政策与设施完善程度评分相对较为接近，天津与重庆碳市场的发育评分则相对较低。从发育评分变化的角度来看，各试点碳市场在第二个履约年度中的配套政策与设施完善程度发育评分整体呈现出大幅上涨趋势，但在第三个履约年度中的发育评分基本未发生任何变化。

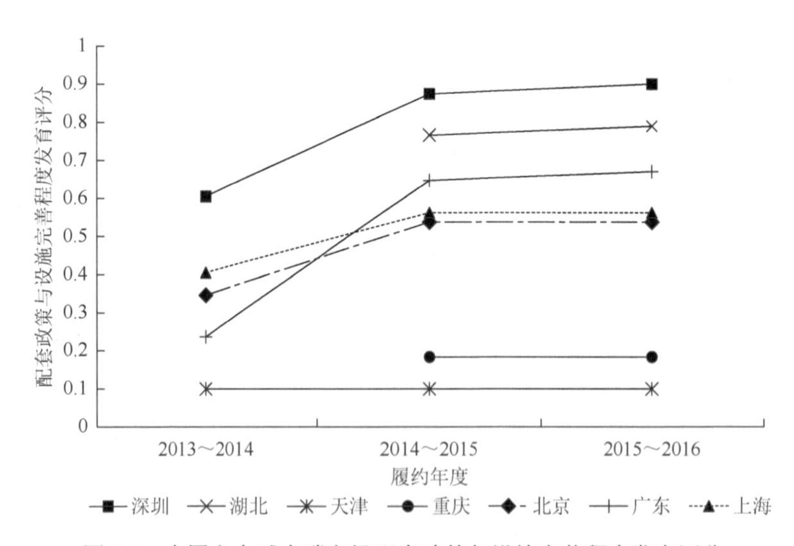

图 6-9　中国七大试点碳市场配套政策与设施完善程度发育评分

资料来源：作者根据计算结果绘制

通过对比中国七大试点碳市场配套政策与设施完善程度发育评分在三个履约

年度内的变化情况发现：政策法规建设落后于市场发展；碳金融产品持续性与复制性较低。

6.4.1　政策法规建设落后于市场发展

七大试点政策法规建设落后于市场发展且表现出明显的在实践中不断补充与完善政策法规的特点。七大试点在市场建设初期的政策法规仅覆盖了市场运行的实施方案、管理办法、交易规则、配额分配方案和 MRV 制度等主要方面。但在第一个履约年度结束后，各试点分别针对市场发展的最新动向出台了跨区域市场管理办法、各碳金融服务产品管理办法、碳基金管理办法，以及碳排放权远期交易产品管理办法等一系列配套政策法规。由于各试点的发展情况与问题各不相同，政策法规的完善进展也出现不同的侧重点。其中，深圳与湖北的碳金融服务产品开发较为丰富且率先引入境外投资主体，注重碳金融衍生服务产品与市场投资主体管理制度的完善；广东注重一级市场建设，拍卖制度与配额拍卖有偿收入管理制度建设较为完备；北京则率先实现了试点跨区域合作，区域合作制度建设领先于其他试点。因此，第二个履约年度中各试点市场的配套政策得分在不同程度上都得到了提升。在市场配套政策的完善上，各试点根据市场发展的最新发展动向补充与完善政策法规，因此，碳市场制度规则的设计一定程度上缺乏先见性。表 6-7 为中国七大试点碳市场在第二个、第三个履约年度发布的监管政策。

表 6-7　中国七大试点碳市场在第二个、第三个履约年度发布的监管政策

试点	新增政策法规	出台时间
深圳	《关于允许基金等非法人机构开户和上调投资者持仓量的公告》	2016 年 11 月
	《关于碳资产回购交易业务不实行价格涨跌幅限制的公告》	2016 年 3 月
	《深圳市碳排放权交易市场抵消信用管理规定（暂行）》	2015 年 6 月
	《关于开放碳排放权质押贷款申请的公告》	2014 年 12 月
北京	《关于合作开展京蒙跨区域碳排放权交易有关事项的通知》	2016 年 3 月
	《北京市发展和改革委员会承德市人民政府关于进一步做好京承跨区域碳排放权交易试点有关工作的通知》	2015 年 6 月
	《北京市碳排放权交易公开市场操作管理办法（试行）》	2014 年 6 月
湖北	《关于碳排放权现货远期产品上市交易的公告》	2016 年 4 月
	《湖北省碳排放权出让金收支管理暂行办法》	2015 年 12 月
	《湖北省碳排放配额投放和回购管理办法（试行）》	2015 年 9 月

续表

试点	新增政策法规	出台时间
广东	《广东省发展改革委转发浦发银行绿色金融债券发行指引等文件的通知》	2016 年 3 月
	《广州碳排放权交易中心碳排放权交易风险控制管理细则》	2015 年 12 月
	《关于发布碳排放配额回购交易业务指引的通知》	2015 年 9 月
上海	《关于上海市碳排放交易纳管企业开立交易账户、专用资金账户的通知》	2016 年 11 月
	《上海环境能源交易所借碳交易业务细则（试行）》	2015 年 6 月
	《上海环境能源交易所协助办理 CCER 质押业务规则》	2015 年 5 月
天津	—	—
重庆	—	—

资料来源：根据各试点交易所发布文件整理

碳市场建设的整体法律效力偏低，部分试点的政府重视程度不足。七大试点在试运行阶段未获得国家层面上位法支持，地方层面也仅有深圳与北京碳市场以人大立法的形式确立了市场运行的法律效力，中国碳市场的建设与运行面临着“无法可依”的尴尬局面。这在一定程度上影响了市场参与主体对政策稳定性预期，造成碳市场环境约束的法律威慑力降低。例如，天津碳市场建设的法律基础仅为政府部门文件，在七大试点中法律效力相对最低，因此针对未能完成履约的控排企业无法形成实质性的惩罚，也影响了控排主体的市场发展预期与参与积极性。

6.4.2　碳金融产品持续性与复制性较低

碳金融服务产品开发具有“井喷式”爆发但持续性与复制性较低的特点。在第二个履约年度中，由于各方利益主体逐步适应了试点市场机制设计，深圳、湖北、广东、上海、北京等试点市场的金融服务机构“井喷式”开发出了 20 多种碳金融服务产品且以融资类产品为主。然而，20 多种产品虽然在一定程度上考虑了区域控排主体的特点与现实需要，产品开发的探索性增强，但频繁出现首发后再无交易的现象，复制性与推广性相对不足，因而各试点金融服务机构在第三个履约年度碳金融推出服务产品的积极性有所回落，配套政策与设施完善程度发育评分基本与第二个履约年度持平。表 6-8 为中国七大试点碳市场在第二个、第三个履约年度中的碳金融创新产品推出规模。

表 6-8 中国七大试点碳市场碳金融创新产品推出规模

试点	推出时间	推出量
深圳	第二个履约年度	10.50 亿元
	第三个履约年度	—
北京	第二个履约年度	—
	第三个履约年度	—
湖北	第二个履约年度	25.70 亿元
	第三个履约年度	1.00 亿元
广东	第二个履约年度	1000.00 万元
	第三个履约年度	—
上海	第二个履约年度	2.05 亿元
	第三个履约年度	—
天津	第二个履约年度	—
	第三个履约年度	—
重庆	第二个履约年度	—
	第三个履约年度	5000.00 万元

资料来源：根据各试点交易网站资料整理而得

6.5 交易平台服务能力发育进程

图 6-10 为中国七大试点碳市场的交易平台服务能力发育评分变化情况。从发育评分的总体水平来看，深圳与上海碳市场的交易平台服务能力发育评分较高，之后为湖北、北京、广东碳市场，天津与重庆碳市场的交易平台服务能力相对较低。从发育评分的变化角度来看，七大试点碳市场的交易平台服务能力发育评分变化幅度均相对较小，仅广东碳市场的交易平台服务能力上升了约 0.10。

通过对比中国七大试点碳市场交易平台服务能力发育评分在三个履约年度内的变化情况发现：交易平台服务能力评分差距大，但时间维度的上升趋势不明显。从图 6-10 中可看出，部分试点第二个履约年度服务能力小幅提升，但整体服务能力评分未发生明显变化，平台之间服务能力差距相对较大，其中主要差异在于注册资本、交易结算方式、交易成本等。在注册资本方面，七大试点交易平台中，除了重庆碳排放权交易中心尚未成立独立公司，其余交易平台均成立了单独的公司，注册资本在 1 亿～3 亿元不等，抗击金融风险的能力各不相同；在交易结算方式方面，部分试点使用了高效的“$T+1$”交割方式，部分试点却采用了较为保守的“$T+5$”交割方式，配额与资金难以得到及时流动；交易成本则由于市场环境的特点呈现出差异化分布，从 0.80‰～7.50‰不等。另外，

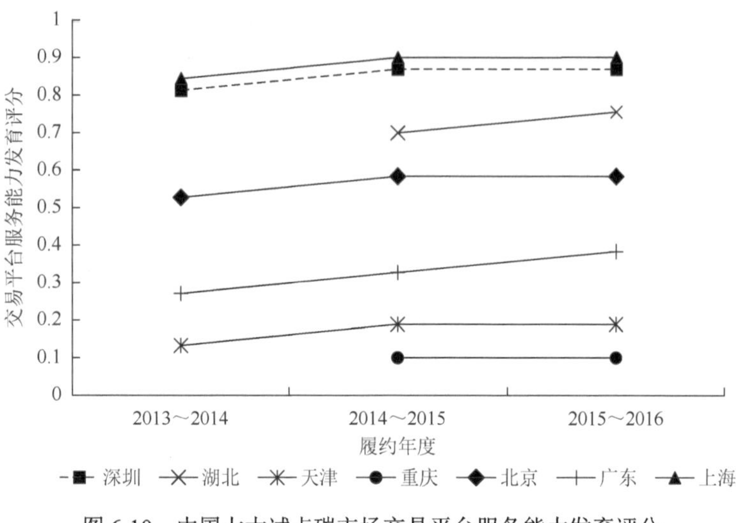

图 6-10　中国七大试点碳市场交易平台服务能力发育评分

资料来源：作者根据计算结果绘制

期货产品的开发规模小、集约连续交易方式的限制、市场专业对口人才培养较少也成为制约七大试点交易平台整体服务能力提升的关键。从国际经验来看，EU ETS 在运行过程中，期货是整个市场流动性最强、交易份额最大的产品，现货交易则在其整个市场份额中占到了很小的比例，而中国碳市场的交易产品以现货为主，只有部分试点尝试性地推出了远期产品；另外，由于中国碳市场运行时间不长，国内相关专业人才储备不足，目前各试点专业对口人才短缺。其中，北京、上海、深圳等试点交易平台因处于中国经济与教育最为发达地区，平台员工数量多于其他试点，但总体数量与质量仍不能满足工作需要，这在一定程度上制约了各交易平台服务效率与质量的提升。

第7章　中国七大试点碳市场发育成熟度现状评价[①]

中国七大试点碳市场横跨东部、中部、西部地区，其在经济发展水平、产业结构、能源消耗等诸多方面存在较大差异，因而市场机制设计各具特色，这在一定程度上导致了七大试点碳市场环境属性、市场及金融属性、配套政策与设施完善程度、交易平台服务能力等维度的发育水平各不相同，并最终在碳市场发育成熟度及特色上呈现出显著差异。

7.1　碳市场发育成熟度现状评价

从表 7-1 可以看出，中国七大试点碳市场发育成熟度评分分层现象明显。其中，深圳碳市场的发育成熟度评分在 0.80 以上，远超其他试点市场，成熟度水平属于第一层级；北京、湖北、上海、广东碳市场发育成熟度评分在 0.40～0.60，发育水平较为接近，成熟度水平属于第二层级；天津与重庆碳市场的发育成熟度评分在 0.30 以下，发育水平相对落后，成熟度水平属于第三层级。

表 7-1　中国七大试点碳市场成熟度发育现状

试点	成熟度	发育水平
深圳	0.81	第一层级
北京	0.57	第二层级
湖北	0.54	
上海	0.50	
广东	0.48	
天津	0.26	第三层级
重庆	0.13	

资料来源：作者根据计算结果整理

① 本章部分内容已发表在《中国人口・资源与环境》2018 年第 2 期。

中国七大试点碳市场的成熟度发育现状表明，三个履约年度的试运行期结束后，中国七大试点省市经济发展水平、产业结构、能源消耗等方面的差异在减排目标、市场制度及支撑体系建设等方面的侧重点不同，导致中国七大试点碳市场的发育成熟度也呈现明显差异。

7.1.1　市场化导向是深圳领先其他试点的关键

坚持市场化导向机制建设与增强市场法律保障是深圳碳市场发育成熟度领先于其他市场的关键。作为国内首个正式启动的试点碳市场，深圳比试点市场中最晚开市的重庆多运行了近一年时间，这充分体现了深圳碳市场各方主体的积极性与重视程度，使其在2013～2016年的试运行期间争取到了更多的探索时间。由于深圳市温室气体排放量相对较小且排放源较为分散，即纳入的控排主体数量众多且以私营小型企业为主，这在一定程度上成了该试点先天性的缺陷和发育障碍，所以政府在机制设计中特别注重以市场化导向的方式来建设和活跃市场。其中，在核查机构选择方面，深圳碳市场在建市之初就选择了“企业出资自主选择官方注册核查机构”的市场化原则以培育核查衍生产业发展；在投资主体入市交易方面，深圳碳市场个人投资主体与机构投资主体入市门槛均相对较低且是率先引入国外投资主体入市交易的试点市场，在一定程度上弥补了控排主体入市交易积极性不足的缺陷；在碳金融服务产品开发方面，深圳碳市场注重低碳服务与金融产业链，金融服务机构开发及探索各类碳金融服务产品较为积极，首创多个碳金融服务产品与碳基金来活跃市场交易、提供减排资本。除了市场化导向的机制设计，深圳碳市场也是七大试点市场中第一个以人大立法形式确定市场运行法律效力的试点市场，因此市场法律约束力相对较强，提高了参与主体对市场发展的可预期性和交易积极性，为整个市场的减排效力提供了保障。

7.1.2　北京、湖北、上海、广东发育水平接近且特色各异

北京、湖北、上海、广东碳市场的成熟度发育水平较为接近且特色各异。其中，北京碳市场纳入控排主体的类型多元且数量最为丰富，履约管理也最为严格。与其他试点市场相比，北京碳市场除了纳入部分高耗能企业，还纳入了诸如学校、医院、政府部门等大量公共设施场所，控排主体规模近千家，远超其他试点市场。但由于控排主体类型多元且数量较大，也为市场履约管理带来了一定难度。因此，北京碳市场除了以人大立法形式确保市场运行的法律约束力外，还设置了专门的执法监督大队以督促市场的履约完成与惩罚落实，对未能完成履约的控排主体的

惩罚也直接与碳价挂钩，惩罚力度最为严格；湖北碳市场则通过“未经交易配额不得存储至下一履约期”的制度化设计与引入大量投资主体入市交易的方式，保证了控排主体的市场参与度，提升了交易活跃水平，市场规模总量也位居全国第一（表 7-2）。湖北经济发展实力相对较弱，因而市场准入门槛设计相对较高，覆盖温室气体排放比例与控排主体数量相对最少，履约管理与惩罚力度也较为薄弱，导致了整个市场的环境减排功能发挥相对不足；上海碳市场则逐渐凸显了其全国 CCER 交易中心的功能。上海碳市场对 CCER 抵消限制条件相对较少，控排主体的市场接受程度较高，由此吸引了大量 CCER 入市交易，CCER 交易规模也因此位居全国第一（表 7-2）。另外，与其他试点市场基于碳排放权现货来开发金融服务产品不同，上海碳市场开发出了诸如 CCER 质押贷款、CCER 预购买权合同、CCER 专项信托投资计划在内的多种 CCER 碳金融服务产品来提高市场交易活跃度与减排效率。然而，CCER 交易在一定程度上也导致了二级市场配额现货交易较为萎靡、碳价水平相对较低；广东碳市场则在一级市场的运作与建设经验较为丰富。首先，广东碳市场是七大试点市场中唯一坚持三期采用拍卖形式来发放配额的试点市场，配额拍卖总量位居七试点市场首位（表 7-2）。同时，配额拍卖的固定时间为每季度末期，拍卖底价呈阶梯上升趋势，达到了市场价格发现的目的。其次，广东碳市场针对配额拍卖的有偿收入设立了全国第一个低碳发展基金，为其他试点市场的配额拍卖有偿收入使用也起到了一定示范作用。最后，为规范一级市场拍卖秩序与有偿收入使用，广东碳市场出台了专门的规范引导政策法规，为一级市场的有序运转提供了制度保障。

表 7-2　中国七大试点碳市场 2015～2016 履约年度交易规模、连续性与活跃度水平

试点	交易量/万吨	交易额/万元	拍卖量/万吨	CCER/万吨	交易中断频次	有效交易日比例	交易量集中度
深圳	1 152.27	33 682.32	0	239.82	10	94.28%	89.16%
北京	220.19	10 685.23	0	653.00	48	53.44%	81.87%
湖北	1 754.17	39 112.62	0	63.57	2	99.18%	69.43%
上海	422.98	2 632.38	0	3 288.30	30	47.75%	89.43%
广东	1 022.76	12 453.40	110	1 306.13	27	68.57%	88.02%
天津	81.16	974.87	0	118.73	35	59.34%	98.41%
重庆	6.29	74.43	0	0	12	6.07%	92.62%

资料来源：根据各试点交易所网站发布数据整理计算而得

虽然北京、上海、广东碳市场发育良好且各自具有独特的优势，但仍存在一个共性问题，即控排主体的二级市场参与程度不高，导致市场交易连续性与活跃度水平受到影响。例如，在 2015～2016 履约年度，在交易连续性方面，北京、上海、广东碳市场的交易中断频次分别为 48 次、30 次、27 次，有效交易日比例只达到了 53.44%、47.75%与 68.57%，远低于深圳与湖北碳市场；在交易集中度方面，北京、上海、广东碳市场的交易集中度水平也在 80%以上，其中上海和广东的集中度水平接近 90%（表 7-2），交易大规模发生在履约期前的一段时间，履约驱动交易的问题相对严重，间接影响了市场减排功能的发挥。

7.1.3 天津与重庆制度设计具有探索性和灵活性

天津与重庆碳市场的发育水平在七大试点中较为落后，但在制度设计上的探索性与灵活性为全国碳市场提供了借鉴经验。其中，天津产业结构中重工业比例相对较高，温室气体排放较为集中，虽然第一期整个控排体系仅纳入了 114 家控排主体，但覆盖了整个天津市 60%左右的温室气体排放，温室气体覆盖比例在七大试点碳市场中最高且 114 家控排主体中钢铁企业的数量占到了整个市场控排规模的近一半，这体现出天津碳市场在制度设计中充分考虑到了本地经济和产业特色，采取了抓重点而非全面铺开覆盖范围的方式来实现碳市场的环境减排功能。然而，天津碳市场运行的法律效力却仅依靠政府部门文件，难以对控排主体减排形成强制法律约束，对投资主体入市交易的法律保障力度也稍显不足，因而市场整体交易情况较为低迷；重庆碳市场则是七大试点中唯一将六种温室气体排放均纳入控排主体的市场，但市场整体交易活跃度偏低。由于在市场机制设计中，重庆碳市场的制度设计为履约年度的配额总量按照 4.13%的比例逐年下降，同时保证控排主体的履约率，即在制度设计中强调减排导向但不强制要求控排主体必须以市场交易的方式来完成。另外，在配额分配制度上，重庆碳市场采取了控排主体配额总量自主申报的模式，导致了配额总量发放超标，因而成熟度发育水平相对最低。表 7-3 为天津与重庆碳市场 2015～2016 履约年度运行关键指标数据。

表 7-3 天津与重庆碳市场 2015～2016 履约年度运行关键指标数据

指标	天津	重庆
交易量	81.16 万吨	6.29 万吨
有效交易日比例	59.35%	6.07%
履约率	100%	70%
碳价水平	21.99 元/吨	12.48 元/吨
交易量集中度	98.41%	100%
交易中断频次	35	12
配套政策完善程度	50%	50%
碳金融产品与碳基金数量	0	0

资料来源：根据各试点交易所网站发布数据整理并计算而得

7.2　环境属性发育现状

从表7-4来看，中国七大试点碳市场中，深圳与北京碳市场的环境属性发育水平最高，上海、广东、天津碳市场次之，湖北碳市场较弱，重庆碳市场环境属性发育水平最低。通过对比七大试点碳市场环境属性发育现状，可以发现：减排覆盖范围设定影响环境属性发育；经济发展水平影响环境约束力设计。

表7-4　中国七大试点碳市场环境属性发育现状

试点	环境属性	发育水平
深圳	0.82	高水平
北京	0.64	
上海	0.42	较高水平
广东	0.40	
天津	0.40	
湖北	0.29	较低水平
重庆	0.10	低水平

资料来源：作者根据计算结果整理

7.2.1　减排覆盖范围设定影响环境属性发育

减排覆盖范围广的试点环境减排能力发育评分高于以高耗能企业为控排主体的减排覆盖范围相对较小的试点，但过多的控排主体会导致履约管理难度加大，环境减排效力受到影响。由于深圳与北京第二产业比重低、温室气体排放源分散、高耗能企业相对较少，为保证一定数量的温室气体减排，市场准入门槛设计相对较低、纳入控排主体数量相对较多。如表7-5所示，相较于其他试点碳市场，深圳与北京的市场准入门槛分别为3000吨与5000吨，控排主体数量分别在600家与900家以上，温室气体减排覆盖范围相对较广；同时，深圳与北京的控排主体有着以中小型企业为主、排放量相对较低、单位主体免费配额分发量较少的特点，因而过低的违约惩罚难以对控排主体形成强制约束，过高的定额罚款又不能达到引导控排主体主动参与市场交易的目的。因此，深圳与北京碳市场的惩罚力度直接与碳价相挂钩，北京对未能完成履约的控排主体处以市场均价3～5倍的罚款，深圳对于未能足额完成履约企业的不足部分由主管部门从其下一年度配额中直接扣除，并处超额排放量乘以履约当月之前连续6个月碳排放权交易市场配额平均价格3倍的罚款，而2016年深圳与北京碳市场的价格水平为40～50元/吨，高于其他试点市场 10～20 元/吨与 EU ETS 4～5 欧元/吨的价格水平。因此，相较于其他试点，深圳与北京的违约惩罚力度更大、市场更具约束力。但由于区域控排主体数量过多，深圳与北京碳市场的履约管理难度也相应增大，环境履约率在一定程度上也受到了影响。因此，针对经济发展水平高、第三产业比重大、温室气体排放源相对分散、控排主体数量多的市场特点，深圳与北京碳市场的环境约束力更加严格，体现出中国试点碳市场制度设计的灵活性、区域性和探索性。

表 7-5　中国七大试点碳市场覆盖范围

试点	控排主体准入门槛	纳入行业	控排主体数量/家	覆盖温室气体比例	惩罚力度	2016 年碳均价/(元/吨)
深圳	年碳排放量＞3000 吨	工业企业、公共建筑	635	38%	履约前 6 个月的碳均价 3 倍	41.73
北京	年碳排放量＞5000 吨	热力生产和供应、火力发电、水泥制造、石化生产、服务业和其他工业	981	50%以上	市场均价 3～5 倍予以惩罚	42.90
湖北	综合能耗＞6 万吨标准煤（约 15 万吨碳排放）	电力、热力、钢铁、化工、水泥、石化、有色金属和其他金属制品、汽车及其他设备制造、玻璃及其他建材、化纤、造纸、医药和食品饮料	138	35%	按照市场均价对差额部分处以1～3倍罚款但最高不超过 15 万元，并在下一年度配额分配中扣除双倍	22.07
上海	年碳排放量＞2 万吨	钢铁、石化、化工、有色、电力、建材、纺织、造纸、橡胶、化纤、航空、机场、港口、商场、宾馆、商务办公建筑及铁路站点	191	50%	处以 5 万元以上 10 万元以下罚款	10.36
广东	年碳排放量＞2 万吨	电力、水泥、钢铁、石化、造纸、民航	186	58%以上	按照配额市场年平均价格的 3 倍处以罚款	15.29
天津	年碳排放量＞2 万吨	钢铁、化工、电力、热力、石化、油气开采、民用建筑	114	60%	无实质性的惩罚措施	21.99
重庆	年碳排放量＞2 万吨	化工、建材、钢铁、有色、造纸、电力	254	40%	按照清缴期届满前一个月平均碳价的 3 倍予以处罚	12.48

资料来源：根据各试点交易所网站资料整理

减排集中度高的试点环境约束力相对不足，高耗能、国企控排主体在保证环境履约率的同时也加剧了履约驱动交易、只履约不交易等现象。相较于深圳、北京温室气体减排范围广、以私营中小型企业为控排主体的特点，上海、广东、天津碳市场的温室气体减排集中度高且以国有企业为控排主体。如表 7-5 所示，上海、广东、天津碳市场的控排主体以高耗能企业为主，控排主体数量较少，但覆盖试点省市的温室气体排放比例均在 50%及以上，市场减排集中度相对较高；同时，由于上海、广东、天津碳市场纳入的控排主体多数为钢铁、电力、化工等大型高耗能企业，国有企业占比较高，当前试点的履约成本对钢铁、电力、化工等大型国企而言只占其企业运营总成本极小比例，即上述市场的惩罚力度虽然相对较低，但环境履约率却依然较高。然而，控排主体的这种重履约而轻减排的观念在一定程度上也加剧了国企占比较高试点出现履约驱动交易、只履约不交易、惜售等市场现象的严重程度。

7.2.2　经济发展水平影响环境约束力设计

经济欠发达工业省市在平衡经济发展与环境减排过程中往往会弱化环境约束力设计而导致减排能力不足。湖北与重庆作为中国中部、西部地区依靠第二产业带来经济快速发展的省市，为平衡经济发展与温室气体减排间的矛盾，同时考虑到控排主体的适应能力，在市场制度设计中的温室气体减排范围与减排集中度均相对较低，市场惩罚力度也较低。由于中部、西部地区正处于经济快速发展时期，控排主体较为分散且履约意识相对薄弱，为试点的履约管理带来了一定的难度，从而导致整个试点环境履约率较低，环境减排能力发育落后。表 7-6 为湖北与重庆碳市场的环境属性设计与发育状况。

表 7-6　湖北与重庆碳市场环境属性设计与发育状况

指标	湖北	重庆
准入门槛	综合能耗＞6 万吨标准煤（约 15 万吨碳排放）	年碳排放量＞2 万吨
纳入行业	电力、热力、钢铁、化工、水泥、石化、有色金属和其他金属制品、汽车及其他设备制造、玻璃及其他建材、化纤、造纸、医药和食品饮料	化工、建材、钢铁、有色、造纸、电力
惩罚力度	市场 1～3 倍碳均价惩罚，但最高不超过 15 万元	清缴配额前一个月碳均价的 3 倍惩罚
履约率	81.2%	70%
履约延迟	频繁延迟履约且未向社会公布履约状况	频繁延迟履约且未向社会公布履约状况

资料来源：根据各试点交易所网站资料整理而得

7.3　市场及金融属性发育现状

从表 7-7 可以看出，中国七大试点碳市场中，湖北碳市场的市场及金融属性发育程度较为成熟，深圳、广东、北京、上海碳市场次之，天津与重庆碳市场最为落后。通过对比中国七大试点碳市场的市场及金融属性发育现状，可以发现：湖北与深圳市场资源配置能力领先；试点碳市场信息传导机制均不畅通。

表 7-7　中国七大试点市场及金融属性发育现状

<table>
<tr><th>试点</th><th>市场及金融属性</th><th>发育水平</th></tr>
<tr><td>湖北</td><td>0.72</td><td>高水平</td></tr>
<tr><td>深圳</td><td>0.59</td><td rowspan="4">中等水平</td></tr>
<tr><td>广东</td><td>0.46</td></tr>
<tr><td>北京</td><td>0.44</td></tr>
<tr><td>上海</td><td>0.39</td></tr>
<tr><td>天津</td><td>0.18</td><td rowspan="2">低水平</td></tr>
<tr><td>重庆</td><td>0.17</td></tr>
</table>

资料来源：作者根据计算结果整理

7.3.1　湖北与深圳市场资源配置能力领先

湖北与深圳的市场资源配置能力发育评分虽然相对较高，但原因却大不相同。其中，湖北是由于在建市之初就确定了打造“全国碳金融交易中心”的目标，市场机制设计也注重以“未经交易配额不得存储至下一履约期”的制度驱动交易来活跃市场。在此制度设计下，进一步放低市场门槛以允许大量投资主体入市交易、扶持开发多款碳金融服务产品，因而湖北碳市场规模位居首位，市场灵敏度与市场活跃度等指标评分也均为七大试点首位（表 7-8）；与湖北相比，深圳则由于其试点本身区域市场化程度高、投资主体参与积极性高，制度设计中注重市场化导向以避免过多行政干预所导致的市场失灵与权力寻租等问题，在核查机构选择上采用了企业出资自主选择的市场化方式而非其他试点所采用的政府出资直接分配的行政命令，较低的投资主体入市门槛及率先允许国外投资主体入市交易等使得参与主体对深圳市场运作机制的认可度与参与意度相对较高，因此市场资源配置能力也较为突出。

表 7-8　中国七大试点市场灵敏度与活跃度评分

试点	市场活跃度	市场灵敏度
湖北	0.68	0.73
深圳	0.50	0.47
北京	0.40	0.38
广东	0.28	0.35
上海	0.27	0.32
天津	0.13	0.33
重庆	0.10	0.28

资料来源：根据各交易所网站发布数据计算而得

7.3.2 试点碳市场信息传导机制均不畅通

二级市场交易活跃度低是制约广东、北京、上海市场资源配置能力提升的关键。目前七大试点仍处于初期运行阶段，市场未来发展存在较大不确定性。控排主体的减排意识、市场参与意愿与能力较为薄弱，需要通过提高控排主体市场参与程度或引入大量投资主体入市交易等方式来保证市场活跃度。相较于湖北、深圳分别通过“制度化”与“市场化”的方式提高了二级市场活跃度，广东重视一级市场建设、北京履约管理严格、上海 CCER 交易活跃。上述市场建设的侧重点不同，以及严格的投资主体入市门槛设定导致了二级市场交易缺乏动力。天津与重庆碳市场则分别由区域政府重视程度不足和不重视制度设计导向等造成市场资源配置能力发育评分较低。

总体来看，七大试点信息传导机制均不畅通，市场资源优化配置能力尚未得到有效发挥。对比七大试点与 EU ETS 的交易活跃度表现（表 7-9），即使是市场资源配置能力评分相对最高的湖北，履约年度仍有交易中断现象发生，而 EU ETS 即使在市场交易最为萎靡的 2008 年也未曾出现交易中断现象。同时，湖北交易集中度虽低于其他试点却仍达到了 69.43%，远高于欧盟 40%的水平。这在一定程度上是由于湖北控排主体在制度驱动交易的导向下市场参与度虽高于其他试点，但控排主体可能因为碳资产管理意识与能力薄弱、市场未来发展预期不确定等一系列原因，依然存在较强的只履约不交易观念，但为应对“未经交易配额不得存储至下一履约期”的制度规定，而在履约期前一段时间不得不为了交易而交易。另外，湖北虽然拥有大量个人与机构投资主体来活跃市场，但其所拥有的配额总量相对有限，即虽然投资主体提高了市场交易连续性却仍无法改变交易集中度高的事实，因而市场发育出现了一种不能驱动企业减排的“伪”交易繁荣现象。这表明，中国碳市场在实际运行中，仍未能充分发挥资源优化配置作用。

表 7-9　中国七大试点与 EU ETS 交易活跃度情况

市场	交易中断频次	有效交易日比例	交易量集中度	交易额集中度
EU ETS	0	100%	40.00%	40.30%
深圳	10	94.28%	89.16%	86.52%
北京	48	53.44%	81.87%	83.16%
湖北	2	99.18%	69.43%	71.31%
上海	30	47.75%	89.43%	87.49%
广东	27	68.57%	88.02%	87.40%
天津	35	59.34%	98.41%	93.78%
重庆	12	6.07%	92.62%	97.03%

资料来源：根据各交易网站发布数据计算而得

7.4　配套政策与设施完善程度发育现状

从表 7-10 可以看出，中国七大试点碳市场中，深圳碳市场的配套政策与设施完善程度较为领先，湖北与广东碳市场次之，上海、北京碳市场的完善程度处于中等水平，重庆与天津碳市场则相对较低。通过对比中国七大试点碳市场配套政策与设施完善程度发育现状，可以发现：政策法规建设侧重点各异；碳金融产品创新地方特色浓郁。

表 7-10　中国七大试点配套政策与设施完善程度

试点	配套政策与设施完善程度	发育水平
深圳	0.90	高水平
湖北	0.79	较高水平
广东	0.67	
上海	0.56	中等水平
北京	0.54	
重庆	0.18	较低水平
天津	0.10	

资料来源：作者根据计算结果整理

7.4.1　政策法规建设侧重点各异

中国七大试点碳市场的政策法规建设明显落后于市场发展且市场发展在实践中不断表现出明显的补充与完善配套政策法规的特点。中国七大试点碳市场处于试运行阶段，市场建设初期的政策法规仅覆盖了试点市场运行的实施方案、管理办法、交易规则、配额分配方案及 MRV 制度等主要方面，在三年试运行阶段中各试点市场又分别针对市场发展的最新动向出台了跨区域市场管理办法、各碳金融服务产品管理办法、碳基金管理办法和碳排放权远期交易产品管理办法等一系列新的政策法规，以保障市场有序运转。但由于各试点市场的建设侧重点和出现的问题不尽相同，配套政策法规的完善程度也出现了一定差异。例如，深圳与湖北碳市场的碳金融服务产品开发较为丰富且率先引入了境外投资主体，注重碳金融衍生服务产品与市场投资主体管理制度的完善；广东碳市场注重一级市场建设，拍卖制度与配额拍卖有偿收入管理制度建设较为完备；北京碳市场则率先实现了试点跨区域合作，区域合作方面的制度建设较为领先。各试点市场对自身政策法规的侧重点不同，最终导致配套政策法规的完善程度存在一定差异。表7-11为中国七大试点碳市场的政策法规完善情况。

表7-11　中国七大试点碳市场政策法规完善程度

政策法规		试点						
		北京	天津	上海	重庆	湖北	广州	深圳
地方性法规		√	×	×	×	×	×	√
市场管理方案	市场管理条例	√	√	√	√	√	√	√
	跨区域市场管理	√	×	×	×	×	×	√
配额管理方案	核定方法	√	√	√	×	√	√	√
	有偿分配	√	×	×	×	√	√	×
	抵消机制	√	√	√	√	√	√	√
	配额调整机制	√	×	×	×	√	√	√
交易制度	场外交易	√	×	×	×	×	×	×
	市场操作管理办法	√	×	×	×	×	×	×
	远期业务	×	×	√	×	√	√	×
	CCER 交易	√	×	×	×	×	√	×
	会员管理	×	√	√	×	√	√	√
	结算管理	√	√	√	√	√	×	√
市场监管	投资主体监管	×	×	×	×	×	×	×
	境外投资主体管理	×	×	×	×	×	×	×
	风控机制	√	√	√	√	√	√	√
	交易信息监管	×	×	√	√	×	×	—
	违规违约	×	√	√	√	—	—	√
	市场信息管理	√	√	√	√	√	√	√
	金融风险监管	×	×	×	×	×	×	×
MRV 制度	行业核算办法	√	√	√	—	√	√	—
	监测计划规范	√	√	√	√	√	√	×
	排放报告规范	√	√	√	√	√	√	√
	核查报告规范	√	√	√	√	√	√	√
	核查规范	√	√	√	√	√	√	√
	信息报送管理规范	√	×	×	×	×	×	√
	核查人员管理办法	×	×	×	×	×	×	×
	核查机构管理办法	√	—	√	√	√	√	√

续表

政策法规		试点						
		北京	天津	上海	重庆	湖北	广州	深圳
遵约机制	履约机制	√	√	√	√	√	√	√
	处罚机制	√	—	√	√	√	√	√
	激励机制	√	√	√	√	√	√	√
金融产品及基金管理	金融产品管理办法	×	×	√	×	√	√	√
	基金管理办法	×	×	×	×	×	√	×
信息系统管理办法	注册登记系统管理办法	×	×	×	×	×	×	—
	信息管理系统管理办法	×	×	×	×	×	×	×
	交易系统管理办法	×	×	×	×	×	×	×

资料来源：七大试点交易所、发展和改革委员会网站

市场法律效力低是七大试点碳市场支撑保障体系完善所缺失的重要环节。目前，中国七大试点碳市场的法律效力明显不足。从国家层面而言，中国七大试点碳市场缺乏国家层面的上位法的支持与保证，国家层面的法律支持力度明显不足；从地方层面而言，仅深圳与北京碳市场以人大立法形式确立了市场运行法律效力，而其余试点市场的法律基础仅为政府规章，法律效力相对较弱，天津碳市场出台的《天津市碳排放权交易试点工作实施方案》和《天津市碳排放权交易管理暂行办法》均出自市政府办公厅，仅为规范性文件，不具有法律约束力。同时在配额分配、MRV、三大系统管理等技术层面的规章制度设定，相较于 EU ETS 出台了专门的法律法规以保证市场有序运行，中国七大试点碳市场的制度设定则均未通过法律形式予以确定，这在一定程度上不利于市场参与主体形成较为稳固的发展预期，间接影响了参与主体的市场参与程度。表 7-12 为中国七大试点碳市场与 EU ETS 的市场法律效力对比。

表 7-12　中国七大试点碳市场与 EU ETS 的市场法律效力对比

碳市场	市场建立文件	效力等级
EU ETS	《指令 2003/87/EC》	欧盟委员会法令
深圳	《深圳经济特区碳排放管理若干规定》	市人大文件
北京	《关于北京市在严格控制碳排放总量前提下开展碳排放权交易试点工作的决定》	市人大文件
湖北	《湖北省碳排放权交易试点工作实施方案》	政府文件
广东	《广东省碳排放权交易试点工作实施方案》	政府文件
上海	《上海市人民政府关于本市开展碳排放交易试点工作的实施意见》	政府文件
重庆	《关于重庆市碳排放权交易管理有关事项的决定》《重庆市碳排放权交易试点实施方案》	人大未审批，政府文件
天津	《天津市碳排放权交易试点工作实施方案》《天津市碳排放权交易管理暂行办法》	政府办公厅文件

资料来源：根据各交易所网站发布文件整理而得

7.4.2　碳金融产品创新地方特色浓郁

由于各试点省市本身的市场环境与控排企业特点各不相同，碳金融服务产品的开发既体现出了强烈的地方特色也显示出了较强的探索精神。中国七大试点碳市场中，除了天津与重庆碳市场暂未开发碳金融服务产品与碳基金，其余五个试点市场均在不同程度上开发出了一定数量的碳金融服务产品与碳基金。其中，深圳市金融服务机构自主开发碳金融服务产品的热情度较高，开发出的产品数量最多且多个产品属于全国首例；湖北碳市场涉及产品种类与数量也较为丰富且多数为政府、交易平台与金融服务机构为控排企业碳减排合作开发的碳融资类产品；广东碳市场虽然也积极开发了部分碳金融服务产品，但仍处于初步探索阶段。同时，由于广东碳市场重视一级市场运作，政府与交易平台更加注重配额拍卖有偿资金所建立的碳基金产品运作与管理，以及期货类产品的推出；上海市金融产业较为发达，但交易平台对开发金融产品较为谨慎，产品开发数量相对较少且以 CCER 衍生服务产品为主；北京碳市场是七大试点市场中碳交易产业链最为完善的地区，拥有大量碳金融服务机构、碳管理咨询公司，产品开发环境也相对最好。但由于北京碳市场身处金融监管核心区，碳金融服务产品开发的监管力度也相应更高，碳金融服务产品开发的数量相对保守。同时，虽然目前各试点市场的碳金融服务产品开发已有二十多种，但在一定程度上都属于为适应地区控排主体实际需要所开发出的“探索性”产品，产品的复制性与推广性相对较低，因而各类碳金融服务产品出现频繁首发之后再无交易的现象。表 7-13 为中国七大试点碳市场的碳金融服务产品开发种类及开发特点。

表 7-13　中国七大试点碳市场的金融服务产品开发种类及开发特点

试点	碳金融服务产品开发种类	开发特点
深圳	碳债券、碳配额质押、碳基金、碳配额托管、绿色结构性存款、跨境碳资产回购	金融服务机构自主开发热情高，多个产品属全国首例
北京	碳配额质押、碳配额回购、碳配额场外掉期、碳配额场外期权、中碳指数	地处金融监管核心地带，金融产品开发较为保守
上海	CCER 碳基金、CCER 质押贷款、借碳交易、CCER 碳排放信托、碳配额卖出回购	金融产品开发较为谨慎，CCER 衍生服务产品为主
湖北	碳债券、碳配额质押、碳基金、碳资产托管、碳金融结构性存款、碳排放配额回购	政府、交易平台与金融服务机构为控排企业碳减排合作开发的碳融资类产品
广东	碳配额托管、碳配额回购、碳配额抵押融资、碳交易法人账户透支、远期交易、配额拍卖基金	注重配额拍卖有偿资金所建立的碳基金产品运作与管理
天津	—	交易状况较为低迷，暂未开发碳金融产品
重庆	—	交易状况较为低迷，暂未开发碳金融产品

资料来源：根据各交易所网站资料整理而得

7.5 交易平台服务能力发育现状

从表 7-14 来看，中国七大试点碳市场中，上海与深圳碳市场的交易平台服务能力最强，湖北与北京碳市场次之，广东碳市场稍弱，天津与重庆碳市场的交易平台服务能力相对最低。通过对比中国七大试点碳市场交易平台服务能力发育现状，可以发现：基础设施条件导致能力水平差异；产品、方式、人才制约平台能力提升。

表 7-14 中国七大试点碳市场交易平台服务能力发育现状

试点	交易平台	交易平台服务能力	发育水平
上海	上海环境能源交易所	0.90	高水平
深圳	深圳排放权交易所	0.87	
湖北	湖北碳排放权交易中心	0.76	较高水平
北京	北京环境交易所	0.58	
广东	广州碳排放权交易所	0.38	较低水平
天津	天津排放权交易所	0.19	低水平
重庆	重庆碳排放权交易中心	0.10	

资料来源：作者根据计算结果整理

7.5.1 基础设施条件导致能力水平差异

注册资本、交易方式、交易成本、结算服务、员工数量等的差异导致中国七大试点碳市场交易平台服务能力出现差异。在注册资本方面，目前中国七大试点碳市场交易平台中，除了重庆碳排放权交易中心尚未成立独立公司，其余交易平台均成立了单独的公司，注册资本在 1 亿～3 亿元不等。其中，上海环境能源交易所与深圳排放权交易所的注册资本量为 3 亿元，在七大试点交易平台中相对最高，这在一定程度上为交易平台的基础服务设施建设、开展各项创新业务、吸收专业人才提供了资金保障。

在交易方式方面，由于国务院《关于清理整顿各类交易场所的实施意见》中禁止各类交易平台以集中交易方式进行交易，目前七大试点交易平台均采用了“低风险-低效率”的“竞价点选”及“$T+5$”交割的交易方式，尚未实现集合竞价、连续竞价等更为高效的金融市场主流交易方式。仅上海、深圳、湖北碳市场交易平台在当地政府支持下，在交易方式上选择了较为高效的“$T+1$”交割方式，促使交易主体的交易资金与配额及时流动，提高了整个市场的交易效率。

在交易成本方面，由于低廉的交易成本是吸引投资主体入市交易、降低控排主体履约成本的关键，七大试点交易平台的交易成本也根据市场环境特点呈现出差异化分布。其中，上海环境能源交易所的交易成本仅为交易额的 0.80‰，在七大试点平台中最低；深圳、湖北、广东次之，交易成本也仅为交易额的 5‰；天津与重庆碳市场的交易成本为交易额的 7‰，略高于其他试点市场；北京碳市场的交易成本为交易额的 7.50‰，在七大试点市场中相对最高。

在结算服务方面，目前七大试点交易平台均通过结算银行来进行交易结算。其中，湖北、北京、广东、天津、重庆等试点交易平台的结算银行数量在 1～3 家；上海环境能源交易所与深圳排放权交易所的结算银行数量则分别为五家和六家，这在一定程度上满足了不同交易主体的差异化需要，为交易主体完成交易结算工作提供了便捷。

7.5.2　产品、方式、人才制约平台能力提升

交易产品与交易方式的限制是制约中国七大试点碳市场交易平台整体服务能力提升的关键。由于国家相关政策的规定，目前中国七大试点交易平台在交易方式上均无法选择更为高效的集约竞价与连续竞价方式；在交易产品方面也无法推出期货、期权等金融衍生产品以提高市场规模与交易活跃性。从国际经验来看，EU ETS 在运行过程中，期货是整个市场流动性最强、交易份额最大的产品，现货交易在其整个市场份额中只占到了很小的比例；同时，ECX 与 EEX 作为目前 EU ETS 的主要交易场所，无论是在期货交易或现货交易，均选择了集约竞价与连续竞价的交易方式以保证市场交易效率。因此，政府在未来全国碳市场建立后可兼顾碳市场的特殊性，对中国七大试点平台的交易产品与交易方式限制适当松绑，促进碳市场资源优化配置能力的有效发挥。表 7-15 为中国七大试点碳市场与 EU ETS 的交易产品、交易方式和交割方式的对比。

表 7-15　中国七大试点碳市场与 EU ETS 交易平台服务对比

碳市场	交易产品	交易方式	交割方式
EU ETS	现货、期权、期货、远期、价差、互换	连续交易	$T+0$
深圳	现货	连续交易	$T+1$
上海	现货、远期	连续交易	$T+1$
湖北	现货、远期	连续交易	$T+1$
北京	现货、掉期	断点交易	$T+5$
广东	现货、远期	断点交易	$T+3$
天津	现货	断点交易	$T+5$
重庆	现货	断点交易	$T+5$

资料来源：根据各交易所网站资料整理而得

市场专业对口人才培育也是提升中国七大试点交易平台服务效率与质量的关键。中国七大试点碳市场的运行时间不长，国内相关专业人才储备不足，导致目前各试点交易平台的专业对口人才较为短缺，七大试点碳市场均在一定程度上表示缺少具有碳市场、碳交易专业理论背景的人才支持交易平台建设的发展。目前在七大试点交易平台就业的工作人员学业背景多为环境工程、环境科学等环境领域相关专业。从七大试点碳市场交易员工数量来看，其中北京、上海、深圳试点交易平台因处于中国经济与教育发达的地区，交易平台员工数量多于其他试点，但平台员工的总体数量与质量仍不能满足交易平台的工作需要，这在一定程度上也制约了中国七大试点交易平台服务效率与质量的提升。因此，未来中国生态文明市场化建设应重点培养支撑碳市场、碳交易和碳管理等方面的紧缺人才。

7.6　中国七大试点碳市场发育成熟度现状评级

综上所述，对比中国七大试点碳市场在发育成熟度现状及环境属性、市场及金融属性、配套政策与设施完善程度和交易平台服务能力后，发现目前中国七大试点碳市场中，除了深圳碳市场，其余试点市场均在不同程度上出现了较为明显的发育脱节现象，市场及金融属性与环境属性之间的发育脱节、交易平台服务能力和配套政策与设施完善程度与市场及金融属性之间的发育脱节尤为明显。例如，湖北市场及金融属性评分相对较高，但环境属性评分却相对较低；北京市场及金融属性、配套政策与设施完善程度和交易平台服务能力均不突出，但环境属性发育水平却相对较高；上海碳市场高水平的交易平台服务能力与中等的配套政策与设施体系却未能引导市场及金融属性发育水平提高。表 7-16 为中国七大试点碳市场四维属性发育现状评级。

表 7-16　中国七大试点碳市场四维属性发育现状评级

试点	环境属性	市场及金融属性	配套政策与设施完善程度	交易平台服务能力
深圳	高	较高	高	高
北京	高	较高	中等	较高
湖北	较低	高	较高	较高
上海	较高	较高	中等	高
广东	较高	较高	较高	较低
天津	较高	低	较低	低
重庆	低	低	较低	低

资料来源：作者根据计算结果整理

这在一方面可能是由于中国七大试点碳市场的建立与运行环境各不相同，因而市场制度设计导向的侧重点各不相同；另一方面则可能由于七大试点碳市场的环境属性、市场及金融属性、配套政策与设施完善程度，以及交易平台服务能力的发育尚处于相互割裂阶段，整个碳市场的运行并未达到利用市场机制来解决环境问题的目的。而造成发育脱节的原因，一方面，可能是市场运行处于初期阶段，体系建设尚不健全且未来发展存在一定程度的不确定性，因而控排主体的市场参与意愿与能力相对欠缺。其中，控排主体中的高耗能国有企业虽然重视程度相对较高，但企业生产排放存在较大程度不确定性，即市场运行中只求完成履约而不求获得收益；私营小型企业则因为其本身重视程度相对不足、对市场运行规则不熟悉，入市交易意识较为薄弱。这就造成了部分试点市场的交易平台服务能力、配套政策与设施完善程度均相对较高，但控排主体的参与力度不足而造成市场交易出现“真惨淡”现象。另一方面，虽然部分试点市场的交易活跃度水平较高，但这是市场制度驱使与投机主体参与所造成的一种不能驱动市场减排的“假繁荣”现象。因而，导致部分试点市场的市场及金融属性发育水平相对较高，但市场机制建设却未能引导环境问题得以解决。这表明，提高控排主体参与意愿，发挥市场资源优化配置能力是未来全国碳市场建设所需要解决的重要问题。

第8章 政策启示

2016年1月，国家发改委发布的《关于切实做好全国碳排放权交易市场启动重点工作的通知》中，明确中国将于2017年正式启动全国碳排放权交易市场，首批将纳入石化、化工、建材、钢铁、有色、造纸、航空、电力等八个重点排放行业，近8000家控排主体将被纳入全国碳市场。据国家发改委气候司透露，未来全国碳市场成立后，年交易量将在30亿～40亿吨，现货交易额最高有望达到80亿元/年；实现碳期货交易后，全国碳市场交易规模最高或达4000亿元。届时，中国碳市场将成为国内仅次于证券、国债的第三大交易市场，全球第一大碳市场。2016年11月国务院发布的《“十三五”控制温室气体排放工作方案》对“十三五”时期应对气候变化推进低碳发展工作做出了全面部署，强调了全国碳市场建设对“十三五”期间温室气体减排工作的重要性。结合本书研究结论，对“十三五”期间全国碳市场建设提出了以下建议。

（1）适当收紧免费配额发放比例。全国碳市场首批纳入的八个重点排放行业中，大型国有企业占据了较高比例。因此，为确保全国碳市场环境减排功能的实现，应适当收紧免费配额发放比例，提高市场价格以反映减排成本，通过市场履约成本的提高来倒逼控排企业参与市场交易和减排；全国碳市场配额分配缩紧程度从东向西依次下降，以平衡东部、中部、西部地区经济发展与能耗差异所造成的碳价差。虽然全国碳市场配额分配的主基调是以基准线法为主，但不同区域之间的基准线系数及基准线与历史法的适用范围仍可进行差异化设计以平衡碳价差。其中，东部地区总体经济发展水平较高、产业结构升级导致碳排放需求下降，配额分配时可选择较高的行业基准线系数以收紧配额，保证碳价的稳健；中部地区第二产业占比较重，碳排放权需求旺盛，配额分配时可选择适中的行业基准系数，以避免较高的减排压力对经济发展造成影响；西部地区当前排放需求相对较小但未来经济增长潜力巨大，因此在市场运行前期可选择历史法来分配配额，并根据经济发展实际情况逐步缩紧配额，待市场运行至一定阶段时再转变为基准线法。

（2）建立配额市场应急机制。自然灾害对碳价存在正向影响，重大事件对碳价存在负向影响，而自然灾害与重大事件的发生都具有一定不可预测性。中国是一个自然灾害频发国，而自然灾害的发生会直接影响工业生产，进而对碳价造成影响，因此全国碳市场建立过程中应设立相应配额预留机制，以专门应对突发自然灾害对碳价的影响，避免对碳市场运行造成重大影响。重大事件的发生对碳价往往存在负向影响，此类事件的发生会导致碳价暴跌，为避免市场投机主体趁机倒买倒卖进一步扰乱市场，政府可以设立救市机制，收购配额以稳定碳价及市场运行。因此全国碳市场建立过程中，应考虑设立一定的配额应急机制以稳定市场运行。

（3）持续推进市场能力建设，加强环境约束力设计，提高控排主体参与意愿与能力。目前，中国碳市场在试运行期间出现了较为明显的交易“真惨淡”与“假繁荣”并存现象，其关键在于控排主体的市场参与意愿与能力相对欠缺，市场发育处于割裂状态、资源优化配置能力不能较好地引导减排功能发挥作用。因此，未来全国碳市场建设过程中，应注重碳市场能力建设以提高控排主体的市场参与意愿与能力，引导并培育第三方碳管理咨询市场的发展，提高控排主体的碳资产管理意识与能力。同时，在环境减排制度设计方面，可选取与碳价挂钩的浮动市场惩罚，以避免惩罚力度过低而无法对控排主体形成强制减排约束的问题。另外，在市场建设初期可考虑不引入投资主体入市交易，待市场运转成熟后再逐步开放机构投资主体与个人投资主体入市，避免碳市场在运行中出现交易繁荣但减排惨淡的现象。

（4）稳定碳市场参与主体预期。联合国气候变化大会、政府政策对碳价存在正向影响，其机理在于碳市场是一个依靠政府政策建立的具有金融性质的环保市场，联合国气候变化大会与政府政策影响了参与主体对碳市场发展的预期，进而引起了碳价发生剧烈波动。因此，碳市场建立及运行初期，稳固市场参与主体对碳市场的发展预期，对于稳定碳价会起到重要作用。首先，中国应从上位法层面确保碳市场运行的法律地位，确保碳市场建立有法可依；其次，做好控排主体参与碳市场的能力建设，提高控排主体参与碳市场的意愿与能力；最后，注重碳市场政策连续性，避免碳市场政策不稳定影响市场参与主体的预期，从而引起碳价剧烈波动。

（5）控排行业与企业的纳入标准上仍应坚持“抓大放小”原则。全国碳市场控排企业前期数据核查过程中，由于无法掌握其他行业控排企业准确的核查数据，市场前期只纳入了电力行业，下一步在纳入控排行业的过程中首先考虑高能耗、数据质量高的重点排放行业以保证稳健的碳价水平；同时，全国碳市场年能耗一万吨标准煤的准入门槛设置方式也不利于部分中小企业接受碳交易。因此，未来全国碳市场在纳入东部、中部、西部地区不同的控排企业时准入门槛可适当区别对待。其中，东部地区可适当降低准入门槛，保证高能耗重点排放企业全部纳入，加快产业结构升级；中部地区准入门槛设定以保证主要高能耗企业纳入为根本原则；西部地区则应适当提高准入门槛，保证大型排放企业纳入即可，避免统一的市场准入门槛设定成为中部、西部地区经济发展的阻碍。

（6）完善核证减排抵消机制，保持政策稳定与连续性。核证减排抵消机制是碳市场相关配套机制中的一个重要环节，对稳定碳价、促进减排成本降低起到重要作用。因此，核证减排量价格的平稳在一定程度上可以促进碳市场平稳运行。全国碳市场建设中，首先应控制核证减排项目审批量，防止核证减排量过多或过少对配额市场造成冲击；其次，制定分区域的核证减排比例，照顾地区经济发展与能源消耗情况；最后，保持核证减排制度运行稳定性，避免核证减排制度的频繁变化对碳市场运行造成不良影响。

（7）基础配套设施应紧跟市场发展，适当放宽交易产品与交易方式限制，加大市场专业人才培养力度。目前，中国七大试点碳市场在国家层面与地方层面的法律基础均较为薄弱，因此，未来全国碳市场建设应加快确立以人大立法形式作为碳市场运行的法律效力，保证参与主体市场发展预期，以促进市场高效有序运转；在政策法规方面，政府应借鉴国际上发展已较为成熟的 EU ETS 等市场，先见性地完善政策法规建设，确保市场发展有法可依；在交易产品与交易方式方面，政府可适当放宽对碳市场交易产品与交易方式的限制，促使各交易平台能尽快推出期货、期权等金融衍生产品与集约竞价、连续竞价等交易方式，提高市场交易效率；同时，教育部门也可根据市场发展实际需要，设置相关专业，以加快碳市场发展所需要的相关专业人才培养。

参 考 文 献

安景文，李园春，刘海东，等. 2006. 企业技术创新能力成熟度评价指标体系研究[J]. 中国科技论坛，（6）：15-19.

奥尔森 M. 1995. 集体行动的逻辑[M]. 陈郁，等译. 上海：上海人民出版社：21-22.

陈春梅，陈红梅. 2005. 会计目标与资本市场成熟度的相关性研究[J]. 燕山大学学报（哲学社会科学版），（2）：90-91.

陈劲，陈钰芬. 2006. 企业技术创新绩效评价指标体系研究[J]. 科学学与科学技术管理，（3）：86-91.

陈世清，涂慧萍. 2010. 林木市场成熟概念、确定方法及其危害性分析[J]. 林业经济问题，30（1）：12-17.

陈守东，杨莹，马辉. 2006. 中国金融风险预警研究[J]. 数量经济技术经济研究，（7）：36-48.

程鸿群，余红伟，叶子菀. 2012. 项目组合管理能力评价[J]. 同济大学学报（自然科学版），40（1）：148-153.

邓景毅，叶世绮，郑欣. 2002. 软件成熟度模型（CMM）发展综述[J]. 计算机应用研究，（7）：6-9.

丁宪浩. 2001. 论提高消费市场成熟度[J]. 岭南学刊，（1）：40-43.

杜栋，庞庆华，吴炎. 2008. 现代综合评价方法与案例精选[M]. 北京：清华大学出版社：21-22.

冯怡. 2011. 物流市场成熟度评价模型研究[D]. 北京：北京物资学院.

何瑛. 2011. 基于价值导向的电信运营企业财务竞争力综合评价与提升路径研究[J]. 中国工业经济，（11）：109-118.

侯为义，徐梦洁，张笑寒. 2012. 基于主成分分析法的中国土地市场发育成熟度评价[J]. 资源开发与市场，28（3）：211-213，281.

胡一朗. 1999. 证券市场成熟性的模糊评价方法[J]. 福建师大福清分校学报，（2）：41-46.

贾生华，张尚东. 2004. 基于市场成熟度和厂商竞争地位的移动电话产品质量控制策略[J]. 移动通信，（11）：103-105.

蒋洪强，刘正广，徐玖平. 2009. 基于管理成熟度的大型水利水电工程环境绩效评价研究[J]. 生态环境学报，18（6）：2399-2403.

康芒斯 Y. 2009. 制度经济学（上、下）[M]. 赵睿，译. 北京：华夏出版社.

雷立钧，荆哲峰. 2011. 国际碳交易市场发展对中国的启示[J]. 中国人口·资源与环境，21（4）：30-36.

李娟，吴群，刘红，等. 2007. 城市土地市场成熟度及评价指标体系研究——以南京市为例[J]. 资源科学，（4）：187-192.

李廉水，程中华，刘军. 2015. 中国制造业“新型化”及其评价研究[J]. 中国工业经济，（2）：63-75.

李新辉. 2010. 基于模糊层次分析法的西安房地产市场成熟度探析[C]//中国通信学会青年工作委员会. Proceedings of International Conference of China Communication and Information Technology（ICCCIT2010）：83-87.

李友翔. 2009. 外贸企业电子商务成熟度研究[D]. 南昌：江西财经大学.

梁蕾. 2015. 层次分析法的演进及其在竞争情报系统绩效评估中的应用[J]. 情报理论与实践，38（12）：20-24.

刘斌. 2011. 内蒙古自治区土地市场发育成熟度评价及发展对策研究[D]. 呼和浩特：内蒙古师范大学.

刘德海，于倩，马晓南，等. 2014. 基于最小偏差组合权重的突发事件应急能力评价模型[J]. 中国管理科学，22（11）：79-86.

刘学方，王重鸣，唐宁玉，等. 2006. 家族企业接班人胜任力建模——一个实证研究[J]. 管理世界，（5）：96-106.

刘亚铮，秦占巧. 2008. 基于灰色理论的项目管理成熟度模型探析[J]. 价值工程，27（12）：126-128.

马良荔，刘孟仁，贲可荣. 1998. 软件工程能力成熟度模型研究[J]. 计算机应用研究，（6）：8-11.

马歇尔. 2015. 经济学原理[M]. 章洞易，译. 北京：北京联合出版公司：8-9.

宁连举，李萌. 2011. 基于因子分析法构建大中型工业企业技术创新能力评价模型[J]. 科研管理，32（3）：51-58.

苏选良. 2006. ERP 应用成熟度及其评价体系[J]. 湘潭师范学院学报（自然科学版），（1）：11-14.

万晓莉. 2008. 中国 1987～2006 年金融体系脆弱性的判断与测度[J]. 金融研究，（6）：80-93.

王海强，王要武. 2009. 基于成熟度模型的建筑供应链绩效评价[J]. 沈阳建筑大学学报（自然科学版），25（2）：404-408.

魏成龙，许萌，杨松贺. 2012. 中国国有企业整体上市绩效研究[J]. 经济管理，34（9）：61-76.

五百井俊宏，李忠富. 2004. 项目管理成熟度模型（PMMM）研究与应用[J]. 建筑管理现代化，（2）：5-8.

俞海海. 2008. 房地产市场成熟度评价模型研究[D]. 上海：上海交通大学.

袁永博，窦玉丹，刘妍，等. 2013. 基于组合权重模糊可变模型的旱涝灾害评价[J]. 系统工程理论与实践，33（10）：2583-2589.

詹伟，邱菀华. 2007. 项目管理成熟度模型及其应用研究[J]. 北京航空航天大学学报（社会科学版），（1）：18-21.

张建军，段润润，蒲伟芬. 2014. 国际碳金融发展现状与我国市场主体的对策选择[J]. 西北农林科技大学学报（社会科学版），14（1）：87-92.

张宪. 2012. 基于人工神经网络的项目管理成熟度模糊综合评判[J]. 统计与决策，（20）：175-178.

章升东，宋维明，李怒云. 2005. 国际碳市场现状与趋势[J]. 世界林业研究，18（5）：9-13.

赵林捷，汤书昆. 2007. 一种新的技术创新管理工具——创新管理成熟度模型研究（IMMM）[J]. 科学学与科学技术管理，（10）：81-87.

赵铁成. 2013. 浅析林木市场成熟理论[J]. 林业科技情报，45（3）：18-19.

郑春妮. 2011. 科技型中小企业技术创新能力成熟度模型构建及评价研究[D]. 太原：太原理工大学.

朱航. 2013. 中国保险市场成熟度指数研究[J]. 保险研究，（6）：35-42.

朱葵. 2013. 国有钢铁企业业务流程管理成熟度评价模型构建研究[D]. 武汉：武汉科技大学.

Ahmed F，Capretz L F. 2011. A business maturity model of software product line engineering[J]. Information Systems Frontiers，13（4）：543-560.

Andersen K V，Henriksen H Z. 2006. E-government maturity models：extension of the Layne and Lee model[J]. Government Information Quarterly，23（2）：236-248.

Atwater B，Uzdzinski J. 2014. Wholistic sustainment maturity：the extension of system readiness methodology across all phases of the lifecycle of a complex system[J]. Procedia Computer Science，28：601-609.

Buchanan J M，Stubblebine W C. 1962. Externality[J]. Economica，29（116）：371.

Christoph A J，Konrad S. 2014. Project complexity as an influence factor on the balance of costs and benefits in project management maturity modeling[J]. Procedia-Social and Behavioral Sciences，119：162-171.

Coronado A S. 2014. Data stewardship：an actionable guide to effective data management and data governance，by David plotkin[J]. Journal of Information Privacy and Security，10（4）：236-238.

Cramton P，Kerr S. 2002. Tradeable carbon permit auctions：how and why to auction not grandfather[J]. Energy Policy，30（4）：333-345.

Crawford J K. 2014. Project management maturity model[M]. Boca Raton：CRC Press.

Demir C，Kocabas İ. 2010. Project management maturity model (PMMM) in educational organizations[J]. Procedia-Social and Behavioral Sciences，9：1641-1645.

Dooley K，Subra A，Anderson J. 2001. Maturity and its impact on new product development project performance[J]. Research in Engineering Design，13（1）：23-29.

García-Mireles G A，Ángeles Moraga M，García F. 2012. Development of maturity models：a systematic literature review[C]//16th International Conference on Evaluation & Assessment in Software Engineering (EASE2012). Ciudad Real，Spain. IET：279-283.

Garzás J，Pino F J，Piattini M，et al. 2013. A maturity model for the Spanish software industry based on ISO standards[J]. Computer Standards & Interfaces，35（6）：616-628.

Goulder L H，Schneider S H. 1999. Induced technological change and the attractiveness of CO_2 abatement policies[J]. Resource and Energy Economics，21（3/4）：211-253.

Kohlegger M，Maier R，Thalmann S. 2009. Understanding maturity models results of a structured content analysis[C]. Graz：Proceedings of the 9th International Conference on Knowledge Management and Knowledge Technologies.

Kumaraswamy K，Cotrone J. 2013. Evaluating the regulation market maturity for energy storage devices[J]. The Electricity Journal，26（10）：75-83.

McCormack K，Bronzo Ladeira M，Paulo Valadares de Oliveira M. 2008. Supply chain maturity and performance in Brazil[J]. Supply Chain Management：an International Journal，13（4）：272-282.

Mittermaier H K，Steyn H. 2009. Project management maturity：an assessment of maturity for developing pilot plants[J]. South African Journal of Industrial Engineering，20（1）：95-107.

Ngai E W T，Chau D C K，Poon J K L，et al. 2013. Energy and utility management maturity model for sustainable manufacturing process[J]. International Journal of Production Economics，146（2）：453-464.

van Looy A，de Backer M，Poels G. 2011. Defining business process maturity：a journey towards excellence[J]. Total Quality Management & Business Excellence，22（11）：1119-1137.
Wu J，Zheng S Q. 2008. Determinants of housing liquidity in Chinese cities：does market maturity matter?[J]. Tsinghua Science & Technology，13（5）：689-695.
Yazici H J. 2009. The role of project management maturity and organizational culture in perceived performance[J]. Project Management Journal，40（3）：14-33.

Ahmed F，Capretz L F. 2011. A business maturity model of software product line engineering[J]. Information Systems Frontiers，13（4）：543-560.

Andersen K V，Henriksen H Z. 2006. E-government maturity models：extension of the Layne and Lee model[J]. Government Information Quarterly，23（2）：236-248.

Atwater B，Uzdzinski J. 2014. Wholistic sustainment maturity：the extension of system readiness methodology across all phases of the lifecycle of a complex system[J]. Procedia Computer Science，28：601-609.

Buchanan J M，Stubblebine W C. 1962. Externality[J]. Economica，29（116）：371.

Christoph A J，Konrad S. 2014. Project complexity as an influence factor on the balance of costs and benefits in project management maturity modeling[J]. Procedia-Social and Behavioral Sciences，119：162-171.

Coronado A S. 2014. Data stewardship：an actionable guide to effective data management and data governance，by David plotkin[J]. Journal of Information Privacy and Security，10（4）：236-238.

Cramton P，Kerr S. 2002. Tradeable carbon permit auctions：how and why to auction not grandfather[J]. Energy Policy，30（4）：333-345.

Crawford J K. 2014. Project management maturity model[M]. Boca Raton：CRC Press.

Demir C，Kocabas İ. 2010. Project management maturity model (PMMM) in educational organizations[J]. Procedia-Social and Behavioral Sciences，9：1641-1645.

Dooley K，Subra A，Anderson J. 2001. Maturity and its impact on new product development project performance[J]. Research in Engineering Design，13（1）：23-29.

García-Mireles G A，Ángeles Moraga M，García F. 2012. Development of maturity models：a systematic literature review[C]//16th International Conference on Evaluation & Assessment in Software Engineering (EASE2012). Ciudad Real，Spain. IET：279-283.

Garzás J，Pino F J，Piattini M，et al. 2013. A maturity model for the Spanish software industry based on ISO standards[J]. Computer Standards & Interfaces，35（6）：616-628.

Goulder L H，Schneider S H. 1999. Induced technological change and the attractiveness of CO_2 abatement policies[J]. Resource and Energy Economics，21（3/4）：211-253.

Kohlegger M，Maier R，Thalmann S. 2009. Understanding maturity models results of a structured content analysis[C]. Graz：Proceedings of the 9th International Conference on Knowledge Management and Knowledge Technologies.

Kumaraswamy K，Cotrone J. 2013. Evaluating the regulation market maturity for energy storage devices[J]. The Electricity Journal，26（10）：75-83.

McCormack K，Bronzo Ladeira M，Paulo Valadares de Oliveira M. 2008. Supply chain maturity and performance in Brazil[J]. Supply Chain Management：an International Journal，13（4）：272-282.

Mittermaier H K，Steyn H. 2009. Project management maturity：an assessment of maturity for developing pilot plants[J]. South African Journal of Industrial Engineering，20（1）：95-107.

Ngai E W T，Chau D C K，Poon J K L，et al. 2013. Energy and utility management maturity model for sustainable manufacturing process[J]. International Journal of Production Economics，146（2）：453-464.

van Looy A，de Backer M，Poels G. 2011. Defining business process maturity：a journey towards excellence[J]. Total Quality Management & Business Excellence，22（11）：1119-1137.

Wu J，Zheng S Q. 2008. Determinants of housing liquidity in Chinese cities：does market maturity matter?[J]. Tsinghua Science & Technology，13（5）：689-695.

Yazici H J. 2009. The role of project management maturity and organizational culture in perceived performance[J]. Project Management Journal，40（3）：14-33.